国家重点监控企业污染源自动监测数据有效性审核教程

环境保护部环境监测司　编

中国环境出版社 · 北京

图书在版编目（CIP）数据

国家重点监控企业污染源自动监测数据有效性审核教程/环境保护部环境监测司编. —北京：中国环境出版社，2010.3（2017.1 重印）

ISBN 978-7-5111-0198-3

Ⅰ. 国… Ⅱ. 环… Ⅲ. 企业—污染源—自动监测—教材 Ⅳ. X101

中国版本图书馆 CIP 数据核字（2010）第 034663 号

出 版 人 王新程
特邀编辑 佟彦超
责任编辑 李恩军 曲 婷
责任校对 扣志红
封面设计 龙文视觉

出版发行 中国环境出版社
（100062 北京市东城区广渠门内大街 16 号）
网 址：http://www.cesp.com.cn
电子邮箱：bjgl@cesp.com.cn
联系电话：010-67112765（编辑管理部）
发行热线：010-67125803，010-67113405（传真）
印 刷 北京中科印刷有限公司
经 销 各地新华书店
版 次 2010 年 3 月第 1 版
印 次 2017 年 1 月第 10 次印刷
开 本 787×1092 1/16
印 张 22.25
字 数 520 千字
定 价 90.00 元

国家重点监控企业污染源自动监测数据有效性审核教程

编 委 会 名 单

主　编：魏山峰

副主编：朱建平　邹清平　傅德黔

编　委：（以汉语拼音排序）

丁长江　董健民　董文萱　范　朝　郭　炜　韩忠豪

胡永东　黄必胜　洪少贤　金大健　刘　丰　刘　健

刘　宇　马牧原　宋文波　孙　昊　孙海林　唐桂刚

滕恩江　田一平　佟彦超　王　强　王　伟　王鹏蛟

王齐鸣　吴迅海　席俊清　向　明　邢　核　杨　凯

姚运先　易　江　张　颖　张春雷　周发武　朱媛媛

统　稿：佟彦超　孙海林

前 言

近十年来，我国污染源自动监测设备的建设发展迅速，取得了长足的进展，在环境管理和总量减排中发挥了应有的作用。目前全国已建成 324 个省、地市级监控中心，在 10 279 个国家重点监控企业分别安装了废水自动监测设备 7 225 套、烟气自动监测设备 5 472 套。

由于我国目前污染源自动监测数据审核制度和程序还不够完善，国家重点监控企业污染源自动监测数据有效性的认定缺少监督考核环节，导致大多数国家重点监控企业污染源自动监测设备的运行效率低，自动监测数据准确率不高，不能如实地反映国控企业主要污染物排放的真实状况，难以为污染物总量减排提供科学依据。为了解决这一问题，切实加强对国控企业污染源自动监测设备监督考核，确保国家重点监控企业污染源自动监测设备提供的监测数据的有效性，环保部于 2009 年 7 月发布了《国家重点监控企业污染源自动监测数据有效性审核办法》和《国家重点监控企业污染源自动监测设备监督考核规程》（环发[2009]88 号）。

为了落实《国家重点监控企业污染源自动监测数据有效性审核办法》和《国家重点监控企业污染源自动监测设备监督考核规程》，规范和推动各级环境保护部门对国控企业污染源自动监测数据审核的管理工作，提高污染源自动监测数据为环境管理服务的质量和利用效率，促进环境监测行政主管部门开展污染源自动监测数据有效性审核工作，进一步落实污染源自动监测数据法律地位，加强国家重点监控企业污染源自动监测设备运行管理，明确国家重点监控企业和各级环保部门相关责任，确保自动监测数据准确有效，为国家重点监控企业污染源自动监测数据有效性审核与监督考核工作提供能力保障，需要尽快开展有关人员的培训工作。

为此，2009 年 8 月环保部监测司组织了国内相关环境监测、监控、管理部门，高等院校及自动监测设备生产企业的专家讨论和制定了国家重点监控企业污染源自动监测数据有效性审核人员培训方案与培训教材编写大纲，之后又分别组织相关专家在北京、呼和浩特、武汉等多次召开教材编写研讨会，2009 年 12 月在长沙组织召开了教材审定会，得到与会专家的一致肯定并被建议正式出版。

本教程共分十四章，全面系统地介绍了国家重点监控企业污染源自动监测数据有效性审核的管理、核查与评价方法；比对监测的内容、方法和质量保证；水污染源自动监测设备、烟气自动监测设备及其运行质量控制要求与运行状况分析；国家重点监控企业污染源自动监测数据有效性审核的相关法规、制度。本教程结构合理、内容全面、操作性强，是参与国家重点监控企业污染源自动监测数据有效性审核的环境管理部门、环境监测站、国控企业等相关管理和技术人员培训的指定教材。本教材也可作为环境管理部门、环境监测站、自动监测设备安装企业及自动监测设备运营机构其他相关人员培训与参考教材。

由于编写时间仓促，难免在写作方式和内容上存在缺点和不足，恳请读者批评指正。

国家重点监控企业污染源
自动监测数据有效性审核
教程编委会
2010 年 2 月

目　录

第一章
绪 论

环境监测作为环境保护的基础，当前已从传统的技术层面全面融合到环境保护工作的整体当中，成为推进环境保护历史性转变的重要突破口之一。面对新的历史使命，环境监测迎来了从传统到现代、从粗放到精准、从分散封闭到集成联动、从现状监视到预测预警的全面而深刻的历史性转型。污染源自动监测是实现这一历史性转型的重要新技术载体，搞好这项工作的最终目的是建立一套污染源监督性监测和污染源自动在线监测相结合的环境监测体系，从而说清污染源状况和主要污染物排放情况，为污染减排等核心环境管理工作提供强大技术支撑。

截至 2009 年 3 月底，全国累计为污染源自动监测设备建设投入近 80 亿元，建成 324 个省级、地市级监控中心，在 10 279 个重点监控企业的 7 225 个污水排放口、5 472 个废气排放口安装了自动监控设备。国家和环保部先后颁布了多项相关法律法规、管理制度，其中《主要污染物总量减排监测办法》（国发[2007]36 号），《污染源自动监控管理办法》（环保总局第 28 号令），《污染源自动监控设施运行管理办法》（环发[2008]6 号）确立了污染源自动监控系统的地位和管理体系；《国家重点监控企业污染源自动监测数据有效性审核办法》（以下简称《有效性审核办法》）和《国家重点监控企业污染源自动监测设备监督考核规程》（以下简称《设备监督考核规程》）（环发[2009]88 号）为加强国控企业污染源自动监测设备监督考核工作，确保国控企业污染源自动监测数据的有效性，提供了管理依据和技术指导。国家的高度重视和各方面的大量投入，为搞好污染源自动监测工作打下了坚实的基础。

当前是污染源自动监控系统实现从建设向应用转变的关键期，搞好污染源自动监测数据有效性审核工作是实现污染源自动监控系统应用的关键。只有各级环保部门、重点监控企业、自动监测设备制造商和运营商共同努力，保证污染源自动监测数据的有效性，才能解决困扰污染源自动监测数据使用的瓶颈问题，开创环境监管工作新局面。

第一节 污染源自动监测设备管理体系的建立

对于污染源自动监测设备的管理，国家已经出台了不少相关的管理制度和技术标准、规范，但由于多方面原因，污染源自动监测设备普遍存在运行效率不高、自动监测数据利用率不高等问题，污染源自动监测数据有效性审核制度和程序还不完善，使国控企业污染源自动监测数据有效性的认定缺少监督考核环节，无法准确反映国控企业主要污染物排放真实状况，难以为总量减排提供科学依据。因此环保部通过下列四个规章制度建立了完整的污染源自动监测设备的管理体系。

《污染源自动监控管理办法》规定了污染源自动监控系统的建设、运行、管理和维护等要求。《污染源自动监控设施运行管理办法》规定了污染源自动监控系统运行维护以及监督管理等要求。《国家重点监控企业污染源自动监测数据有效性审核办法》规定了国控企业污染源自动监测数据有效性审核的内容和程序等要求；是对《污染源自动监控管理办法》和《污染源自动监控设施运行管理办法》的补充和完善；是环保部制定的《污染源自动监控设施运行管理办法》在国家重点监控企业管理上的具体办法。这三个规章制度与环保部即将出台的《污染源信息传输与交换管理办法》初步形成了对污染源自动监测设备的管理体系，明确了上下级环保部门和环保内部各职能部门的职责，《有效性审核办法》的制定有利于环境保护主管部门及相关机构开展污染源自动监测数据有效性审核工作，有利于规范国控企业污染源自动监测设备的考核工作，有利于推动国控企业污染源自动监测数据的使用。

第二节　自动监测数据有效性审核

一、有效性审核的定义

国控企业污染源自动监测数据有效性审核是指环保部门对国控企业污染源自动监测设备定期进行监督考核，确定其自动监测设备正常运行。

国控企业污染源自动监测设备在正常运行状态下所提供的实时监测数据，即为通过有效性审核的污染源自动监测数据。

二、有效数据的定义

国控企业污染源自动监测设备验收合格后，其正常运行提供的监测数据在三个月内认定为有效数据。

日常运行监督考核合格后至下次运行监督考核，该时段内自动监测设备正常运行提供的监测数据认定为有效数据。

验收不合格、日常运行监督考核不合格或不能正常运行的国控企业污染源自动监测设备，不得提供污染源自动监测数据。

三、有效性审核的目的

有效的国控企业污染源自动监测数据是国控企业计算主要污染物排放数量和确定达标排放的依据，是环境保护主管部门总量考核、监督执法、排污申报核定等工作的基础。

四、有效性审核办法的特点

有效性审核办法一是只规定了国控企业污染源自动监测数据有效性审核的责任、内容和程序等要求，地方监管的排污企业的污染源自动监测数据有效性审核办法由地方自行制定，国控企业必须统一执行本办法。二是明确了国控企业污染源自动监测数据有效性审核工作是环保部门的职责，是环境监测行政管理的主要工作，环境监测行政管理人员应组织相关人员完成有效性审核工作。三是污染源自动监测数据必须经过有效性审核后，才能保证数据的准确性，自动监测数据才能被使用。四是有效性审核工作有管理规程，还有技术规范规定的程序，行政管理人员按管理规程工作，技术部门按技术规范的程序工作。

第三节 有效性审核能力保障

一、有效性审核人员培训的目的和范围

为了切实落实《有效性审核办法》和《设备监督考核规程》，推动有效性审核与监督考核工作，为有效性审核与监督考核工作提供能力保障，需要尽快开展有关人员的培训工作。

有效性审核培训的目的是规范各级环境保护部门对国控企业污染源自动监测数据审核的管理工作；提高污染源自动监测数据为环境管理服务的质量和利用效率；促进环境监测行政主管部门开展污染源自动监测数据有效性审核工作；进一步落实污染源自动监测数据法律地位；加强国控企业污染源自动监测设备运行管理；明确国控企业和各级环保部门相关责任；确保自动监测数据准确有效。

有效性审核人员培训的范围包括三个方面：

① 核查人员——各省（自治区、直辖市）、地市级环境保护部门相关行政管理人员和具体负责国控企业污染源自动监测设备考核的人员。

② 比对人员——各省（自治区、直辖市）、市级环境监测站比对监测相关技术人员。

③ 企业人员——国控企业污染源自动监测数据有效性审核相关技术人员（以下简称“国控企业相关技术人员”），即国控企业负责污染源自动监测设备的管理与运行维护人员。

二、审核人员能力要求与培训内容

1．核查人员能力要求

① 核查人员基本要求。

具有大学本科以上学历并有五年以上环境保护相关专业的工作经历或具有环境保护相关专业中级以上技术职称。经过省级以上环境保护行政主管部门举办的“固定污染源在线自动监测系统技术学习班”培训并持证。

工作认真、坚持原则、廉洁奉公、实事求是、客观公正，具有良好的合作精神与沟通协作能力。

没有违纪违法等不良记录，具有较强的组织协调能力，可以独立制订固定污染源在线自动监测系统现场考核计划、考核方案，审核被考核单位的文字材料。

至少有5次以上固定污染源在线自动监测系统现场考核工作经历。

② 环境监察核查人员的能力要求。

具有较全面的环境监察或固定污染源自动监测设备的理论知识、丰富的实践经验和较强的判断能力。

熟悉国家固定污染源在线自动监测系统的相关标准、规范及污染物排放标准，了解固定污染源自动监测设备建设、安装、运行、监测因子选择、安装点位设置、监控站房

布局以及各类制度、记录和台账等各个环节并有较强的判断能力。

可以独立承担现场考核工作，正确判断固定污染源自动监测设备建设、安装、运行的有效性。

③ 环境监测核查人员的能力要求。

具有较全面的环境监测或实验室分析的理论知识和丰富的现场实践经验及较强的综合判断能力。

熟悉国家环境监测或实验室分析相关的标准方法和技术规范以及国家固定污染源在线自动监测系统的相关标准、规范及污染物排放标准，可以独立承担固定污染源在线自动监测系统的比对工作。

熟悉固定污染源自动监测设备的结构、原理、设备选型、建设、安装、运行、校准和比对等方面的知识并可以协调和裁决现场考核工作中出现的分歧和问题。

熟悉固定污染源在线自动监测系统的验收报告和比对报告，掌握影响固定污染源在线自动监测系统数据有效性的环节和因素，具有较强的综合判断分析能力。

④ 环境信息核查人员的能力要求。

具有较全面的计算机知识、数据采集传输仪知识、工控机知识、可编程控制器和通信联网的基础理论知识和丰富的现场实践经验及较强的综合判断能力。

熟悉《污染源在线自动监控（监测）数据采集传输仪技术要求》（HJ/T 212—2005）和《污染源在线自动监控（监测）数据采集传输仪技术要求》（HJ 477—2009）等标准。

熟悉固定污染源在线自动监测系统数据采集传输仪的参数设置、状态查询、存储数据查看及升级等操作，具有较强的综合判断分析能力。

2．核查人员培训内容

核查人员的培训主要包括以下内容：

① 现场核查内容及方法；

② 现场材料审查内容及方法；

③ 比对监测报告审核内容及方法；

④ 在线监测系统运行情况审核内容及方法；

⑤ 污染治理设施运行工况审核内容及方法；

⑥ 国家固定污染源在线自动监测系统的相关标准、规范的解析和应用；

⑦ 固定污染源自动监测设备的结构、原理，设备选型、建设、安装、运行、校准、比对，监测因子选择，安装点位设置、监控站房布局以及各类制度、记录和台账等各个环节要求。

3．比对人员能力要求及培训内容

① 比对人员能力要求。

热爱环境保护事业，具有烟气、废水污染源采样监测实际经验或常规污染物实验室分析能力，长期从事国控企业监督性监测任务。

- 掌握《固定污染源监测质量保证和质量控制技术规范（试行）》（HJ/T 373—2007）
- 掌握《固定污染源排气中颗粒物测定与气态污染物采样方法》（GB/T 16157—1996）
- 掌握《固定污染源烟气排放连续监测技术规范》（HJ/T 75—2007）

- 掌握《地表水和污水监测技术规范》（HJ/T 91—2002）
- 掌握《水污染物排放总量监测技术规范》（HJ/T 92—2002）
- 掌握《水污染源在线监测系统运行与考核技术规范（试行）》（HJ/T 355—2007）

比对人员应是环境监测系统人员，其相应烟尘、烟气、废水监测和常规污染物实验分析技术接受过国家或本单位技术培训考试合格并具备持证上岗的资质。

比对人员所在单位通过国家或当地计量部门认证。具备烟尘、烟气、二氧化硫、氮氧化物、COD、TOC、氨氮、废水流量现场监测和实验室分析资质能力。

② 比对人员培训内容。

国家重点监控企业污染源自动监测数据有效性审核办法。

废气、废水在线自动监测技术，包括仪器类型、工作原理，仪器操作和运行维护管理技术。

污染源自动监测设备比对监测技术。

4．国控企业相关技术人员能力要求与培训内容

（1）国控企业相关技术人员能力要求。

①学历及专业要求。

- 大专以上学历；
- 环保、仪器仪表、化学或电子信息等相关专业的教育背景；
- 取得“国家重点监控企业污染源自动监测数据有效性培训”合格证书；
- 连续从事本职业工作 1 年以上。

②能力要求。

- 具有良好的仪器仪表知识，能看懂设备的简单原理图；
- 具有良好计算机应用能力，能熟练使用办公软件；
- 熟悉现场各类仪表及设备的性能，熟练掌握调试、使用及故障处理的方法，有较强的动手能力；
- 掌握基本实验室分析技能；
- 具备常用试剂配制的能力；
- 应熟悉相关法律法规、排放标准及技术规范。

（2）国控企业相关技术人员培训内容。

①基础部分。

- 计量检测基本原理；
- 仪器生产和运行质量保证体系；
- 环境保护和计量有关法律法规；
- 国家环境保护相关标准。

②专业部分。

- 污染治理技术工艺、设施的基本原理；
- 污染治理设施运行管理的基本概念和有关知识；
- 国控企业自动监控能力建设项目污染源监控现场端建设规范；
- 水、气污染源自动在线监测系统安装及验收技术规范；
- 环境污染源自动监控信息传输、交换技术规范；

- 污染源在线监测数据传输技术规范；
- 固定污染源连续监测的分类、结构、原理、操作和标定校准方法；
- 固定污染源连续监测日常维护及常见故障处理；
- 相关制度及台账；
- 比对监测对象、条件、内容、频次、方法、监测结果计算及评价（比对监测报告格式及内容）；
- 系统运行质量控制要求；
- 污染源排放总量计算等。

三、审核人员培训要求

对国控企业污染源自动监测数据有效性审核的核查人员、比对人员和企业人员的培训工作将本着统一培训、统一教材、统一部署、统一实施的原则加强指导和管理，以保障培训质量，达到培训效果，实现总体培训目标。

1．培训管理

由环保部监测司与人事司派专人负责培训管理工作，环境保护部宣传教育中心（以下简称环保部宣教中心）协助监测司开展有关培训的日常管理工作，包括制订培训计划、培训机构认定、师资库建立、培训教材编写、培训现场评审、培训效果评估、人员考核和培训证书发放等工作。

2．培训机构

为能够实现预定的培训目标，同时便于各省（自治区、直辖市）环境保护行政主管部门开展配合工作，国控企业相关技术人员的培训实行以行政区域划片分期分批同步培训，委托有培训资质的培训机构专门负责划定的区域内国控企业相关技术人员的培训。

环保部按照国控企业相关技术人员培训的专业要求，对各培训机构实施认定，对培训机构的认定工作遵循公开和公正原则。环保部接受所有符合法律法规规定的机构提交的培训认定申请。

环保部委托环保部宣教中心协助环保部监测司开展培训机构的认定工作。

申请认定的培训机构应对申请认定及后续的活动中所提供的材料的真实性负责。

3．培训组织实施

省、市环保有关人员培训列入部内培训补充计划，由监测司主办，中国环境监测总站承办。授课师资队伍由监测司有关同志、中国环境监测总站、相关省环境监测中心站等有关专家以及国内外相关仪器厂商技术工程师组成。

国控企业相关技术人员培训由各省（自治区、直辖市）环境保护部门协助监测司组织开展，并委托监测司认定的培训机构组织实施。培训机构开展培训时，须使用全国统一的培训大纲及教材实施培训，按期完成培训计划，培训教师由监测司推荐选派。

4．培训考核与证书发放

获得环保部监测司认定的培训机构在每季度培训班实施前，需向宣教中心上报培训计划，包括培训班的期次、时间及申请统一考试的时间等。

宣教中心根据培训机构上报的考试申请，从试题库中抽取试题并配发相应的试卷和正确答案。

各培训机构自行组织考试、安排阅卷并向宣教中心提交培训合格人员名单。培训机构对考试结果的真实性负责。宣教中心如发现培训机构对考场纪律、试卷及答案、阅卷等方面管理不严，有权暂停该培训机构培训及考试申请，并上报环保部监测司研究处理。

宣教中心受环保部监测司委托，按照培训机构提交的培训合格人员名单统一办理培训合格证书。

对于考核不合格人员可向培训机构申请补考，由培训机构安排参加下一次统一考核。通过培训考核的国控企业相关技术人员，将统一颁发培训合格证书。培训证书由环保部宣教中心制作，人事司颁发。

第二章
污染源自动监测数据有效性审核管理

第一节　审核组织

一、审核机构

国控企业污染源自动监测数据有效性审核工作由地市级环境保护部门（以下简称“市级责任环保部门”）负责。其中装机容量 30 万 kW 以上的火电厂（包括热电联产电厂）的污染源自动监测数据有效性审核工作由省级环境保护部门（以下简称“省级责任环保部门”）负责。

责任环保部门组织规划财务、环境监测、环境监察、环境信息、环境监控等部门对国控企业进行污染源自动监测数据有效性审核。

二、审核依据

①《主要污染物总量减排监测办法》（国发[2007]36 号）

②《污染源自动监控管理办法》（环保总局令第 28 号）

③《污染源自动监控设施运行管理办法》（环发[2008]6 号）

④《国家重点监控企业自动监测数据有效性审核办法》（环发[2009]88 号）

⑤《国家重点监控企业自动监测设备监督考核规程》（环发[2009]88 号）

⑥《水污染源在线监测系统安装技术规范（试行）》（HJ/T 353—2007）

⑦《水污染源在线监测系统验收技术规范（试行）》（HJ/T 354—2007）

⑧《水污染源在线监测系统运行与考核技术规范（试行）》（HJ/T 355—2007）

⑨《水污染源在线监测系统数据有效性判别技术规范（试行）》（HJ/T 356—2007）

⑩《固定污染源烟气排放连续监测技术规范（试行）》（HJ/T 75—2007）

⑪《固定污染源烟气排放连续监测系统技术要求及检测方法（试行）》（HJ/T 76—2007）

⑫《污染源在线自动监控（监测）系统数据传输标准》（HJ/T 212—2005）

⑬《国控重点污染源自动监控能力建设项目污染源自动监控现场端建设规范（暂行）》（环发[2008]25 号）

⑭《固定污染源监测质量保证与质量控制技术规范（试行）》（HJ/T 373—2007）

⑮《明渠堰槽流量计试行检定规程》（JJG 711—1990）

第二节　审核责任

一、责任环保部门

省级责任环保部门统筹负责全省的污染源自动监测数据有效性审核工作。

各级责任环保部门依据《国家重点监控企业污染源自动监测设备监督考核规程》，对国控企业污染源自动监测设备日常运行每季度考核一次，并将考核结果通知国控企业。

国控企业污染源新安装验收合格的自动监测设备，运行一个季度后，责任环保部门必须对其进行监督考核。

国控企业污染源自动监测设备日常运行考核内容包括比对监测、制度执行情况以及设备运行情况检查等。

国控企业污染源自动监测设备日常运行考核不合格的，国控企业应当严格按责任环保部门的要求限期整改。责任环保部门不接收整改期间的国控企业污染源自动监测数据。

二、企业

国控企业废气污染源自动监测设备每小时采样不低于 45 min，废水污染源自动监测设备 COD 不低于 2 h 自动采样一次、流量及 pH 每小时采样不低于 45 min，并整小时实时传输污染源自动监测数据。

国控企业对安装的自动监测设备的正常运行负责。

国控企业依据《水污染源在线监测系统运行与考核技术规范（试行）》（HJ/T 355—2007）和《固定污染源烟气排放连续监测技术规范（试行）》（HJ/T 75—2007），对污染源自动监测设备进行日常运行管理，建立健全相关制度和台账。

国控企业按照有关技术规范要求对污染源自动监测设备进行巡检、维护保养、定期校准和校验，对异常和缺失数据按规范进行标识和补充。

在国控企业污染源自动监测设备运行不正常或日常运行监督考核不合格期间，国控企业要采取人工监测的方法向责任环保部门报送数据，数据报送每天不少于 4 次，间隔不得超过 6 h。

国控企业应当配合责任环保部门开展对污染源自动监测数据的有效性审核工作。

国控企业每季度第一个月前 10 个工作日内应当向责任环保部门提交上一季度污染源自动监测设备日常运行自检报告。自检报告包括污染源自动监测数据准确性分析、数据缺失和异常情况说明以及企业生产情况等。

第三节　审核程序

一、有效性审核的流程

国控企业污染物外排自动监测设备安装验收后，在运行一个季度后，每季度第一个月前 10 个工作日内需向责任环保部门（环境监测行政管理部门）提交上一季度污染源自动监测设备日常运行自检报告。

环境监测技术机构，每季度第一个月前 10 个工作日之内向责任环保部门提交上一个季度国控企业污染源自动监测设备比对监测报告（表）一式三份，同时向相应的企业抄送比对监测报告（表）一份。

环境监测、环境监控、环境监察等涉及现场检查的机构或部门每季度第一个月前 10 个工作日之内向责任环保部门提交上一个季度国控企业污染源自动监测设备现场核查报告（表）一式三份。

责任环保部门在接到企业的自检报告、环境监测技术机构的比对报告和相应环保部门或机构的现场核查报告（表）后，在每季度第一个月内组织相关部门由环境监测技术机构、环境监控部门、环境监察部门等相关部门（机构）组成的考核小组完成对国控企业自动监测数据有效性的审核，得出评审结论。评审结论一式四份，其中一份交相应企业。

二、企业自检

国控企业对污染物自动监测设备进行自检并提交自检报告，是自动监测数据有效性审核的一部分。

污染源自动监测设备是污染物治理设施的一部分，保证自动监测设备处于正常运行状态是企业应承担的法律责任，是企业实现污染物达标排放进行监测的有效措施和手段，企业必须承担相应要求，建立管理制度和技术要求，将其纳入企业管理体系。

自动监测数据要得到环境保护行政管理部门的认可使用，企业必须按自动监测数据有效性审核的规定要求，对污染源自动监测设备日常运行进行自检并提交自检报告。每季度第一个月前 10 个工作日内需向责任环保部门（环境监测行政管理部门）提交上一季度污染源自动监测设备日常运行自检报告。

企业在提交自检报告的同时，还要提供该季度内的产品品种和产量的有效证明。

企业在初次提交自检报告时，必须同时附交已通过环境行政部门验收的《国家重点监控企业污染源自动监控设施验收表》。同时提交以下材料：

① 环保部门关于安装污染源自动监控设施批复的文件（复印件）

② 排污口规范化及点位确认文件（复印件）

③ 安装调试与试运行报告

④ 联网报告

⑤ 环境监测仪器质量监督检验中心适用性检验报告

⑥ 设备仪器生产厂设备使用说明书

⑦ 相关管理制度（仪器设备操作、使用和维护规程；岗位责任制，定期校验制度；设备故障预防与处理制度）

⑧ 不具备自运行能力的企业需提供与第三方运营签订的委托运营合同

⑨ 监控设备与数据采集仪的通信协议

⑩ 自动监控设备在企业排污口设计、安装技术文件资料（自动监测设备布置图，管线布置图和数据采集及自动控制图）

⑪产品的生产工艺流程简图和排污节点图、污染治理工艺流程图和排污管线布置图

⑫第十四章第一节中规定填写的相关表格

三、比对监测

比对监测结果是评审自动监测数据有效性的重要依据之一。污染源自动监测设备的比对监测是保证污染源自动监控系统监测数据准确性的有效措施和重要的环节，是对污染源自动监测系统正常运行的质量控制和管理的有效方法。由各级环境保护行政主管部门所属的环境监测机构负责承担比对监测工作，环境监测机构应按照相应技术规范要求在规定的时间内完成比对监测工作，出具比对监测报告。每季度第一个月前 10 个工作日之内向责任环保部门提交上一个季度国控企业污染源自动监测设备比对监测报告（表）。

四、现场核查

现场核查是评审自动监测数据有效性的重要依据之一。

按照自动监测数据审核办法及规程，进行污染源自动监测设备正常运行制度执行情况和设备运行情况的现场检查，是保证污染源自动监控数据准确性的有效措施和重要环节之一，是对企业污染源自动监测系统日常管理和操作的质量控制和监督考核的有效方法。现场核查工作是指由各级环境监测、环境监控、环境监察等部门（机构）的现场技术监督工作，每季度至少现场核查一次，应不定期地以多种形式进行相关督察工作。每季度第一个月前 10 个工作日之内向责任环保部门提交上一个季度国控企业污染源自动监测设备现场核查报告（表）。

五、材料审查

自动监测数据有效性的审核材料包括三部分：一是企业自检报告；二是比对监测报告（表）；三是现场核查报告（表）。上述三项报告（表），应由出具报告（表）的单位内部审查并加盖相应公章后，上报责任环保部门（环境监测行政管理部门）。责任环保部门对每一企业相关报告（表）资料核查无漏项后，供审查小组评审。

六、综合评审

责任环保部门提供国控企业自动监测数据有效性审核的三项报告（表），由评审小组进行自动监测有效性审核，作出自动监测数据是否为有效性的评审结论。该结论应通知相应企业，同时作为环境保护主管部门总量考核、排污申报核定等环保行政管理的重要依据。

第三章

污染源自动监测数据有效性审核内容与方法

第一节　现场核查内容及方法

一、固定污染源废水自动监测设备现场核查

1．计量槽选型适合性核查

计量槽是废水明渠流量计一个非常重要的计量部件，计量槽选择正确与否，其结果直接影响废水排放流量和排放总量的测定。计量槽的选择是根据被测污水流量的大小来确定的，其核查的依据如表 3-1 所示。现场核查的主要内容有两个方面：

①根据现场废水明渠流量计的测量结果，对照表 3-1 中的最佳流量测量范围，可以直接判别计量槽选择是否正确。

②根据现场废水的透明度，可以直接判别计量槽选择是否正确。一般比较清洁的废水，可选择各类堰槽；比较混浊的废水，宜选择巴歇尔槽。因为堰槽通常是在废水排放渠道中安装计量挡板，其结果会使废水中污泥在计量挡板前沉积，造成废水浓度富集和水位高度改变，从而影响监测结果的准确性。

表 3-1　计量槽类型与污水流量关系表

序号	计量槽名称	最佳流量测量范围/（m^3/s）
1	三角形缺口薄壁堰	0.2×10^{-3}～1.8
2	矩形缺口薄壁堰	1.4×10^{-3}～49
3	等宽薄壁堰	0.8×10^{-3}～77
4	矩形宽顶堰	8×10^{-3}～65
5	圆缘宽顶堰	8×10^{-3}～820
6	三角形剖面堰	3×10^{-3}～1 300
7	平坦 V 形堰	14×10^{-3}～630
8	巴歇尔槽	0.1×10^{-3}～93
9	无喉道槽	0.1×10^{-3}～3

2．计量槽安装位置的核查

计量槽安装位置的核查是通过现场查看的方法，根据所安装计量槽的种类，检查安装位置的上游顺直段的长度是否符合规定。其判别标准是：

①薄壁堰、宽顶堰安装位置的上游直段长度应大于水面宽度 10 倍；

②三角形剖面堰、平坦 V 形堰、巴歇尔槽安装位置的上游顺直段长度应大于水面宽度 5 倍；

③堰板应垂直安装在顺直的、槽壁光滑、渠底水平的行进渠槽内；

④堰顶高度应大于堰体下游渠槽可能出现的最高水位 0.1 m。

3．采样口位置的核查

采样口位置是决定样品代表性的重要因素，现场核查主要是检查以下几方面内容：

①在线监测仪的采水系统是否安置在总排水渠道上。

②采水口是否设置在水面下 0.3 m 处，离水槽底部 2 cm 以上，采水口应避免受到充氧和水底污泥的影响。

③采水管是否配备足够的活动接头，以防止堵塞和方便检修。

④采水管道适宜埋地敷设，当横穿马路时，是否增加金属保护套管。

4．系统参数设置的核查

系统参数设置的核查内容主要有以下几个方面：

①核查系统是否有二级门禁管理权限，即操作系统和管理系统分设管理，对管理系统的进入要求门禁限制。管理人员可以通过密码进入管理系统进行参数或系数的设置和查看；一般人员只能在操作系统的权限范围内，进行日常的例行维护和操作，不能进入管理系统更改参数或系数的设置。

②管理系统应有标准曲线参数（包括标准曲线的斜率、截距和相关系数）、计量槽的计算公式、自动清洗和采样频次、污染物浓度和总量报表。

③经校准的标准曲线参数可输入或修正。

④零点漂移和量程漂移可设置手动或自动校准。

5．现场故障模拟恢复核查

核查方法是人为模拟现场断电、断水等故障，在恢复供电等外部条件后，检查废水自动监控系统是否能自行启动，数据不被丢失。

6．废液回收核查

对于重铬酸钾氧化原理的 COD 在线自动监测仪器所产生的废液应以专用容器予以回收，并按照《固体废物污染环境防治法》及《危险废物贮存控制标准》（GB 18597—2001）的有关规定，交由有危险废物处理资质的单位处理，不得随意排放或回流入污水排放口。

二、固定污染源烟气自动监测设备现场核查

1．CEMS 安装位置的核查

CEMS，即烟气排放连续监测系统，系英文 Continuous Emission Monitoring System 的缩写。由于烟气流速在烟道中分布的不均匀性，因此要求 CEMS 安装位置位于固定污染源排放控制设备的下游；尽可能选择在烟气流速相对稳定的断面；不受环境光线和电磁辐射的影响；烟道振动幅度尽可能小；安装位置应避免烟气中水滴和水雾的干扰；安装位置不漏风以保障所监测的污染物排放浓度和排放总量的准确性。CEMS 安装位置的核查内容主要有：

①对于颗粒物 CEMS，应设置在距弯头、阀门、变径管下游方向不小于 4 倍烟道直径，以及距上述部件上游方向不小于 2 倍烟道直径处；对于气态污染物 CEMS，应设置

在距弯头、阀门、变径管下游方向不小于 2 倍烟道直径，以及距上述部件上游方向不小于 0.5 倍烟道直径处。对矩形烟道，其当量直径 $D=2AB/(A+B)$，式中 A、B 为边长。

当安装位置不能满足上述要求时，应尽可能选择在气流稳定的断面，但安装位置前直管段的长度必须大于安装位置后直管段的长度。

②CEMS 安装位置应避开烟道弯头和断面急剧变化的部位，没有水滴和水雾。优先选择烟道负压区域，且所处位置的烟气流速应大于 5 m/s。

在核查中，如果 CEMS 安装在正压烟道区域时，则要检查运行商是否加大了采样头和皮托管的清洗反吹频次，因为正压烟道容易堵塞采样头和皮托管。

由于皮托管监测烟气流速的测量范围为 5～35 m/s，因此 CEMS 安装选点时，应考虑所处位置的烟气流速应大于 5 m/s。在矩形烟道中，CEMS 的安装位置越高，烟气流速越大。烟气净化设备设置有旁路烟道时，应在旁路烟道内安装烟气流量连续计量装置。

③CEMS 应安装在污染净化设施和旁路挡板的下游，位于污染物完全混合均匀的位置，其监测数据应能代表固定污染源的排放水平。

④CEMS 安装位置易于接近、安全，有足够的操作空间，便于查看和校准。监测操作平台不少于 4.0 m^2，平台、爬梯栏杆高度不低于 1.5 m，平台爬梯型式应是斜爬梯或 Z 型斜爬梯、爬梯的宽度范围为 600～800 mm，爬梯的角度不得大于 51°，监测操作平台上应安装 220V 三相电源插座 4 个。

2．采样伴热管走向布置的核查

采样伴热管的核查内容主要有两个方面，即采样伴热管的走向角度和采样伴热管的设置温度。

①采样伴热管的长度从探头到除湿装置或分析仪的整条管路长度不宜超过 76m，其走向应向下倾斜，角度不得小于 5°，并在每隔 4～5m 处装线卡箍固定。其走向为向上倾斜和出现 U 字形或 V 字形的布线，均容易形成水封，造成有害气体的损失，使监测结果偏低。

②采样伴热管的温度设置不得低于 120℃。

3．CEMS 系统参数设置的核查

CEMS 系统参数设置的核查内容主要包括两个方面，即 CEMS 操作系统的门禁管理和 CEMS 管理系统的参数设置的种类、参数设置的内容。

①CEMS 操作系统应有两级门禁管理权限。管理员可以通过密码进入管理系统进行参数或系数的设置，一般工作人员只能进行日常例行维护和操作，不能进入管理系统更改设置。

②CEMS 管理系统应有标准曲线参数、速度场系数、皮托管系数、过量空气系数（α）、烟道截面积、污染物浓度和总量报表。

③CEMS 管理系统参数设置内容的判别方法。

标准曲线参数和速度场系数的核查方法：对照 CEMS 的调试报告或验收报告中的标准曲线参数和速度场系数与 CEMS 管理系统参数设置中标准曲线参数和速度场系数是否一致。

皮托管系数的核查方法：对照皮托管的检定证书或校准证书中的皮托管系数 K 值与 CEMS 管理系统参数设置的皮托管系数是否一致。一支合格的皮托管，其皮托管系数 K

值应该在 0.81～0.86。

过量空气系数（α）的核查方法：锅炉烟尘、二氧化硫、氮氧化物排放浓度的过量空气系数α，如表 3-2 所示。

表 3-2　各种锅炉过量空气系数折算值

锅炉类型	折算项目	过量空气系数α
燃煤锅炉	烟尘初始排放浓度	1.7
	烟尘、二氧化硫排放浓度	1.8
燃油、燃气锅炉	烟尘、二氧化硫、氮氧化物排放浓度	1.2

烟道截面积核查方法：对照环评报告或竣工验收报告中的烟道截面积与 CEMS 管理系统参数设置的烟道截面积是否一致。

污染物浓度和总量报表核查方法：调阅 CEMS 系统的历史数据，查看是否有日报表、月报表、季报表和年报表及相应的排放总量的统计和计算。

4．冷凝器的核查

冷凝器的核查主要是检查冷凝器的设置和实际控制温度是否在 5℃以下，如果冷凝器工作不正常，烟气只通过自然降温，烟气内的水分在控制机柜内取样管壁吸附凝结，因无法排除而越积越多；冷凝器内玻璃热交换管堵塞或冷凝泵（蠕动泵）故障以及排水管路堵塞造成抽水不畅，烟气通过冷凝装置降温过程中冷凝的水汽不能及时排出，都会造成烟气中 SO_2 大量溶解于水而被水吸收，致使 SO_2 测量浓度降低。

三、监测站房的核查

1．监测站房的核查内容

①监测站房的基础荷载强度 2 000kg/m^2，其面积应≥7m^2，空间高度应≥2.2m，站房建在标高 0m 处。

②站房内应有空调或冬季采暖设备，室内温度应保持在 18～28℃，湿度在 60%以内，空调应具有来电自动复位功能，站房内应安装排风扇。

站房位置应尽量靠近采样点，离废气采样孔的距离≤100m，离废水采样点的距离≤50m。

③站房内配电 8kW，预留三相插座 5 个，稳压电源 1 个，UPS 电源 1 个。

2．监测站房防雷系统的核查内容

①系统的仪器设备工作电源应有良好的接地措施，接地线缆应大于 4mm^2 的独芯护套电缆。

②平台、监测站房、交流电源设备、机柜、仪表和设备外壳、管缆屏蔽层和套管的防雷接地，可利用厂内区域保护接地网，采取多点接地方式。

③电源线和信号线加防雷器。

④平台、监测站房须具有良好的建筑避雷措施。

第二节　材料审查内容及方法

一、相关制度审查

1．岗位责任制管理制度的审查

岗位责任制管理制度的审查主要有以下几个方面的内容：

①排污单位的责任；

②运行机构的责任；

③设备供应商或设备制造商的责任；

④管理人员的岗位责任；

⑤运行维护人员的岗位责任；

⑥事故报告及应急制度；

⑦设备更新（更换）程序和制度；

⑧设备档案建立和存档管理制度；

⑨设备日常运行自查制度。

2．设备操作和使用制度的审查

设备操作和使用制度的审查内容主要有以下几个方面：

①设备使用管理说明；

②系统运行操作规程；

③系统运行作业指导书。

3．设备运行和维护制度的审查

设备运行和维护制度的审查内容主要有以下几个方面：

①日常巡检制度及巡检内容；

②定期维护制度及定期维护内容；

③定期校验和校准制度及内容；

④易损、易耗品的定期检查和更换制度；

⑤废液处理制度。

4．设备校验和比对制度的审查

设备校验和比对制度的审查内容主要有以下几个方面：

①采用国家认可的标准物质对自动监测设备进行现场校验的频次、周期的规定；

②每月至少 2 次用标气或校准装置校准一次仪器零点和量程并观察响应时间和回零时间；

③每 3 个月对仪器进行一次标定校验和对比监测，根据测定结果对仪器测试准确度进行常规校准；

④每年使用国家标准物质进行系统的校准，检查采样探头、采样管路、过滤系统、洗涤器、调节器等，对准确度、重复性、相关系数进行标定校准，并检查响应时间和回零时间。

二、相关文件审查

1．固定污染源自动监测设备运行资质的审查

①运行人员上岗证的核查，运行人员应持有省级以上环境保护部门颁发的运营资质岗位证书；

②运行机构资质的核查，运行机构应持有国家颁发的环境污染治理设施运营资质证书（自动在线监测类）。

2．在线自动监测仪器资质证书的审查

①中华人民共和国计量器具制造许可证；

②进口仪器具备国家质量技术监督部门的计量器具型式批准证书；

③环境保护部环境监测仪器检测中心适应性检测报告；

④具备国家环境保护产品认证证书（限国家已开展的认证产品）。

3．验收监测文件的审查

验收监测文件核查的主要内容有：

①现场调试报告；

②验收监测报告；

③验收意见、整改意见、通过验收的批复文件。

三、相关台账的审查

1．日常巡检记录的审查

日常巡检记录审查主要有以下几个方面的内容：

①每日通过远程监控系统对污染源自动监测设备和数据采集处理系统的巡检情况及处理结果的记录；

②每周对污染源在线监测设备和数据采集处理系统进行现场维护，查看仪器数据与异常情况，检查设备所需试剂的余量，检查管路、采样头等是否畅通的巡检情况及处理结果的记录；

③每日通过远程监控系统对生产负荷及生产工况进行巡检的记录。

2．定期维护记录的审查

定期维护内容记录的审查要点主要有以下几个方面：

①标准气体、标准液体和药剂的购置记录；

②污染源自动监测设备和数据采集处理系统检修记录；

③药剂添加、更换记录；

④设备故障及排除故障记录；

⑤断电、停运、更换自动监测仪器记录；

⑥易损、易耗品更换记录；

⑦自动监测仪器不能正常运行或监测数据出现异常时的记录；

⑧监测数据连续出现超标、超量排污报警时的记录；

⑨数据传输运行日志分析的记录。

3．定期校验和校准记录的审查

定期校验和校准记录的审查主要有以下几个方面的内容：

①自动监测设备零点和量程漂移的校准记录；

②现场实际样品比对试验和质控样比对试验的自检记录；

③采用国家认可的标准物质对仪器进行标定的记录；

④因维修、更换、停用、拆除等原因，采取人工采样监测方式报送数据的记录；

⑤每季度数据有效性考核的比对记录；

⑥标准曲线的校准及更改设置参数的记录。

4．相关台账技术档案的基本要求

相关台账技术档案的基本要求审查要点主要有以下几个方面的内容：

①档案中的表格应采用统一的标准表格；

②记录应清晰、完整，现场记录应在现场及时填写，有专业维护人员的签字；

③可从技术档案中查阅和了解仪器设备的使用、维修和性能检验等全部历史资料，以对运行的各台仪器设备做出正确评价；

④与仪器相关的记录可放置在现场，所有记录均应妥善保存。

第三节　比对监测报告审核

一、比对监测报告信息的审查

1．比对监测报告基本信息的审查

比对监测报告基本信息的审查主要有以下几个方面的内容：

①监测机构名称、地址、通信方式、比对监测日期和编制报告的日期；

②比对监测报告编号；

③排污企业名称、自动监测设备安装位置所在污染源名称、排污口位置和编号、采样点编号、采样布点图；

④自动监测设备制造单位、型号和出厂编号；

⑤参比方法引用的国家标准、规范的名称；

⑥设备、仪器校准所用国家标准物质的名称和级别；

⑦比对监测所用的主要设备，仪器的型号、出厂编号和检定证书编号。

2．比对监测报告工作信息的审查

比对监测报告工作信息审查主要有以下几个方面的内容：

①比对监测时工况，实际运行生产负荷率在75%～100%；

②比对监测频次和比对监测时段；

③比对监测项目；

④手工监测数据和在线设备监测数据；

⑤比对监测结果评价指标限值；

⑥比对监测结果评价结论；

⑦质量控制的工作内容和措施；

⑧监测报告的三级审核及签字。

二、比对监测报告内容的审查

1．水污染源自动监测设备比对监测报告内容审查

水污染源自动监测设备比对监测报告内容审查主要有以下几个方面：

①比对监测必测项目：化学需氧量（COD_{Cr}）、污水流量。

②比对监测样品要求不少于3对。

③比对监测的评价采用相对误差指标进行评判。

④化学需氧量（COD_{Cr}）≤30mg/L时，以接近实际水样的低浓度（约20mg/L）质控样代替实际水样进行分析；化学需氧量（COD_{Cr}）≥30mg/L时，采用实际水样进行比对。

⑤比对监测的质控措施。

⑥数据的经验判断，对于比较清洁的污水，比对监测数据应和自动监测设备监测数据接近；对于比较混浊的污水，比对监测数据应大于自动监测设备监测的数据。

2．气污染源自动监测设备比对监测报告内容审查

气污染源自动监测设备比对监测报告内容审查主要有以下几个方面：

①比对监测必测项目：二氧化硫和烟气温度、烟气流速、烟气湿度、烟气含氧量等。

②比对监测要求颗粒物、流速和烟温等样品数量在3对以上（指代表整个烟道断面的平均值），气态污染物样品数量在6对以上。

③颗粒物、二氧化硫和氮氧化物比对监测的评价采用相对误差或绝对误差指标进行评判，烟气流速比对监测的评价采用相对误差指标进行评判，烟气温度比对监测的评价采用绝对误差指标进行评判，烟气含氧量比对监测的评价采用相对准确度指标进行评判。

④二氧化硫、氮氧化物、烟气温度、烟气湿度、烟气含氧量等项目比对监测前后均要求对监测仪器进行校准并记录。

⑤测定湿法脱硫烟气中二氧化硫时，采样必须使用加热采样管（加热温度120℃），采用碘量法时，吸收瓶用冰浴或冷水浴控制吸收液温度，以保证吸收效率。

⑥颗粒物项目比对监测前要求做空白试验并记录。

⑦比对监测的质控措施。

第四节　自动监测设备运行情况审核

一、自动监测设备参数设置和运行状态的审核内容及方法

1．水污染源自动监测设备参数设置和运行状态的审核

水污染源自动监测设备参数设置和运行状态的审核主要包括以下几个方面：

①调阅系统设置的分析周期和分析频次。废水污染源自动监测设备不低于2h自动采样一次，并整小时实时传输污染源自动监测数据。

②调阅系统设置的测量范围。要求系统设置的测量范围应大于污水实际排放的浓度范围。

③调阅系统设置的浓度报警限值。要求系统设置的浓度报警限值与该排污口核定的

排放标准值一致。

④调阅系统设置的前置采样排空时间或排空体积。要求采样排空时间或排空体积大于从采样口到样品分析室的路程时间或路程的水样体积，保证到样品分析室的水样是来自于排污渠道中的污水。

⑤调阅系统的历史数据，从日报、月报和季报数据中查看数据异常、缺失情况和标记以及处理方式和处理结果。

2. 气污染源自动监测设备参数设置和运行状态的审核

气污染源自动监测设备参数设置和运行状态的审核主要包括以下几个方面：

①调阅 CEMS 系统设置的测量范围。要求系统设置的测量范围大于废气原烟气的排放浓度范围。

②调阅 CEMS 系统设置的浓度报警限值。要求系统设置的浓度报警限值与该排污口核定的排放标准值一致，并人为设置高于浓度报警限值的污染物浓度值，核查浓度报警的响应情况。

③调阅 CEMS 系统的历史数据，从日报、月报和季报数据中查看数据异常、缺失情况和标记以及处理方式和处理结果。

④调阅 CEMS 系统的数据统计设置，检查数据统计设置是否是每 10 s 获得 1 个累积平均值，自动生成分钟均值、小时均值。

二、设备运转率和数据传输率的审核

1. 设备运转率的审核内容和方法

设备运转率的审核内容主要有以下几个方面：

①检查污染源自动监测设备正常工作状态，观察工作状态是否按规定频次采样分析、上传监测数据，监控平台能否按规定的频次接收到数据，监测数据符合实际排污情况，无不合逻辑的极高、极低值或数据长时间稳定不变等情况。

②烟气污染源自动监测设备必须每小时上传一次监测数据，水污染源自动监测设备必须每两小时上传一次监测数据。

③污水间歇性排放的，根据实际排水时间确定监测频次，化学需氧量自动监测数据数不小于污水累计排放小时数；pH 值、温度和流量监测数据个数不小于污水累计排放小时数的 6 倍。

④根据现场核查数据，计算设备运转率。

$$设备运转率=\frac{实际运行小时数}{企业排放小时数}\times 100\%$$

变量解释：实际运行小时数为自动监测设备实际正常运行的小时数；

企业排放小时数为被监测的排放源排放污染物的实际小时数。

⑤以年计污染源自动监控系统仪器实际正常运行小时数占该点位污染物排放小时数的比例，即正常运转率应不小于 90%。

2. 数据传输率的审核内容和方法

数据传输率的审核内容主要有以下几个方面：

①根据现场核查数据，计算设备数据传输率。现场核查方法可以随机选取不少于连

续 7 天的数据进行检查，要求上位机接受的数据和数采仪、污染源自动监测设备中存储的数据完全一致。

②数据传输率指单位时间传送的数字信息量的多少（传信率），用比特率衡量。

$$数字传输率=\frac{实际传输数据数}{设备测量数据数}\times 100\%$$

变量解释：实际传输数据数为设备实际上传的小时（废气 1h、废水 2h）数据个数；
设备测量数据数为设备实际测量的小时（废气 1h、废水 2h）数据个数。

③数据传输率的计算。

$$数据传输率=\frac{8\,760-缺失数据时段-无效数据时段}{8\,760-无效数据时段}\times 100\%$$

变量解释：8 760 为日历年小时数；数据时段单位为小时数。

④以年计污染源自动监测设备正常数据传输率应不小于 90%。

第五节 污染治理设施运行工况审核

一、污染治理设施运行记录和报表的审核

1．污染治理设施运行记录的审核

运行记录主要反映污染治理设施运行的全过程，包括运转数据、设备数据、分析监测数据等原始数据。运行记录查阅的内容，包括值班记录、工作日志、设备维修记录和分析监测数据记录。

2．污染治理设施运行报表的审核

污染治理设施的运行报表是在原始记录的基础上汇编而成的，包括年统计报表、季统计报表、月统计报表等。污染治理设施运行报表的审核是查阅污染治理设施运行各操作岗位或工序每日、周抄送的日或周记录和统计报表。

二、污染治理设施运行工况的审核

1．污染治理设施运行状况的核查

污染治理设施运行状况的审核主要有以下几个方面的内容：

①企业生产情况的记录，包括季度（月）生产记录、产品产量、原材料使用量等；

②污染治理设施运行情况的记录查阅，包括现场流量计使用及记录、药剂存储的使用和记录、污泥或废渣的存储情况及处置记录。

2．能耗情况的核查

能耗情况的核查主要有以下几个方面的内容：

①核查企业总用水量。主要是查阅水表或水费单计算用水量。

②核查产量及能耗。主要是查阅能耗、生产原料消耗情况，核查企业生产负荷。

三、电厂脱硫系统运行工况分析

以电厂石灰石-石膏脱硫法为例，分析脱硫系统的运行工况。

1．分析参数

企业治污设备的运行工况判断的主要依据是污染物治理工艺主要参数的变化情况。以典型的火电厂石灰石-石膏脱硫工艺为例，其主要的治污设备运行工况参数如表 3-3，图 3-1 所示。

表 3-3 石灰石-石膏脱硫法主要工况参数表

主要工况类型	具体参数
原烟参数	原烟气流量
	原烟气 SO_2 浓度
	原烟气 NO_x 浓度
	原烟气粉尘浓度
	原烟气温度
	原烟气 O_2 浓度
	原烟气压力
吸收塔运行参数	吸收塔循环浆液泵电流
	吸收塔补充浆液泵电流
	吸收塔补充浆液密度
	吸收塔搅拌器电流
	吸收塔 pH 值
系统过程参数	机组运行负荷或锅炉运行负荷
	增压风机启停状态
	增压风机电流
	增压风机烟气出口压力
	原烟气挡板阀启停状态或开度
	净烟气挡板阀启停状态或开度
	旁路烟道挡板启停状态或开度
	烟气换热器（GGH）出口温度
净烟（或混合烟气）参数	净烟气流量
	净烟气 SO_2 浓度
	净烟气 NO_x 浓度
	净烟气粉尘浓度
	净烟气温度
	净烟气 O_2 浓度
	净烟气压力

2．脱硫运行工况分析

以采用石灰石-石膏脱硫法的电厂脱硫系统为例，假定该系统原烟气 CEMS 安装在原烟道上，净烟气 CEMS 安装在混合烟道上，从三方面分析其系统运行状态发生变化对净烟气自动监测数据的影响。

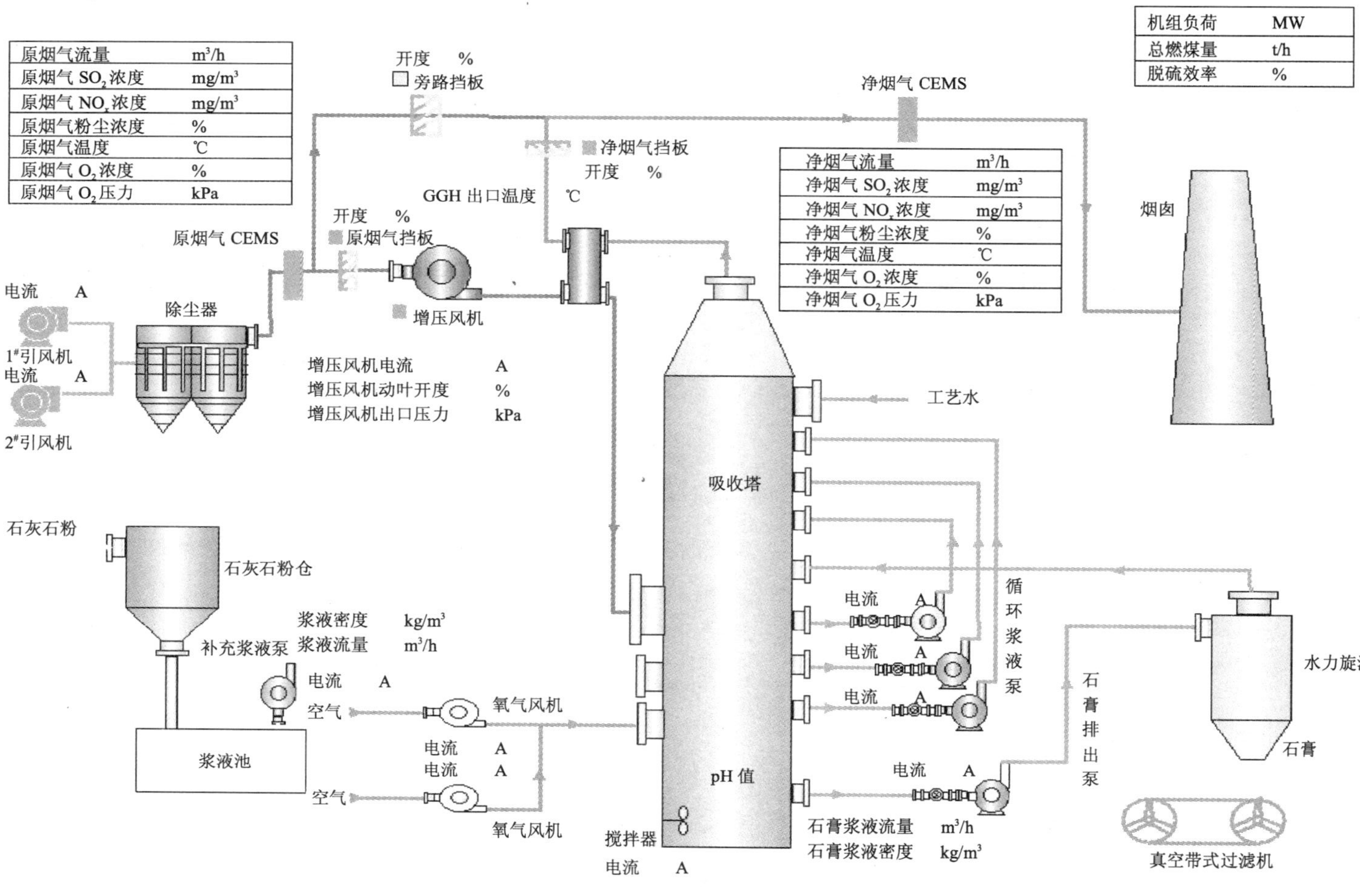

图 3-1　石灰石-石膏脱硫法工艺参数分布图

①旁路开启与监测数据逻辑性分析。

当旁路开启时，增压风机的负荷降低，部分原烟气通过旁路挡板超越脱硫系统直接进入混合烟道。由于混入了原烟气，混合烟道 CEMS 在正常情况下，其监测的 SO_2 浓度值应升高；且旁路开度越大，混入的原烟气越多，SO_2 浓度值升高越大；当旁路完全打开，增压风机关闭时，混合烟道 CEMS 监测的 SO_2 浓度值等于原烟气 SO_2 浓度值。因此，在旁路开启，增压风机负荷降低的情况下，混合烟道 CEMS 监测的 SO_2 浓度值一般会呈现升高迹象。

②吸收塔运行负荷与监测数据逻辑性分析。

吸收塔运行负荷可以通过观察石灰石循环浆液泵的运行负荷来间接掌握。石灰石循环浆液泵的工作任务是将进入吸收塔的石灰石浆液从吸收塔底部提升至顶部，经喷淋后与烟气中的 SO_2 发生化学反应，实现脱硫。石灰石循环浆液泵开启数量越多，也就是运行负荷越大，就会使喷淋至吸收塔中的石灰石循环浆液越多，从而吸收塔内液气比越大，石灰石浆液与 SO_2 的接触越充分，脱硫效果就越好。

当发电机组运行负荷越大，原烟气流量越大时，或者原烟气 SO_2 浓度升高时，都需要提高石灰石循环浆液泵的运行负荷，以保证脱硫效率。如果发电机组运行负荷明显增大，或者原烟气 SO_2 浓度明显升高，而石灰石循环浆液泵运行负荷没有变化，则脱硫效率必然会降低，此时脱硫效率一般会呈现降低趋势。

③状态参数与监测数据逻辑性分析。

通过观察脱硫系统中部分状态参数的取值范围，可以掌握系统运转的效率。例如吸收塔内的 pH 值，其数值范围一般在 5～5.8。如果 pH 值低于此范围，有可能为石灰石补充添加量不够，易造成脱硫效率的下降。因此，在 pH 值异常偏低的状态下，脱硫效率一般会呈现降低趋势。

四、污水处理厂运行工况分析

以 A^2/O 工艺为例，分析污水处理厂的运行工况。

1．分析参数

污水处理厂运行工况判断的主要依据是污水处理工艺主要参数的变化情况。以 A^2/O 工艺为例，其主要运行工况参数分布如表 3-4，图 3-2 所示。

表 3-4　A^2/O 工艺主要工况参数表

主要工况类型	具体参数
污水厂进水口参数	进水口流量
	进水口 COD 浓度
	进水口氨氮浓度
	进水口总磷浓度
	进水口 pH 值
污水处理过程参数	进水阀门开关状态
	超越阀门开关状态
	提升泵启停状态或电流
	生化池进水阀门开关状态

主要工况类型	具体参数
污水处理过程参数	鼓风机电流
	搅拌机启停状态
	各生化池溶解氧浓度
污水厂排放口参数	出水口流量
	COD 排放浓度
	氨氮排放浓度
	进水口总磷浓度
	出水 pH 值

2．污水处理运行工况分析

采用活性污泥法的二级污水处理厂都存在好氧曝气的工艺环节，以 A^2/O 工艺为例，从三方面分析其系统运行状态发生变化对出水口自动监测数据的影响。

①超越阀门开启与监测数据逻辑性分析。

污水处理厂的超越阀门一般设在进水泵房或者生物处理系统前，正常运转情况下关闭，一般只有在停产检修时才会开启。假如污水处理厂没有向环保部门履行正常停产检修的申请手续，又发生了超越阀门开启的情况，污水可能超越生物处理环节直接排放。

②鼓风机运行负荷与监测数据逻辑性分析。

鼓风机负责给曝气池提供氧气，是污水处理厂运行过程中用电的主要设备。一般污水处理量越大，进水 COD 浓度越高，污水处理负荷越大，所需的氧气量就越大，鼓风机的运行负荷就越大。当污水处理量越大，或者进水 COD 浓度越高时，一般需要提高鼓风机的运行负荷，以保证 COD 去除效率。

如果污水处理量明显增大，或者进水 COD 浓度明显升高，而鼓风机的运行负荷长期没有变化，则 COD 去除效率很可能会降低，此时 COD 去除效率一般会呈现降低趋势。

③状态参数与监测数据逻辑性分析。

曝气池的溶解氧含量状态参数体现了曝气池运行的状态，其数值范围一般在 2～4，数值偏低可能为曝气量不够，数值偏高可能为曝气过量，两种情况都不利于曝气池的正常运行。

如果曝气池的溶解氧含量明显偏低，可能为鼓风机运行负荷不够甚至长期不运行，此时出水 COD 浓度一般会呈现降低趋势。

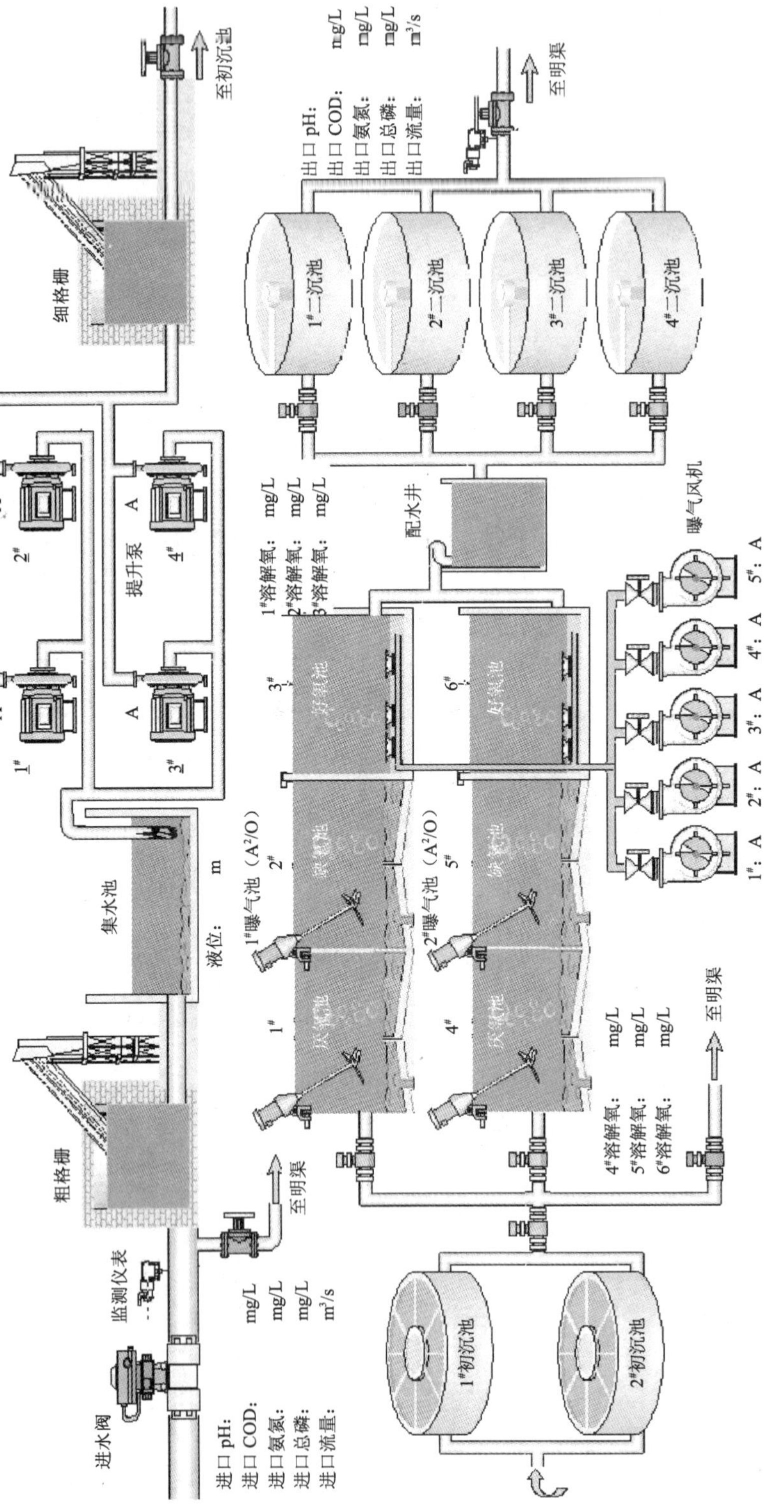

图 3-2 A²/O 工艺参数分布图

第四章
污染源自动监测数据有效性审核结果评价

第一节　审核结果评价的基本内容和方法

污染源自动监测数据有效性审核结果评价的基本内容是依据《国家监控企业污染源自动监测数据有效性审核办法》中附件三《国家重点监控企业污染源自动监测设备考核表》规定的内容进行。

一、审核结果评价的基本内容

1．评价的主要内容包括①现场核查情况；②资料审核情况；③自动监测设备运行情况等三个方面。按照《国家重点监控企业污染源自动监测设备监督考核规程》规定的审核程序进行单项评价和打分，填写《国家重点监控企业污染源自动监测设备考核表》并编制综合评价意见。《国家重点监控企业污染源自动监测设备考核表》见表 4-1。

2．评价的方式以地级市为基本单位，完成污染源自动监测设备考核评价表。编制市级综合评价报告，汇总成为省级统计报告，最终形成国家级报告。

3．评价报告及成果。

①污染源自动监测设备考核评价表（针对一个污染源）及设备运行考核情况评价的最终评价结论；

②地市级汇总辖区污染源自动监测设备考核情况评价报告；

③省级汇总辖区地级市污染源自动监测设备考核情况评价报告；

④全国污染源自动监测设备考核情况评价报告。

二、审核结果评价的基本方法

审核评价结果分为三个等级，即通过审核、基本通过审核和审核不合格。

1．通过审核：现场核查的结论满足各项标准要求，资料齐全、记录台账完整、清晰，监控设备运行情况完好、数据准确可靠、设备运转率和数据数传输率在 95%以上，审核评分结果在 80 分以上。

2．基本通过审核：现场核查基本满足各项标准，有部分整改项。资料、记录、台账基本符合要求，有个别需要补充的信息和整改项。监控设备运行情况基本良好，设备运转率和数据数传输率达到 70%～95%，审核评分结果为 65～79 分。

3．审核不合格：有下列情况之一的，判定为不合格。

①现场核查结论不满足各项标准要求，并无法实施整改的。

②采用无证自动监测设备或擅自更换劣质元器件的。

③在自动监测设备的参数设置中弄虚作假，设置假参数、假数据的。

④设备运转率和数据数传输率低于 70%，审核评分结果低于 65 分的。

⑤比对监测结果不符合相关技术规范规定要求的。

表 4-1 国家重点监控企业污染源自动监测设备现场核查表

核查单位： 日期：

<table>
<tr><td>企业名称</td><td></td><td colspan="2">组织机构代码</td><td colspan="2"></td></tr>
<tr><td>地址</td><td colspan="3"></td><td>邮编</td><td></td></tr>
<tr><td>法人代表</td><td></td><td>环保负责人</td><td></td><td>电话</td><td></td></tr>
<tr><td rowspan="5">污染源自动监测设备基本情况</td><td>排污口名称</td><td colspan="4"></td></tr>
<tr><td>排污口编码</td><td colspan="4"></td></tr>
<tr><td>设备型号</td><td colspan="4"></td></tr>
<tr><td>生产厂家</td><td colspan="4"></td></tr>
<tr><td>验收情况</td><td colspan="4"></td></tr>
<tr><td rowspan="5">制度执行情况</td><td>设备操作、使用维护保养记录</td><td colspan="2">有□无□</td><td colspan="2">完善□不完善□</td></tr>
<tr><td>运行、巡检记录</td><td colspan="2">有□无□</td><td colspan="2">完善□不完善□</td></tr>
<tr><td>定期校准校验记录</td><td colspan="2">有□无□</td><td colspan="2">完善□不完善□</td></tr>
<tr><td>标准物质易耗品定期更换记录</td><td colspan="2">有□无□</td><td colspan="2">完善□不完善□</td></tr>
<tr><td>设备故障状况及处理记录</td><td colspan="2">有□无□</td><td colspan="2">完善□不完善□</td></tr>
<tr><td rowspan="8">设备运行情况</td><td rowspan="4">仪器参数设置情况</td><td colspan="2">二级门禁管理系统</td><td colspan="2">有□无□</td></tr>
<tr><td colspan="2">氧量</td><td colspan="2">有□无□</td></tr>
<tr><td colspan="2">校准系数</td><td colspan="2">有□无□</td></tr>
<tr><td colspan="2">速度场系数</td><td colspan="2">有□无□</td></tr>
<tr><td>仪器参数</td><td colspan="2">设备设置值</td><td colspan="2">现场核查值</td></tr>
<tr><td>排污口尺寸/m</td><td colspan="2"></td><td colspan="2"></td></tr>
<tr><td>过剩空气系数</td><td colspan="2"></td><td colspan="2"></td></tr>
<tr><td>校准系数</td><td colspan="2"></td><td colspan="2"></td></tr>
<tr><td rowspan="11">设备运行情况</td><td>速度场系数</td><td colspan="2"></td><td colspan="2"></td></tr>
<tr><td rowspan="2">异常、缺失数据标记和处理</td><td colspan="2">有无标记</td><td colspan="2">有□无□</td></tr>
<tr><td colspan="2">有无处理</td><td colspan="2">有□无□</td></tr>
<tr><td>设备运转率/%</td><td colspan="4"></td></tr>
<tr><td>数据传输率/%</td><td colspan="4"></td></tr>
<tr><td rowspan="6">数据报表</td><td colspan="2">污染物排放浓度</td><td colspan="2">有□无□</td></tr>
<tr><td colspan="2">流量</td><td colspan="2">有□无□</td></tr>
<tr><td colspan="2">污染物排放总量</td><td colspan="2">有□无□</td></tr>
<tr><td colspan="2">日报</td><td colspan="2">有□无□</td></tr>
<tr><td colspan="2">月报</td><td colspan="2">有□无□</td></tr>
<tr><td colspan="2">季报</td><td colspan="2">有□无□</td></tr>
<tr><td colspan="2">核查人员（签字）：</td><td colspan="4">日期：</td></tr>
<tr><td colspan="2">企业人员（签字）：</td><td colspan="4">日期：</td></tr>
</table>

第二节　水污染源自动监测设备现场审核评价方法

一、水污染源自动监测设备现场审核评分项目

水污染源自动监测设备现场审核评分项目主要是依据表 4-1《国家重点监控企业污染源自动监测设备考核表》规定的内容以及《水污染源在线监测系统验收技术规范（试行）》（HJ/T 354－2007）、《水污染源在线监测系统运行与考核技术规范（试行）》（HJ/T 355－2007）和《水污染源在线监测系统数据有效性判别技术规范（试行）》（HJ/T 356—2007）等相关内容制定的。其中：

1. 现场审核评分项目主要包括

①水污染源自动监测设备（WWMS）系统组成的完全性；

②WWMS 系统的技术性能；

③监测用房和仪器安装的规范性；

④通信系统的畅通性及数据完整性。

2. 资料审核和在线监控设备运行审核评分项目主要包括

①相关资质文件；

②管理制度；

③记录和台账；

④异常、缺失数据标记和处理；

⑤设备运转率（%）和数据传输率（%）。

二、水污染源自动监测设备现场审核评分表

水污染源自动监测设备现场审核评分表见表 4-2。由审核小组成员按照表 4-2 中的各个分项，根据现场审核的情况逐项进行评分，最后统计评审总分。对于扣分项目，一定要在表 4-2 中相应的栏目注明扣分理由。

表 4-2　水污染源自动监测系统现场审核评分表

（满分 100 分）

申请核查单位：

评分项目	评分内容	评分细则	得分	扣分原因
一、WWMS 系统组成的完全性（满分 20 分）				
规范化排污口（满分 7 分）	排污口是否规范并安装有标准计量堰槽	有得 3 分，没有不得分		
	是否有排污口标志牌、编号及特征污染物名称	有得 1 分，没有不得分		
	排污口是否在总排污渠位置，是否反映总排污状况	有得 2 分，没有不得分		
	是否有含动力泵的循环采样管路过滤部分	有得 1 分，没有不得分		

评分项目	评分内容	评分细则	得分	扣分原因
流量监测系统（满分 3 分）	是否有明渠流量计，计量堰槽选择是否合理	有得 3 分，没有不得分		
主要污染因子监测系统（满分 8 分）	是否有 COD 或氨氮或 TOC 等主要污染物监测分析仪器	有得 5 分，没有不得分		
	是否有常规五参数（1 种以上）监测仪表	有得 3 分，没有不得分		
数据传输系统（满分 2 分）	是否有国家统一规定的数据采集传输通信终端	有得 2 分，没有不得分		
二、技术性能（满分 16 分）				
校准系统（满分 6 分）	零点漂移，应≤±5%F.S	符合要求得 2 分，否则不得分		
	量程漂移，应≤±5%F.S	符合要求得 2 分，否则不得分		
	是否有污染物校准系统	有得 2 分，没有不得分		
响应时间（满分 2 分）	废水主要污染物应≤60min	符合要求得 2 分，否则不得分		
相对误差（满分 3 分）	废水主要污染物应≤±10.0%F.S	符合要求得 3 分，否则不得分		
相关系数（满分 3 分）	相关系数应≥0.99	符合要求得 3 分，否则不得分		
流量误差（满分 2 分）	≤±5.0%	符合要求得 2 分，否则不得分		
三、监测用房和仪器系统功能要求及安装的规范性（满分 36 分）				
监测机房（满分 6 分）	1．面积大于 6m²，配备照明、专用配电 2．配备空调 3．配备可靠接地 4．配备交流净化稳压电源 5．配备上下水 6．有工作制度和操作制度	符合得 6 分，缺 1 项扣 1 分		
流量计计量槽安装位置的合理性（满分 4 分）	1．堰槽上游顺直段长度应大于水面宽度的 5～10 倍 2．上游排水中如有动、势能应有消除该能量的措施 3．堰槽下游出水口无淹没流 4．计量堰槽符合明渠堰槽流量计规程 JJG 711—1990 中标明的技术要求	符合得 4 分，缺 1 项扣 1 分		
流量计探头安装位置的合理性（满分 3 分）	1．探头安装在计量堰槽规定的水位观测断面中心线上 2．仪器零点水位与堰槽计量零点一致 3．探头安装牢固，不易移动	符合得 3 分，缺 1 项扣 1 分		

评分项目	评分内容	评分细则	得分	扣分原因
采样管位置及管路安装的合理性 （满分 3 分）	1．采水口在废水水面下 0.3 m 处 2．采水管路、泵配备有活动接头，便于清堵和维修 3．采水管路有防护措施	符合得 3 分，缺 1 项扣 1 分		
常规五参数探头安装 （满分 2 分）	1.探头安装在废水水面下 0.3m 处 2．探头备有活动接头，便于清洗和维修	符合得 2 分，缺 1 项扣 1 分		
污水流量计的功能要求 （满分 4 分）	1．有总累计流量、瞬时流量、水位、日期和时间显示 2．有年、月、日累计流量显示 3．支持各种标准计量堰槽（至少 2 种以上） 4．根据选择不同的标准计量堰槽，可以显示相应的流量计算公式。	符合得 4 分，缺 1 项扣 1 分		
自动监测设备系统功能要求 （满分 10 分）	1.中文显示、键盘正常 2．有日期、时间设置功能 3．是否有数据、参数存储，断电保护和来电自动恢复功能 4．是否有自动采样频次、加热反应时间和自动清洗频次设置功能 5．有标准 RS232/485/422 数字接口 6．是否有两级门禁管理和标准曲线参数管理系统 7．是否有打印机或打印接口，现场打印监测数据 8．是否有异常、缺失数据标记和处理功能 9．是否采用重铬酸钾光度法测量 10．是否有污染物浓度超标报警	符合得 10 分，缺 1 项扣 1 分		
废液处置要求 （满分 2 分）	是否有废液回收制度和处置记录	符合得 2 分，缺 1 项扣 1 分		
设备保护 （满分 2 分）	安装位置无振动、无水滴、无水雾、不漏风、容易接近、方便日常维护	符合得 2 分，缺项不得分		
四、通信系统的畅通性及数据完整性（满分 10 分）				
数据传输是否符合国标要求 （满分 2 分）	数据采集、传输及通信协议是否符合国标要求	符合国标得 2 分，否则不得分		
联网情况与稳定性 （满分 2 分）	是否能与环保部门监控平台稳定联网	能与环保部门监控平台联网得 2 分，否则不得分		

评分项目	评分内容	评分细则	得分	扣分原因
数据保存与查阅（满分 6 分）	是否具备历史数据存储功能和查询功能，可以查询日报、月报、季报和年报统计数据	现场调阅实时、历史监测数据，可调出得 3 分，否则不得分		
	现场可查阅污染物排放浓度、排放曲线、排放总量	符合要求得 3 分，缺一项扣 1 分		
五、运行管理的规范性（满分 18 分）				
相关资质文件（满分 8 分）	是否有验收监测报告，是否有仪器设备的说明书、合格证、计量证书、环保认定证书	相关资质文件齐全得 8 分，缺项不得分		
管理制度（满分 5 分）	是否建立了系统运行、维护技术管理制度和人员岗位职责制度	符合要求得 5 分，缺项不得分		
运行记录（满分 5 分）	是否有自动监测系统运行记录、检修记录、易耗品更换记录和校准记录以及台账。是否建档，并保持完整、连续性	符合要求得 3 分，缺项不得分		

注：F.S.为仪器满量程值。

总分：

评分人：　　　　　　　　　　　　日期：

第三节　固定污染源烟气自动监测设备现场审核评价方法

一、固定污染源烟气自动监测设备现场审核评分项目

固定污染源烟气自动监测设备现场审核评分项目主要是依据表 4-1《国家重点监控企业污染源自动监测设备考核表》规定的内容以及《固定污染源烟气排放连续监测技术规范（试行）》（HJ/T 75—2007）、《固定污染源烟气排放连续监测系统技术要求及检测方法（试行）》（HJ/T 76—2007）、《固定源空气监测技术规范》（HJ/T 397—2007）、《固定污染源监测质量保证和质量控制技术规范（试行）》（HJ/T 373—2007）等相关内容制定的。其中：

1．现场审核评分项目主要包括

①CEMS 系统组成的完全性；

②CEMS 系统的技术性能；

③监测用房和仪器安装的规范性；

④通信系统的畅通性及数据完整性。

2．资料审核和在线监控设备运行审核评分项目主要包括

①相关资质文件；

②管理制度；

③记录和台账；

④异常、缺失数据标记和处理；

⑤设备运转率和数据传输率。

二、固定污染源烟气自动监测设备现场审核评分表

固定污染源烟气自动监测设备现场审核评分表见表 4-3。由审核小组成员按照表 4-3 中的各个分项，根据现场审核的情况逐项进行评分，最后统计评审总分。对于扣分项目，一定要在表 4-3 中相应的栏目注明扣分理由。

表 4-3　固定污染源排放烟气连续监测系统现场审核评分表

（满分 100 分）

审核单位：（盖章）

评分项目	评分内容	评分细则	得分	扣分原因
一、CEMS 系统组成的完全性（满分 26 分）				
颗粒物监测系统（满分 1 分）	是否有颗粒物监测系统	有得 1 分，没有不得分		
气态污染物监测系统（满分 2 分）	是否有 SO_2 污染物监测系统	有得 1 分，没有不得分		
	是否有 NO_x 污染物监测系统	有得 1 分，没有不得分		
烟气参数监测系统（满分 5 分）	是否有烟气流速监测系统	有得 1 分，没有不得分		
	是否有烟气温度监测系统	有得 1 分，没有不得分		
	是否有含氧量监测系统	有得 1 分，没有不得分		
	是否有烟道压力监测系统	有得 1 分，没有不得分		
	是否有烟气湿度监测系统	有得 1 分，没有不得分（输入湿度值的不得分）		
气态污染物采样预处理系统（满分 3 分）	是否有采样管加温部分	有得 1 分，没有不得分（控温小于 120℃不得分）		
	是否有水气除去部分	有得 1 分，没有不得分（制冷器温度大于 5℃不得分）		
	是否有烟尘过滤部分	有得 1 分，没有不得分		
校准系统（满分 10 分）	零点漂移，气态污染物应≤±2.5%F.S	合格得 2 分，否则不得分		
	量程漂移，气态污染物应≤±2.5%F.S	合格得 2 分，否则不得分		
	是否有颗粒物、气态污染物校准系统	有得 2 分，没有不得分		
	检查速度场系数和皮托管系数 *K* 值校准系统	有得 2 分，没有不得分		
	标气进气系统	标气的进气口在气态污染物采样口处得 2 分，否则不得分		
自动清洗系统（满分 4 分）	采样探头是否有反吹风清洗功能	有得 1 分，没有不得分		
	皮托管测压孔是否有反吹风清洗功能	有得 1 分，没有不得分		
	采样管线是否有反吹风清洗功能	有得 1 分，没有不得分		
	烟尘监测仪是否有反吹风清洗功能	有得 1 分，没有不得分		
安全及防雷系统（满分 1 分）	是否有二级门禁管理和三级防雷系统	具有得 1 分，否则不得分		

评分项目	评分内容	评分细则	得分	扣分原因
二、技术性能（满分 6 分）				
响应时间 （满分 2 分）	气态污染物应≤180s	符合要求得 2 分，否则不得分		
相对误差 （满分 2 分）	气态污染物应≤±10.0%F.S，颗粒污染物应≤±10.0%F.S	符合要求得 2 分，一项不符合扣 1 分		
线性 （满分 2 分）	相关系数应≥0.85	符合要求得 2 分，否则不得分		
三、监测用房和仪器安装的规范性（满分 28 分）				
监测用房 （满分 2 分）	1. 面积大于 $6m^2$；配备专用配电以及空调 2. 监测传感器或采样系统到一次分析仪器数据采集/控制仪的信号传输距离尽可能缩短 3. 随机所带的三芯电缆可靠接地 4. 监测用房室内管线分析仪器设备应和配电柜、仪表柜保持一定的距离	符合得 2 分，缺 1 项扣 0.5 分		
安装位置 （满分 6 分）	1. 颗粒物 CEMS：位于所有颗粒物控制设备下游，不受环境光线的影响；颗粒物 CEMS 应尽可能安装在流速大于 5m/s 的位置。优先选择在垂直管段，避开烟道弯头和断面急剧变化的部位，设置在距弯头、阀门、变管下游方向不小于 4 倍直径，和距上述部件上游方向不小于 2 倍直径处 2. 气态污染物 CEMS：位于气态污染物混合均匀的位置，该处测得的气态污染物浓度或排放速率能代表固定污染源的排放，同时要便于日常维护 3. 流速连续测量系统：安装位置位于颗粒物和气态污染物 CEMS 下游＞300mm 处，但不得影响颗粒物和气态污染物 CEMS 的测定。烟气流速连续测量系统应尽可能安装在流速大于 5m/s 的位置	符合得 6 分，缺 1 项扣 2 分		
探头和管线 （满分 2 分）	探头的安装是否规范，管线有无破损，管线走向是否向下倾斜 5°	符合得 2 分，否则不得分		
气体处理和稀释系统的检查 （满分 2 分）	1. 按维护要求定期更换过滤器 2. 冷却器温度在操作条件之内 3. 采样管线内无冷凝现象 4. 采样泵无腐蚀、非正常的噪声或漏气情况	符合得 2 分，缺 1 项扣 0.5 分		

评分项目	评分内容	评分细则	得分	扣分原因
分析仪器的检查（满分 2 分）	1．牢固安装并配有采样系统的备用件 2．所有联结是否牢固密封 3．控制面板的灯光、指示器、警报器的状态正常，量程范围设置在适当的位置 4．按规定进行了维护保养	符合得 2 分，缺 1 项扣 0.5 分		
标准气体的检查（满分 2 分）	标准气体为技术监督部门授权的单位所生产，有标准气体的证明书，在有效期内，其浓度与量程相匹配	全部符合得 2 分，否则不得分		
设备保护（满分 6 分）	安装位置无振动、无水滴、无水雾、不漏风、容易接近、方便日常维护	符合得 6 分，缺 1 项扣 1 分		
人工检测条件（满分 2 分）	是否在监测孔下游 0.5m 左右预留手工采样孔	预留且位置符合要求得 2 分，预留但位置不符合要求得 1 分，未预留不得分		
维护保养（满分 2 分）	有仪器日常校准的记录；维护保养记录与历史数据记录一致；排放数据进行了校准，有丢失及出现异常数据的处理措施	符合得 2 分，缺 1 项扣 0.5 分		
采样操作平台（满分 2 分）	操作平台不小于 $3m^2$，平台栏杆高度不低于 1.5m；平台高度与比对孔距离为 1.2～1.5m，采用斜爬梯，倾角不大于 60°，宽度为 0.6～0.8m	全部符合得 2 分，缺 1 项扣 0.5 分		
四、数据采集系统准确性（满分 6 分）				
数据采集记录系统（满分 4 分）	是否有排放数据、丢失数据、操作数据记录，是否有日常校准的原始记录单	符合得 3 分，缺 1 项扣 1 分		
数据一致性（满分 2 分）	通过日常校准、线性、相对准确度等数据记录，校核最近的数据记录来审核系统的准确性；现场数据是否与主管环保部门数据一致性	符合得 2 分，缺 1 项扣 1 分		
五、通信系统的畅通性及数据完整性（满分 18 分）				
数据传输是否符合国标要求（满分 2 分）	数据采集、传输及通信协议是否符合国标要求	符合国标得 2 分，否则不得分		
联网情况与稳定性（满分 4 分）	是否能与环保部门监控平台稳定联网	能与环保部门监控平台联网得 2 分，否则不得分；试运行期间内，不出现除通信稳定性、通信协议正确性和数据传输正确性以外的问题，得 2 分，否则不得分		
数据保存与查阅（满分 5 分）	是否具备数据历史存储功能和查询功能，可以查询日报、月报、季报和年报统计数据	现场调阅实时、历史监测数据，可调出得 2 分，否则不得分		
	可查阅污染物排放浓度、排放速率、排放总量	符合要求得 3 分，缺一项扣 1 分		

评分项目	评分内容	评分细则	得分	扣分原因
报警功能（满分 2 分）	具有污染物浓度、总量超标报警功能和异常、缺失数据标记和处理功能	符合要求得 2 分，缺一项扣 1 分		
打印功能（满分 3 分）	能打印任意时段标准状态下干烟气的烟尘、SO_2、NO_x 的平均排放浓度（mg/m^3）和排放量（kg/h、t/d、t/a）	符合要求得 3 分，缺一项扣 1 分		
通信接口（满分 2 分）	有 RS232、RS422 或 RS485 接口	有得 2 分，否则不得分		
六、运行管理的规范性（满分 16 分）				
设备资料（满分 10 分）	是否有验收监测报告，仪器设备的说明书、合格证、环保认证、适用性检测合格报告等设备资料是否完整，检修记录是否建档，并保持完整	有验收监测报告得 5 分，否则不得分。其他符合得 5 分，缺一项扣 1 分		
管理制度（满分 3 分）	是否建立了系统运行、校准、维护技术管理制度和人员岗位职责	符合要求每项得 1 分，缺一项扣 1 分		
运行记录（满分 3 分）	是否有自动监测系统运行记录、检修记录、易耗品更换记录和校准记录以及台账。是否建档，并保持完整、连续性	符合要求得 3 分，缺一项扣 1 分		

总分：

评分人：　　　　　　　　　　　　　　　日期：

第四节　综合评价及审核结论

一、综合评价及审核结论的要求

综合评价及审核结论是依据《国家监控企业污染源自动监测数据有效性审核办法》、《国家重点监控企业污染源自动监测设备监督考核规程》的要求，由责任环保部门（环境监测行政管理部门）组织相关部门（机构）组成的考核小组对企业自检报告和比对监测报告（表）等环境管理文件、资料进行审查后，再通过对①现场核查情况；②资料审核情况；③在线监控设备运行情况等三个方面的内容进行评审，在现场完成《固定污染源废水自动监测设备现场审核评分表》或《固定污染源烟气自动监测设备现场审核评分表》后，提出综合评价及审核结论。

综合评价应含生产工况的评价，企业提供评价期间生产的产品品种及产量有效证明，经环保部门核定后，写明在综合性评价和审核结论中，使生产的产品品种及产量与污染物的排放量相对应，作为总量核算的依据。

二、综合评价及审核结论

综合评价及审核结论的具体内容见表 4-4。

表 4-4

国家重点监控企业污染源自动监测设备
现场审核综合评价表

企业名称:

审核单位:

环保部门	审核日期	
填写	编号	

中华人民共和国环境保护部制

填写说明

该表分“基本情况表”、“验收组成员名单”、“现场综合评价表”和“审批表”四部分组成。

1. 表一“基本情况”由排污企业负责填写。
2. 表三中“联网报告”部分由环保部门信息中心或监控中心负责填写。
3. 表三中“现场比对”部分由环保部门环境监测站负责填写。
4. 表三中“现场审核”部分由审核组成员在现场检查后填写。
5. 表三中“审核组意见”部分由审核组组长填写。
6. 表四“审批意见”由责任环保部门有关处（科）室签署意见后报环保部门审批。
7. 填写时一律使用蓝黑钢笔或签字笔，字迹清晰、不得涂改。

表一　国控企业污染源自动监控系统基本情况表

<table>
<tr><td colspan="2">企业名称</td><td colspan="6"></td></tr>
<tr><td colspan="2">地址</td><td colspan="4">市县（市区）路号</td><td>邮编</td><td></td></tr>
<tr><td colspan="2">设备安装位置</td><td colspan="6">（企业总排口或污水排放口等）</td></tr>
<tr><td colspan="2">排污口位置</td><td colspan="6">东经：　度　分　秒；北纬：　度　分　秒</td></tr>
<tr><td colspan="2">环保负责人</td><td></td><td>电话</td><td colspan="2"></td><td>手机</td><td></td></tr>
<tr><td colspan="2" rowspan="3">主要产品情况</td><td>产品</td><td colspan="2">设计生产能力</td><td colspan="3">实际产量</td></tr>
<tr><td></td><td colspan="2"></td><td colspan="3"></td></tr>
<tr><td></td><td colspan="2"></td><td colspan="3"></td></tr>
<tr><td rowspan="4">废气</td><td colspan="2">污染源编号及规模</td><td></td><td colspan="3">燃料含硫量/%</td><td></td></tr>
<tr><td colspan="2">脱硫工艺及效率</td><td></td><td colspan="3">设计处理风量/（m^3/h）</td><td></td></tr>
<tr><td colspan="2">燃料消耗量/（t/d）</td><td></td><td colspan="3">企业正常年运行天数</td><td></td></tr>
<tr><td colspan="2">除尘工艺及效率</td><td></td><td colspan="3">脱硝工艺及效率</td><td></td></tr>
<tr><td rowspan="3">废水</td><td colspan="2">废水处理工艺</td><td></td><td colspan="3">排放去向</td><td></td></tr>
<tr><td colspan="2">处理设施设计处理能力/（t/d）</td><td></td><td colspan="3">纳污水体功能区类别</td><td></td></tr>
<tr><td colspan="2">实际排放量/（t/d）</td><td></td><td colspan="3">企业正常年运行天数</td><td></td></tr>
<tr><td colspan="8">执行标准</td></tr>
<tr><td colspan="3">污染物名称</td><td colspan="2">标准值</td><td colspan="3">标准名称及标准号</td></tr>
<tr><td colspan="3"></td><td colspan="2"></td><td colspan="3"></td></tr>
<tr><td colspan="3"></td><td colspan="2"></td><td colspan="3"></td></tr>
<tr><td colspan="3"></td><td colspan="2"></td><td colspan="3"></td></tr>
<tr><td colspan="8">自动监控系统情况</td></tr>
<tr><td colspan="2">设备供应商</td><td colspan="2"></td><td colspan="2">设备型号及编号</td><td colspan="2"></td></tr>
<tr><td colspan="5">计量器具型式批准证书或生产许可证有效期</td><td colspan="3"></td></tr>
<tr><td colspan="5">环境监测仪器质量监督检验中心适用性检测证书有效期</td><td colspan="3"></td></tr>
<tr><td colspan="8">数据传输设置</td></tr>
<tr><td colspan="2">数据采集器序号</td><td colspan="6"></td></tr>
<tr><td colspan="2">终端服务地址码</td><td colspan="6"></td></tr>
<tr><td colspan="2">数据上报间隔</td><td colspan="6"></td></tr>
<tr><td colspan="2">通信协议</td><td colspan="6">（注：监控设备与数据采集仪的通信协议）</td></tr>
<tr><td colspan="2" rowspan="4">报警设置</td><td>污染物名称</td><td colspan="2">排放浓度标准值</td><td colspan="2">浓度报警上限</td><td>浓度报警下限</td></tr>
<tr><td></td><td colspan="2"></td><td colspan="2"></td><td></td></tr>
<tr><td></td><td colspan="2"></td><td colspan="2"></td><td></td></tr>
<tr><td></td><td colspan="2"></td><td colspan="2"></td><td></td></tr>
<tr><td colspan="2">提交材料清单</td><td colspan="6">1．污染源自动监控系统建设合同
2．环保部门关于污染源自动监控系统建设方案批复的文件
3．排污单位对污染源自动监控系统的预验收意见
4．环境监测部门出具的验收监测报告
5．安装调试与试运行报告
6．联网报告
7．计量器具 CMC 标志、进口仪器的计量器具型式批准证书
8．设备出厂合格证
9．环境监测仪器质量监督检验中心适用性检测报告
10．不少于 168 h 正常运行监测历史数据记录
11．相关的管理制度（仪器设备操作、使用和维护规程；岗位责任制；定期校验制度；设备故障预防与处置制度）</td></tr>
</table>

表二　审核组成员名单

	姓名	单位	职务/职称	签名
组长				

表三　国家重点监控企业污染源自动监控系统现场综合评价表

资料审核情况	环保部门关于安装污染源自动监控系统批复的文件	有□无□不完善□	
	排污口规范化及点位确认的文件	有□无□不完善□	
	安装调试与试运行报告、联网报告	有□无□不完善□	
	自检报告	有□无□不完善□	
	环境监测站比对监测报告	有□无□不完善□	
	环境监测仪器质量监督检验中心适用性检测证书	有□无□不完善□	
制度制定情况	仪器设备操作、使用和维护规程	有□无□不完善□	
	岗位责任制	有□无□不完善□	
	定期校验制度	有□无□不完善□	
	设备故障预防与处置制度	有□无□不完善□	
现场审核情况	现场检查内容	判断	说明
	排污口是否规范、排污口标志牌安装位置	有□无□	
	安装位置监测值能否代表污染物浓度和总量的排放水平	有□无□	
	探头、管线和采样管路是否按设计安装	有□无□	
	在线监控系统组成是否完整，辅助设备及备品、备件是否齐全	有□无□	
	是否有预处理系统、校准系统、防雷系统、门禁管理和自动清洗功能	有□无□	
	手工监测孔开孔位置，监控平台设置是否能满足手工监测的需要	有□无□	
	是否具有出现异常数据的标识及处理措施	有□无□	
	是否具备数据历史存储功能和查询功能、可查阅污染物排放浓度、排放流量、排放总量的日报、月报、季报和年报	有□无□	
	是否合理设置排放浓度和排放总量的超标报警	有□无□	
	现场数据与传输数据是否一致	有□无□	
审核组意见	经审核小组对××企业自动监测设备运行的自检报告、比对监测报告（表）、现场审核评分表和现场综合评价表的评审，均符合（不符合）要求。该企业××季度自动监测数据为有（无）效审核数据，（不）可以作为总量考核、监督执法、排污申报核定的依据。 审核组组长（签名）： 年　月　日		

表四　责任环保部门的审批意见

<table>
<tr><td>
责任环保部门审批意见:

环验[　　]号

（公章）

经办人（签字）:　　　　　　　年　　月　　日
</td></tr>
</table>

第五章
污染源自动监测设备比对监测

污染源自动监测设备比对监测是保证污染源自动监测数据准确性的有效措施之一和重要环节，是《国家重点监控企业污染源自动监控系统考核规程》重要的技术支持。为充分发挥污染源自动监测设备的监测、监控作用，保证其监测数据的科学性、准确性、可靠性和合法性，对污染源自动监测设备必须实施严格的比对监测及质量控制。

按照《主要污染物总量减排监测办法》，监督性监测包括对企业排放物的人工监测和对污染源自动监测设备的比对监测，因此，比对监测也是监督性监测。人工监测监督的是企业的污染物排放行为，比对监测监督的是企业对污染源自动监测设备的管理维护行为。本节所指监督性监测为狭义的监督性监测，即对企业排放的人工监测。

污染源监督性监测是指环境监测机构利用自动监测仪或人工监测的方法对排污企业排放标准规定的所有污染物排放浓度和排放量实施监测的行为，用于评估企业污染物排放达标情况和核算国家规定的总量控制指标及特征污染物排放总量。

比对监测是指采用人工监测作为参比（标准）方法，验证污染物自动监测设备监测结果的准确性及有效性的监测行为。比对监测要求：①以国家标准方法进行的人工监测结果作为在线自动监测数据的审核依据；②比对监测方法与自动监测法在企业正常生产工况前提下实施同步采样分析。

比对监测与监督性监测可以一次监测同步完成。以废水为例，先按照监督性监测要求制订采样计划，采样点设置和自动监测一致，再选择其中的 3 次采样（可多于 3 次），要求自动监控系统的采样和手工采样同时进行，比较自动监测结果和人工监测结果。

第一节　比对监测工作管理

一、省级监测机构

1．负责承担辖区内装机容量 30 万 kW 以上火电厂污染源自动监测设备比对监测工作。

2．负责承担辖区内由地市级环境监测机构承担的国控企业污染源自动监测设备比对监测的检查与抽测工作。

3．每年对辖区内各地市级站进行一次现场检查及同步监测。检查内容包括监测能力、管理制度及执行情况、质量管理体系建立及运行情况、实际监测工作、质量控制措施的合理性及其实施情况、检测报告和原始记录等方面，帮助地市级站解决监测工作中的技术问题。

二、地市级监测机构

负责对除装机容量 30 万 kW 以上火电厂以外的国控企业污染源自动监测设备比对监测工作。

第二节 比对监测的依据

一、管理规定

①《主要污染物总量减排监测办法》（国发[2007]36 号）

②《污染源自动监控管理办法》（环保总局令第 28 号）

③《污染源自动监控系统运行管理办法》（环发[2008]6 号）

④《国家重点监控企业污染源自动监测数据有效性审核办法》（环发[2009]88 号）

二、技术规范

①《水污染源在线监测系统验收技术规范（试行）》（HJ/T 354—2007）

②《水污染源在线监测系统运行与考核技术规范（试行）》（HJ/T 355—2007）

③《水污染源在线监测系统数据有效性判别技术规范（试行）》（HJ/T 356—2007）

④《固定污染源烟气排放连续监测技术规范（试行）》（HJ/T 75—2007）

⑤《固定污染源烟气排放连续监测系统技术要求及检测方法（试行）》（HJ/T 76—2007）

⑥《地表水和污水监测技术规范》（HJ/T 91—2002）

⑦《固定源空气监测技术规范》（HJ/T 397—2007）

⑧《固定污染源监测质量保证和质量控制技术规范（试行）》（HJ/T 373—2007）

第六章
水污染源自动监测设备比对监测

第一节　比对监测条件

一、排污口的规范要求

规范排污口的目的是保证监测数据能准确代表企业污染物排放浓度和排放总量的真实情况。规范废水排放口的基本原则为：

① 企业为一个独立的排污单位，废水排放口数量原则上只能有 1～2 个；若排污口过多，应有计划地进行排污口整治和归并工作，最多不宜超过 4 个。

② 废水排放口位置应根据实际地形和排放污染物的种类情况确定，排放一类污染物的在车间排放口采样，排放其他污染物的在企业的总排放口或污水处理设施的出水口采样，且应在企业边界内或边界外不超过 10m 处（对污水排放口位置的要求）。

③ 排污口可以是矩形、圆管形或梯形，一般使用混凝土、钢板或钢管等原料，必须具备方便采样和流量测定条件；有压排污管道应安装取样阀门；污水面在地下或距地面超过 1m，应建取样台阶或梯架；污水直接从暗渠排入市政管道的，应在企业界内或排入市政管道前设置取样口。

④ 列入重要整治的污水排放口和排污许可证总量控制的排污口，必须安装污水流量计，已安装的必须保持正常运作。一般污水排放口可安装巴歇尔槽、三角堰、矩形堰测流槽等测流或计量装置，测流段的直线长度应是其水面宽度的 3 倍以上。

⑤ 经规范化整治后的排污口，必须按照国家标准《环境保护图形标志》（GB 15562.1—1995）（GB 1556.2—1995）设置与之相适应的环境保护图形标志牌。

⑥ 一般性污染物排放口（源）设置提示性环境保护图形标志牌；排放剧毒、致癌物及对人体有严重危险物质的排放口（源）设置警告性环境保护图形标志牌。

⑦ 标志牌的设置位置应距排污口（采样点）较近且醒目处，设置高度一般为：图形标志牌上缘离地面 2m。距排污口（采样点）1m 范围内有建筑物的，挂平面式标志牌，无建筑物的，设置立式标志牌。

二、仪器设备的合法性确认证明

在线自动监测仪器、设备应具备以下适用性检测报告及相应的资质证明：

①中华人民共和国制造计量器具许可证；

②进口仪器应持有国家质量技术监督部门颁发的计量器具型式批准证书；

③具备环境保护部环境监测仪器质量监督检验中心出具的产品适用性检测合格报告和国家环境保护产品认证证书（仅限于国家已开展认证的品目），仪器的名称、型号必须与上述各类证书相符合，且在有效期内。

三、自动监测设备调试合格与试运行报告证明

水污染源自动监测设备调试检测应在其完成安装、初调后，连续运行时间不少于 72 h 后进行，调试检测按照 HJ/T 353—2007《水污染源在线监测系统安装技术规范（试行）》要求进行，调试检测技术指标应满足 HJ/T 353—2007《水污染源在线监测系统安装技术规范（试行）》中水污染源在线监测仪器零点漂移、量程漂移、重复性和平均无故障连续运行时间性能指标要求。调试检测应遵循如下原则：

①调试可由：a. 水污染源自动监测设备的制造者、供应者；b. 用户；c. 受委托的有检测能力的部门承担。

②调试检测周期为 72h。在调试检测期间，不允许计划外地维护、检修和调节仪器。因排放源故障或水污染源自动监测设备故障造成调试中断，在排放源或自动监测设备恢复正常后，需要重新开始进行为期 72h 的调试检测。

③水污染源自动监测设备的平均无故障连续运行时间应满足：化学需氧量（COD_{Cr}）自动监测仪≥360h/次；总有机碳（TOC）水质自动分析仪、氨氮水质自动分析仪、总磷水质自动分析仪、总氮水质自动分析仪和 pH 水质自动分析仪≥720h/次。

④数据采集仪已经和水污染源自动监测设备正确连接，并开始向上位机发送数据。

⑤调试检测后应编制调试检测报告。

四、验收报告

验收监测应在自动监测设备完成调试检测后，按照《水污染源在线监测系统验收技术规范（试行）》（HJ/T 354—2007）要求进行验收监测。验收监测技术指标应满足《水污染源在线监测系统验收技术规范（试行）》（HJ/T 354—2007）的要求。验收监测所出具的验收监测报告应包括以下信息：

①报告的标识与编号；

②检测日期和编制报告的日期；

③水污染源自动监测设备标识、制造单位、型号和系列编号；

④安装企业的名称和安装位置所在的相关污染源名称；

⑤安装企业的基本信息（企业类型、坐标、排放流域、主要污染物等）；

⑥实验室比对监测方法引用的标准；

⑦所用可溯源到国家标准的标准样品；

⑧实验室比对监测所用的主要设备、仪器等；

⑨检测结果；

⑩备注（技术验收单位认为与评估仪器性能相关的其他信息）。

五、生产工况要求

比对监测期间，生产设备应正常稳定运行。

第二节 比对监测内容

一、比对监测项目

主要为化学需氧量（COD_{Cr}）、总有机碳（TOC）、氨氮、总磷、总氮、pH 和流量等，其中总有机碳（TOC）应换算成化学需氧量（COD_{Cr}）。

二、比对监测考核指标

主要包括：实际水样比对试验的相对误差和质控样的测试结果。

第三节 比对监测频次

①水污染源在线监测系统的比对监测频次每年至少 4 次，即每季度至少 1 次。季节性生产企业，在生产期内比对监测 4 次。

比对过程中应尽可能保证比对样品均匀一致，每次比对监测要求的样品数量在 3 对以上。

②对于化学需氧量（COD_{Cr}）或总有机碳（TOC）换算的化学需氧量（COD_{Cr}）等监测项目，当实际水样 COD_{Cr}<30mg/L 时，以接近实际水样的低浓度（约 20mg/L）质控样代替实际水样进行分析，至少测定 2 次。

比对监测频次的确定可采用事先通知的形式或不通知的抽检形式进行，比对监测应尽可能在 1 天内完成。

第四节 比对监测方法

采用国家标准、行业标准方法或《水和废水监测分析方法（第四版增补版）》（国家环保总局）中所列方法作为比对监测分析方法，禁止使用非标准监测方法，部分监测分析方法详见表 6-1。

表 6-1 比对监测分析方法

序号	监测分析项目	监测分析方法	方法标准编号
1	化学需氧量	化学需氧量的测定重铬酸盐法	GB 11914
		高氯废水化学需氧量的测定氯气校正法	HJ/T 70
2	氨氮	水质铵的测定纳氏试剂分光光度法	GB 7479
		水质铵的测定水杨酸分光光度法	GB 7481
3	总磷	水质总磷的测定钼酸铵分光光度法	GB 11893
4	总氮	水质总氮的测定碱性过硫酸钾消解紫外分光光度法	GB/T 11894
5	pH 值	水质 pH 值的测定玻璃电极法	GB 6920
6	水温	水质水温的测定温度计	GB 13195

一、实际水样比对试验

1．化学需氧量（COD_{Cr}）自动监测仪的比对监测

采集实际废水样品，用化学需氧量（COD_{Cr}）水质自动监测方法与实验室标准方法（GB 11914）进行比对试验；对于排放高氯废水（氯离子浓度在 1 000～20 000mg/L）的废水样品，实验室分析方法采用 HJ/T 70。比对过程中应尽可能保证比对样品均匀一致，比对试验总数应不少于 3 对，其中 2 对实际水样比对试验相对误差（A）应满足表 6-2 的要求。实际水样比对试验相对误差（A）公式如下：

$$A=\frac{X_n-B_n}{B_n}\times 100\%$$

式中：A——实际水样比对试验相对误差；

X_n——第 n 次测量值；

B_n——实验室标准方法的测定值；

n——比对次数。

当实际水样 COD_{Cr}＜30mg/L 时，以接近实际水样的低浓度（约 20mg/L）质控样代替实际水样进行实验，测定 2 次。质控样测定的绝对误差不大于标准值的±5mg/L。

2．总有机碳（TOC）自动分析仪的比对监测

总有机碳（TOC）自动分析仪的比对监测同化学需氧量（COD_{Cr}）自动监测仪。

3．氨氮自动分析仪的比对监测

采集实际废水样品，用氨氮水质在线自动监测方法与实验室标准方法 GB 7479（或 GB 7481）进行比对试验，比对过程中应尽可能保证比对样品均匀一致，比对试验总数应不少于 3 对，其中 2 对实际水样比对试验相对误差（A）应满足表 6-2 的要求。

实际水样比对试验相对误差计算公式如下：

$$A=\frac{X_n-B_n}{B_n}\times 100\%$$

式中：A——实际水样比对试验相对误差；

X_n——第 n 次测量值；

B_n——实验室标准方法的测定值；

n——比对次数。

4．总氮、总磷自动分析仪的比对监测

采集实际废水样品，总氮自动监测方法与实验室标准方法 GB/T 11894 进行比对试验，总磷自动监测方法与实验室标准方法 GB 11893 进行比对试验，比对过程中应尽可能保证比对样品均匀一致，比对试验总数应不少于 3 对，其中 2 对实际水样比对试验相对误差（A）应满足表 6-2 的要求。

实际水样比对试验相对误差计算公式如下：

$$A=\frac{X_n-B_n}{B_n}\times 100\%$$

式中：A——实际水样比对试验相对误差；

X_n——第 n 次测量值；

B_n——实验室标准方法的测定值；

n——比对次数。

5．pH 自动分析仪的比对监测

采集实际废水样品，用 pH 水质自动分析方法与实验室标准方法 GB 6920 对废水 pH 值进行试验，比对试验过程中应保证在线监测仪器与标准方法测量结果组成一个数据对，至少获得 3 个测定数据对，计算两种测量结果的绝对误差，其中 2 对实际水样比对试验绝对误差应满足表 6-2 的要求。

6．水温自动分析仪的比对监测

进行现场水温比对试验，用在线监测方法与标准方法 GB 13195 分别测定温度，两种测量结果的绝对误差应满足表 6-2 的要求。

二、质控样考核

采用国家认可的质控样，分别用两种浓度的质控样进行考核，一种为接近实际废水浓度的样品，另一种为超过相应排放标准浓度的样品，每种样品至少测定 1 次，质控样测定的相对误差不大于标准值的±10%。

第五节　比对监测结果评价

水污染源在线监测系统实际水样比对监测结果评价指标限值见表 6-2。实际水样比对监测至少获得 3 个测定数据对，其中 2 对实际水样比对试验相对误差应满足表 6-2 的要求，质控样测定的相对误差不大于标准值的±10%，比对监测结果判定为合格。

表 6-2　实际水样比对试验考核指标要求

仪器名称	实际水样比对试验相对误差
化学需氧量（COD_{Cr}）、总有机碳（TOC）	COD_{Cr}＜30mg/L 时，绝对误差不超过±5mg/L 以接近实际水样的低浓度（约 20mg/L）质控样代替实际水样进行试验
	30mg/L≤COD_{Cr}＜60mg/L 时，相对误差不超过±30%
	60mg/L≤COD_{Cr}＜100mg/L 时，相对误差不超过±20%
	COD_{Cr}≥100mg/L 时，相对误差不超过±15%
氨氮、总磷、总氮	相对误差不超过±15%
pH	绝对误差不超过±0.5pH
水温	绝对误差不超过±0.5℃

第六节　比对监测质量保证

一、实验室的质量保证措施

①实验室分析人员按国家相关规定，经培训考核合格，持证上岗。

②实验室的设施和环境条件能够满足监测需要及设备维护要求，保证监测结果的有

效性和准确性。

③采用国家标准、行业标准方法或《水和废水监测分析方法》（环境保护部）中所列方法作为比对监测分析方法。

④定期对用于比对监测的计量仪器设备以及实验室所用标准样品、标准溶液的运行状态进行期间核查，以满足监测要求。

⑤对用于比对监测的计量设备、计量器具的检定、校准和标准物质进行控制，保证量值的准确性和可溯源性。

⑥水样分析质量控制：

a. 平行双样测定：分析人员对每批水质样品进行不少于 10%的平行双样测定，平行测定结果的相对偏差应满足方法要求。

b. 自行配置的标准物质或标准溶液，必须与国家标准物质进行比对、验证后方可使用。

c. 绘制的标准曲线和工作曲线，原则上已知浓度点不得少于 6 个（含空白浓度），曲线相关系数绝对值（r）应大于或等于 0.999。

d. 测定样品的同时，平行测定已绘制的标准曲线的中等浓度标准溶液，其相对误差应在 5%～10%。

e. 空白测定值应小于测定方法的规定值。

二、现场比对监测的质量保证措施

①按照比对分析项目及 GB 12998—1991《水质——采样技术指导》要求，做好比对试验所需采样器具的日常清洗、保管、整理工作。

②在水污染源排放口安装自动采样装置的位置进行人工采样，采样至少由两人协同工作，负责现场固定液的添加等。

③尽可能在废水自动监测分析仪采样的同时采集实验室分析样品，采样时填写现场采样记录，并及时正确地贴好每个样品标签（采样地点、编号、项目、时间等）以免混淆，做到样品标识的唯一性。

④样品采集和保存严格执行 HJ/T 91—2002 的有关规定，实施全过程质量控制和质量保证。

第七节　比对监测报告格式及内容

一、比对监测报告应包括的信息

比对监测报告由正文和附表组成。正文必须具有的信息包括：

①监测机构名称、地址、通信方式、监测日期和报告编制日期；

②报告的标识-编号；

③排污企业名称、废水自动监控设备安装位置所在的相关污染源名称、排污口位置和编号、采样点编号；

④废水自动监控名称、设备制造单位、型号和出厂编号（设备标识）；

⑤实验室比对方法引用的标准，所用的主要设备，仪器等。

二、比对监测报告应包括的工作内容

①比对监测时工况；
②比对监测项目；
③比对监测频次和比对监测时段；
④人工监测数据和在线设备监测数据；
⑤比对监测结果评价指标限值；
⑥比对监测结果评价结论；
⑦质量控制的工作内容和措施；
⑧监测报告的三级审核及签字。

比对监测的附表可以根据具体情况列出企业基本信息、企业生产工况、污染物处理工艺、监测点位图、污水排放去向、监测仪器具体信息等。

三、比对监测报告格式实例

废水污染源自动监测设备比对

监 测 报 告

□□□□□[　　]第□□号

企业名称:

运营单位:

报告日期:

□□□（监测单位名称）

（加盖监测业务专用章）

监测报告说明

1. 本报告无本站业务专用章、骑缝章及CMA认证章无效。
2. 本报告无三级审核、签发者签字无效。
3. 本报告内容需填写齐全、清楚、涂改无效。
4. 本报告自批准之日起生效。
5. 本报告不得部分复制、摘用或篡改，复印件未加盖本单位报告专用章无效。由此引起的法律纠纷，责任自负。
6. 本报告不得用于商品广告，违者必究。
7. 如对本报告有疑问，可与本站联系。

本机构通信资料:
单位名称: □□□环境监测（中心）站
地址: □□省□□市□□区□□□路□□号
邮政编码: □□□□□□
电话: □□□-□□□□□□□□
传真: □□□-□□□□□□□□

一、依据

（1）HJ/T 91—2002《地表水和污水监测技术规范》

（2）HJ/T 355—2007《水污染源在线监测系统运行与考核技术规范（试行）》

（3）HJ/T 356—2007《水污染源在线监测系统数据有效性判别技术规范（试行）》

二、标准

比对试验总数应不少于 3 对，其中 2 对实际水样比对试验相对误差（*A*）应满足表 1 的要求，质控样测定的相对误差不大于标准值的 ± 10%。

表 1　实际水样比对试验考核指标要求

指标名称	实际水样比对试验相对误差
化学需氧量（COD_{Cr}）、总有机碳（TOC）	COD_{Cr} < 30mg/L 时，绝对误差不超过 ± 5mg/L 以接近实际水样的浓度（约 20mg/L）质控样代替实际水样进行试验
	30mg/L ≤ COD_{Cr} < 60mg/L 时，相对误差不超过 ± 30%
	60mg/L ≤ COD_{Cr} < 100mg/L 时，相对误差不超过 ± 20%
	COD_{Cr} ≥ 100mg/L 时，相对误差不超过 ± 15%
氨氮、总磷、总氮	相对误差不超过 ± 15%
pH	绝对误差不超过 ± 0.5pH
水温	绝对误差不超过 ± 0.5℃

三、工况

编号：

第　　页共　　页

测试报告

排污企业名称		现场监测日期	
站点名称		分析日期	
工况		样品类型	
测试项目		在线仪器测量范围	

实际水样测定

样品编号	采样时间	在线仪器测定值	实验室测定值	比对试验绝对误差	比对试验相对误差（%）	结果评定	备注

质控样品测定

标样编号	测试时间	测试结果	标准样品批号	标准样品浓度范围	结果评定	备注

技术说明

	方法		仪器名称		仪器型号	仪器出厂编号		检出限
实验室仪器								
在线仪器								
比对结果								

*pH 单位为无量纲，其余项目单位为 mg/L。

部门审核人：__________　　项目负责人：__________　　批准人：__________

日　　期：__________　　日　　期：__________　　日　期：__________

附表 工业企业基本情况

企业名称						
地址	市县（市区）路号				邮编	
联系人			固定电话		手机	
行业类别			主要产品生产周期		排污口总数	
监测日期	主要产品名称	计量单位	产量/生产能力	主要原辅料名称	计量单位	耗量
废水处理工艺（可附图）				废水处理设施名称		
处理设施设计处理量/（t/d）				处理设施实际处理量/（t/d）		
废水排放量/（t/d）				废水排放规律		
废水排放去向				纳污水体功能区类别		
环评批复对在线设备要求及文号						
排污口位置			东经： 度 分 秒；北纬： 度 分 秒			
排污口规范化情况						
安装位置是否规范						
自动监测项目						
设备安装日期						
设备型号						
出厂编号（每台标识）						
生产商						
集成商						
获取计量器具型式批准证书或生产许可证时间						
通过环境监测仪器质量监督检验中心适用性检测时间						
方法原理						
检出限/（mg/L）						
测定量程/（mg/L）						
现场故障模拟实验情况						
运营单位						

第 页共 页

附表　污水处理厂基本情况

<table>
<tr><td>名称</td><td colspan="5"></td></tr>
<tr><td>地址</td><td colspan="3">市县（市区）路号</td><td>邮编</td><td></td></tr>
<tr><td>联系人</td><td></td><td>固定电话</td><td></td><td>手机</td><td></td></tr>
<tr><td colspan="2">废水处理工艺</td><td colspan="4"></td></tr>
<tr><td colspan="2">废水处理设施名称</td><td colspan="4"></td></tr>
<tr><td colspan="2">处理设施设计处理量/（万 t/d）</td><td colspan="4"></td></tr>
<tr><td colspan="2">处理设施实际处理量/（万 t/d）</td><td colspan="4"></td></tr>
<tr><td colspan="2">进水中工业废水和生活废水比例
（工业废水：生活废水）</td><td colspan="4"></td></tr>
<tr><td colspan="2">废水排放规律</td><td colspan="4"></td></tr>
<tr><td colspan="2">废水排放去向</td><td colspan="4"></td></tr>
<tr><td colspan="2">纳污水体功能区类别</td><td colspan="4"></td></tr>
<tr><td colspan="2">环评批复对在线设备要求及文号</td><td colspan="4"></td></tr>
<tr><td colspan="2">排污口位置</td><td colspan="4">东经:　　度　　分　　秒; 北纬:　　度　　分　　秒</td></tr>
<tr><td colspan="2">排污口规范化情况</td><td colspan="4"></td></tr>
<tr><td colspan="2">安装位置是否规范</td><td colspan="4"></td></tr>
<tr><td colspan="2">自动监测项目</td><td colspan="2"></td><td></td><td></td></tr>
<tr><td colspan="2">设备安装日期</td><td colspan="2"></td><td></td><td></td></tr>
<tr><td colspan="2">设备型号</td><td colspan="2"></td><td></td><td></td></tr>
<tr><td colspan="2">出厂编号（每台标识）</td><td colspan="2"></td><td></td><td></td></tr>
<tr><td colspan="2">生产商</td><td colspan="2"></td><td></td><td></td></tr>
<tr><td colspan="2">集成商</td><td colspan="2"></td><td></td><td></td></tr>
<tr><td colspan="2">获取计量器具型式批准证书或生产许可证时间</td><td colspan="2"></td><td></td><td></td></tr>
<tr><td colspan="2">通过环境监测仪器质量监督检验中心适用性检测时间</td><td colspan="2"></td><td></td><td></td></tr>
<tr><td colspan="2">方法原理</td><td colspan="2"></td><td></td><td></td></tr>
<tr><td colspan="2">检出限/（mg/L）</td><td colspan="2"></td><td></td><td></td></tr>
<tr><td colspan="2">测定量程/（mg/L）</td><td colspan="2"></td><td></td><td></td></tr>
<tr><td colspan="2">现场故障模拟实验情况</td><td colspan="2"></td><td></td><td></td></tr>
<tr><td colspan="2">运营单位</td><td colspan="2"></td><td></td><td></td></tr>
</table>

第　　页共　　页

第七章
固定污染源烟气自动监测设备比对监测

第一节　比对监测条件

固定污染源烟气自动监测设备（CEMS）的比对监测必须在满足以下条件下进行。

一、排污口的规范与要求

烟气排放口必须符合责任环保部门规范化排污口要求，并设置有环境保护图形标志牌，标志牌应注明污染源的特征和统一编号。

二、固定污染源烟气自动监测设备（CEMS）安装要求

①每台固定污染源排放设备均需安装烟气 CEMS，不得多台固定污染源排放设备共用一套烟气 CEMS。

②固定污染源烟气净化设备设置有旁路烟道时，必须在旁路烟道内安装烟气流量连续计量装置。

③必须设置采样及监测平台，且易于人员到达，有足够的空间，便于日常维护和比对监测。当采样平台设置在离地面高度≥5m 的位置时，有通往平台的 Z 字梯/旋梯/升降梯；平台设护栏，便于操作人员安全工作。

④应优先选择在垂直管段和烟道负压区域。

⑤测定位置应避开烟道弯头和断面急剧变化的部位。对于颗粒物 CEMS，应设置在距弯头、阀门、变径管下游方向不小于 4 倍烟道直径，以及距上述部件上游方向不小于 2 倍烟道直径处；对于气态污染物 CEMS，应设置在距弯头、阀门、变径管下游方向不小于 2 倍烟道直径，以及距上述部件上游方向不小于 0.5 倍烟道直径处。对矩形烟道，其当量直径 $D=2AB/(A+B)$，式中 A、B 为边长。当安装位置不能满足上述要求时，应尽可能选择在气流稳定的断面，但安装位置前直管段的长度必须大于安装位置后直管段的长度。

⑥在烟气 CEMS 监测断面下游应留有参比方法采样孔和交流电源插座，采样孔数目及采样平台等按 GB/T 16157—1996《固定污染源排气中颗粒物测定与气态污染物采样方法》确定，以供参比方法测试使用。在互不影响测量的前提下，应尽可能靠近。

⑦为了便于颗粒物和流速参比方法的校验和比对监测，烟气 CEMS 不宜安装在烟道内烟气流速小于 5m/s 的位置。

⑧若一个固定污染源排气先通过多个烟道后进入该固定污染源的总排气管时，应将烟气 CEMS 安装在该固定污染源的总排气管上，但要便于用参比方法校验颗粒物 CEMS

和烟气流速 CEMS。不得只在其中的一个烟道上安装一套烟气 CEMS，将测定值的倍数作为整个源的排放结果，但允许在每个烟道上安装相同的烟气 CEMS，测定值汇总后作为该源的排放结果。

⑨火电厂湿法脱硫装置后未安装烟气 GGH（气-气换热器）的烟道内，由于水分的干扰，无法准确测定颗粒物准确浓度，颗粒物 CEMS 可安装在脱硫装置前的管段中，其实际排放浓度值的计算见 HJ/T 75—2007 标准附录 C.5。

⑩当烟气 CEMS 安装在矩形烟道时，若烟道截面的高度大于 4m，则不宜在烟道顶层开设参比方法采样孔；若烟道截面的宽度大于 4m，则应在烟道两侧开设参比方法采样孔，并设置多层采样平台。

⑪点测量 CEMS 的测量点位应符合下列条件之一：

a. 颗粒物 CEMS 的测量点位离烟道壁的距离不小于烟道直径的 30%，气态污染物 CEMS、氧 CEMS 以及流速 CEMS 的测量点位离烟道壁距离不小于 1m;

b. 位于或接近烟道断面的矩心区。

⑫线测量 CEMS 的测量点位应符合下列条件之一：

a. 颗粒物 CEMS 的测量点位所在区域离烟道壁的距离不小于烟道直径的 30%，气态污染物 CEMS、氧气 CEMS 以及流速 CEMS 的测量点位离烟道壁距离不小于 1m;

b. 中心位于或接近烟道断面的矩心区；测量线长度大于或等于烟道断面直径或矩形烟道的边长。

三、仪器设备的合法性确认证明

固定污染源烟气 CEMS 相关仪器（颗粒物、SO_2、NO_x、流速等）应具备以下适用性检测报告及相应的资质证明：

①中华人民共和国制造计量器具许可证；

②进口仪器应持有国家质量技术监督部门颁发的计量器具型式批准证书；

③具备环境保护部环境监测仪器质量监督检验中心出具的产品适用性检测合格报告和国家环境保护产品认证证书（仅限于国家已开展认证的品目），仪器的名称、型号必须与上述各类证书相符合，且在有效期内。

四、验收报告

验收监测应在自动监测设备完成调试检测后，按照 HJ/T 75—2007《固定污染源烟气排放连续监测技术规范（试行）》要求进行参比方法验收监测。参比方法验收监测技术指标应满足 HJ/T 75—2007 的要求。验收监测所出具的验收监测报告应包括以下信息：

①报告的标识与编号；

②监测日期和编制报告的日期；

③烟气 CEMS 监测设备标识、制造单位、型号和系列编号；

④安装的企业名称和安装位置所在的相关污染源名称；

⑤安装的企业的基本信息（企业类型、主要污染物等）；

⑥参比方法引用的标准；

⑦所用可溯源到国家标准的标准气体；

⑧参比方法所用的主要设备、仪器等；

⑨监测结果；

⑩备注（技术验收单位认为与评估仪器性能相关的其他信息）。

五、生产工况要求

比对监测期间，生产设备应正常稳定运行。

第二节 比对监测内容

一、比对监测项目

烟气温度、烟气流速、氧量和污染物实测浓度（颗粒物、SO_2、NO_x）。

二、核查参数

过量空气系数、烟气流量、污染物折算浓度、污染物排放速率。

第三节 比对监测频次

①对国家重点监控企业安装的固定污染源烟气 CEMS 的比对监测每年至少 4 次，即每季度至少 1 次。

②每次比对监测，对颗粒物浓度、烟气流速、烟温用参比方法至少获取 3 个测试断面的平均值，气态污染物（SO_2、NO_x）和氧量至少获取 6 个数据（其中仪器法可选取 5 分钟平均值为 1 个数据，化学法以一个样品的采样时间段平均值为 1 个数据），取测试的平均值与同时段烟气 CEMS 的平均值进行准确度计算。

第四节 比对监测方法

一、比对监测遵循原则

比对监测必须遵循以下原则：

①监测期间，生产设备要正常稳定运行；

②监测前，首先要核准烟尘采样器、烟气分析仪、烟气 CEMS 等相关仪器的显示时间；

③参比方法测定湿法脱硫后的烟气，使用的烟气分析仪必须配有符合国家标准规定的烟气前处理装置（如加热采样枪和快速冷却装置等）；

④监测前，参比方法使用的烟气分析仪必须现场使用标准气体检查准确度，并记录现场校验值；

⑤每个监测项目的数据需记录时间；

⑥对颗粒物浓度、烟气流速、烟温参比方法至少获取 3 个测试断面的平均值，气态

污染物（SO_2、NO_x）和氧量至少获取 6 个数据（其中仪器法可选取 5min 平均值为 1 个数据，化学法以一个样品的采样时间段平均值为 1 个数据）。

二、比对监测参比方法

参比方法采用国家标准、行业标准、《空气和废气监测分析方法》（第四版增补版）或相关国际标准中所列方法，详见表 7-1。

表 7-1 参比监测项目分析方法一览表

序号	监测分析项目	监测分析方法	方法标准编号
1	颗粒物	重量法	GB/T 16157—1996/ISO 12141—2002
2	氧量	电化学法、氧化锆法、热磁式氧分析法	《空气和废气监测分析方法》（第四版增补版）
3	二氧化硫	非分散红外吸收法	
		碘量法	HJ/T 56—2000
		定电位电解法	HJ/T 57—2000
4	氮氧化物	非分散红外吸收法	《空气和废气监测分析方法》（第四版增补版）
		定电位电解法	
		紫外分光光度法	HJ/T 42—1999
		盐酸萘乙二胺分光光度法	HJ/T 43—1999
5	烟气流速	皮托管法	GB/T 16157—1996
6	烟气温度	热电偶法、电阻温度计	GB/T 16157—1996

三、比对测试

1．颗粒物比对监测（重量法）

①方法原理：按等速原则从烟道中抽取一定体积的含颗粒物烟气，通过已知重量的滤筒，烟气中的尘粒被捕集，根据滤筒在采样前后的重量差和采样体积，计算颗粒物排放浓度。

②测量仪器：烟尘采样仪。

③测定步骤：将烟尘采样管由采样孔插入烟道中，使采样嘴置于测点上，正对气流，按颗粒物等速采样原理，抽取一定量的含尘气体。根据采样管滤筒上所捕集到的颗粒物量和同时抽取的气体量，计算出烟气中颗粒物浓度。

2．气态污染物（SO_2、NO_x等）及氧量比对监测

（1）化学法。

①方法原理：通过加热采样管将气样抽入到装有吸收液的吸收瓶中，经化学分析或仪器分析得出污染物含量。

②测定步骤：

a. 按实验室化学分析操作要求进行准备，并用记号笔进行样品编号。

b. 用连接管将吸收瓶与烟气采样器连接，连接管应尽可能短。当烟气中气态污染物浓度较高时，应考虑串联吸收瓶和吸附管。当吸收液温度较高而对吸收效率有影响时，应将吸收瓶放入冷水槽中冷却。

c. 采样管出口至吸收瓶或吸附管之间连接管要用保温材料保温，当管线长时，须采取加热保温措施。

d. 打开采样管加热电源，将采样管加热到所需温度。

e. 接通采样管路，置换吸收瓶前采样管路内的空气，调节所需要的采样流量进行采样，采样期间应保持流量恒定，波动应不大于±10%。采样时间视待测污染物浓度而定，但每个样品采样时间一般不少于 10min。

f. 采样结束，切断采样管至吸收瓶之间气路，防止烟道负压将吸收液与空气抽入采样管。

g. 采集的样品应放在不与被测物产生化学反应的容器内贮存，容器要密封并注明样品编号后，送实验室在规定的时间内完成分析。

（2）仪器法

①方法原理：通过采样管、颗粒物过滤器和除湿器（制冷器），用抽气泵将样气送入分析仪器中，直接显示被测气态污染物的含量。

②测定步骤：

a. 检查并清洁采样预处理器的颗粒物过滤器，除湿器和输气管路，必要时更换滤料。

b. 连接采样管、采样预处理器和检测仪的气路和电路。

c. 连接管线要尽可能短，当使用较长管线时，应注意防止样气中水分冷凝，应对管线加热。

d. 将采样管置于环境空气中，接通仪器电源，仪器自检并校正零点后，自动进入测定状态。

e. 通入接近污染源待测污染物浓度的标准气体校准仪器，测定值必须在标准气体保证值±5%以内；以氮气为平衡气体的标准气体，校准时仪器显示氧量应为零。

将采样管插入烟道中，堵严采样孔使之不漏气，抽取烟气进行测定，待仪器读数稳定后即可记录（打印）测试数据。

f. 测定结束后，将采样管从烟道取出置于环境空气中，抽取干净空气直至仪器示值回零后关机。

3. 烟气流速比对监测（皮托管法）

①测定仪器：S 型皮托管，皮托管系数 K_p 为 0.83～0.85，其正、反方向的修正系数相差应不大于 0.01。

②测定步骤：

——检查皮托管是否漏气：用橡皮管将全压管的出口与微压计的正压端连接，静压管的出口与微压计的负压端连接。由全压管测孔吹气后，迅速堵严该测孔，如微压计的液柱面位置不变，则表明全压管不漏气；此时再将静压测孔用橡皮管或胶布密封，然后打开全压测孔，此时微压计液柱将下降至某一位置，如果液面不继续下降，则表明静压管不漏气。

——测量步骤：在各测点上，使皮托管的全压测孔正对着气流方向，其偏差不得超过 10°，自动测定烟道断面各测点的排气温度、动压、静压和环境大气压，根据测得的参数仪器自动计算出各点的流速。

4. 烟气温度（热电偶法、电阻温度计法）

①测定仪器：热电偶温度计、电阻温度计。

②测定步骤：将测量仪器插入烟道中测点处，封闭测孔，待温度计读数稳定后读数。

四、核查参数

核查烟气 CEMS 中过量空气系数、烟气流量、污染物折算浓度、污染物排放速率等参数设置及计算是否正确。

1. 过量空气系数

进入烟气 CEMS 系统设置，检查过量空气系数计算公式是否正确。

过量空气系数按下式计算得出：

$$\alpha=20.9/（20.9-X_{O_2}）$$

式中：α——过量空气系数；

X_{O_2}——实际测得氧的体积百分数。

2. 烟气流量

进入烟气 CEMS 系统设置，检查标准状态下干烟气流量计算公式是否正确。

标准状态下干烟气流量按下式计算得出：

$$Q_{sn}=Q_s\times\frac{273}{273+t_s}\times\frac{p_a+p_s}{101\ 325}\times\left(1-B_{ws}\right)$$

$$Q_s=3\ 600\times F\times\bar{V}_s$$

式中：Q_{sn}——标准状态下干烟气流量，m^3/h；

Q_s——实际条件下湿烟气流量，m^3/h；

p_a——大气压力，Pa；

t_s——烟气温度，℃；

p_s——烟气静压，Pa；

B_{ws}——烟气湿度；

F——测定断面面积，m^2；

$\bar{V}_s$——测定断面的湿烟气流速，m/s。

3. 污染物折算浓度

进入烟气 CEMS 系统设置，检查污染物折算浓度计算公式是否正确。

污染物折算浓度按下式计算得出：

$$c=c'\times\frac{\alpha}{\alpha_s}$$

式中：c——折算成过量空气系数为α_s时污染物的排放浓度，mg/m^3；

c'——标准状态下干烟气中污染物浓度，mg/m^3；

α——实测过量空气系数；

α_s——排放标准中规定的过量空气系数。

4. 污染物排放速率

进入烟气 CEMS 系统设置，检查污染物排放速率计算公式是否正确。

污染物排放速率按下式计算得出：

$$G = c' \times Q_{sn} \times 10^{-6}$$

式中：G——污染物排放速率，kg/h；

Q_{sn}——标准状态下干烟气流量，m^3/h。

第五节　比对监测结果评价

一、评价标准

参照《固定污染源烟气排放连续监测技术规范》（HJ/T 75—2007）的要求，烟气温度、烟气流速、氧含量和污染物实测浓度（颗粒物、二氧化硫、氮氧化物）需满足表 7-2 技术指标要求。

表 7-2　烟气 CEMS 考核指标要求

检测项目		考核指标
颗粒物	准确度	当参比方法测定烟气中颗粒物排放浓度： ≤50mg/m³ 时，绝对误差不超过±15mg/m³； ＞50mg/m³～≤100mg/m³ 时，相对误差不超过±25%； ＞100mg/m³～≤200mg/m³ 时，相对误差不超过±20%； ＞200mg/m³ 时，相对误差不超过±15%
气态污染物	准确度	当参比方法测定烟气中二氧化硫、氮氧化物排放浓度： ≤20μmol/mol 时，绝对误差不超过±6μmol/mol； ＞20μmol/mol～≤250μmol/mol 时，相对误差不超过±20%； ＞250μmol/mol 时，相对准确度≤15%
		当参比方法测定烟气中其他气态污染物排放浓度： 相对准确度≤15%
氧量	相对准确度	≤15%
烟气流速	相对误差	流速＞10m/s 时，不超过±10%； 流速≤10m/s 时，不超过±12%
烟气温度	绝对误差	不超过±3℃

二、评价方法

1．颗粒物

①颗粒物浓度绝对误差计算：

$$\Delta C = C_{CEMS} - C_i$$

式中：ΔC——颗粒物浓度绝对误差，mg/m^3；

C_i——参比方法测定颗粒物平均浓度，mg/m^3；

C_{CEMS}——颗粒物 CEMS 与参比方法同时段测定的颗粒物平均浓度，mg/m^3。

②颗粒物浓度相对误差计算：

$$R_{ep}=(C_{CEMS}-C_i)/C_i\times100\%$$

式中：R_{ep}——颗粒物浓度相对误差，%；

C_i——参比方法测定颗粒物浓度平均值，mg/m³；

C_{CEMS}——颗粒物 CEMS 与参比方法同时段测定的颗粒物浓度平均值，mg/m³。

2．气态污染物（二氧化硫、氮氧化物）

①绝对误差和相对误差计算

参照颗粒物评价计算方法。

②相对准确度计算

$$RA=\frac{|\bar{d}|+|cc|}{\overline{RM}}\times100\%$$

式中：RA——相对准确度，%；

$|\bar{d}|$——数据对差的平均值的绝对值；

$|cc|$——置信系数的绝对值；

$\overline{RM}$——参比测定结果的平均值。

$$\overline{RM}=\frac{1}{n}\sum_{i=1}^{n}RM_i$$

式中：RM_i——第 i 个数据对中的参比方法测定值；

n——数据对的个数。

$$\bar{d}=\frac{1}{n}\sum_{i=1}^{n}d_i$$

$$d_i=RM_i-\mathrm{CEMS}_i$$

式中：d_i——第 i 个数据对之差；

CEMS_i——第 i 个数据对中的 CEMS 测定值。

[注：在计算数据对差的和时，保留差值的正、负号]

$$cc=\pm t_{f,0.95}\frac{S_d}{\sqrt{n}}$$

其中置信系数（cc）由表 7-3 t 值表查得的统计值和数据对差的标准偏差表示：

表 7-3 t 值表

5	6	7	8	9	10	11	12	13	14	15	16
2.571	2.447	2.365	2.306	2.262	2.228	2.201	2.179	2.160	2.145	2.131	2.120

$t_{f,0.95}$——由 t 值表查得，$f=n-1$；

$$S_d=\sqrt{\frac{\sum_{i=1}^{n}(d_i-\bar{d})^2}{n-1}}$$

式中：S_d——参比方法与 CEMS 测定值数据对的差的标准偏差。

3．氧含量

参照气态污染物的评价方法计算相对准确度。

4．烟气流速

参照颗粒物评价方法计算相对误差。

5．烟气温度

参照颗粒物评价方法计算绝对误差。

三、比对数据报表

以下比对数据报表作为比对监测原始记录表。

1．颗粒物 CEMS/烟气流速 CEMS/烟气温度 CEMS 比对监测数据报表（表 7-4）

表 7-4　参比方法评估颗粒物 CEMS/烟气流速 CEMS/烟气温度 CEMS 比对数据报表

测试人员　　CEMS 生产厂

测试地点　　CEMS 型号、编号

测试位置　　CEMS 原理

参比方法　　仪器生产厂型号、编号　　原理

日期	时间（时、分）	参比方法							CEMS 法		
		序号	滤筒编号	颗粒物重/mg	采气体积/L	浓度/（mg/m³）	流速/（m/s）	温度/℃	测定值/（mg/m³）	流速/（m/s）	温度/℃
颗粒物浓度平均值/（mg/m³）											
流速平均值/（m/s）											
温度平均值/℃											
颗粒物相对误差/%											
颗粒物绝对误差/（mg/m³）											
流速相对误差/%											
温度绝对误差/℃											

2．气态污染物 CEMS/氧量 CEMS 比对监测数据报表（表 7-5）

表 7-5　参比方法评估气态污染物 CEMS 相对误差/绝对误差报表

测试人员　　　　　　　　　　　　　　CEMS 生产厂

测试地点　　　　　　　　　　　　　　CEMS 型号、编号

测试位置　　　　　　　　　　　　　　CEMS 原理

参比方法　　　　　　　仪器生产厂型号、编号　　　　　　　原理

测试日期　　年　　月　　日　　污染物名称　　　　　　　计量单位

<table>
<tr><td>样品编号</td><td>时间（时、分）</td><td colspan="3">参比方法（RM）</td><td colspan="2">CEMS 法</td></tr>
<tr><td></td><td></td><td colspan="3"></td><td colspan="2"></td></tr>
<tr><td></td><td></td><td colspan="3"></td><td colspan="2"></td></tr>
<tr><td></td><td></td><td colspan="3"></td><td colspan="2"></td></tr>
<tr><td colspan="2">平均值</td><td colspan="3"></td><td colspan="2"></td></tr>
<tr><td colspan="2">绝对误差</td><td colspan="5"></td></tr>
<tr><td colspan="2">相对误差/%</td><td colspan="5"></td></tr>
<tr><td rowspan="4">标准气体</td><td rowspan="2">名称</td><td rowspan="2">保证值</td><td colspan="2">参比方法测定结果</td><td colspan="2">相对误差/%</td></tr>
<tr><td>采样前</td><td>采样后</td><td>采样前</td><td>采样后</td></tr>
<tr><td></td><td></td><td></td><td></td><td></td><td></td></tr>
<tr><td></td><td></td><td></td><td></td><td></td><td></td></tr>
</table>

表 7-6　参比方法评估气态污染物 CEMS/氧量 CEMS 相对准确度报表

测试人员　　　　　　　　　　CEMS 生产厂

测试地点　　　　　　　　　　CEMS 型号、编号

测试位置　　　　　　　　　　CEMS 原理

参比方法　　　　　　仪器生产厂型号、编号　　　　　　原理

测试日期　　年　　月　　日　　污染物名称　　　　　　计量单位

<table>
<tr><td>样品编号</td><td>时间（时、分）</td><td colspan="2">参比方法（RM）A</td><td>CEMS 法 B</td><td colspan="2">数据对差=B−A</td></tr>
<tr><td></td><td></td><td colspan="2"></td><td></td><td colspan="2"></td></tr>
<tr><td></td><td></td><td colspan="2"></td><td></td><td colspan="2"></td></tr>
<tr><td></td><td></td><td colspan="2"></td><td></td><td colspan="2"></td></tr>
<tr><td></td><td></td><td colspan="2"></td><td></td><td colspan="2"></td></tr>
<tr><td colspan="2">平均值</td><td colspan="2"></td><td></td><td colspan="2"></td></tr>
<tr><td colspan="2">数据对差的平均值的绝对值</td><td colspan="5"></td></tr>
<tr><td colspan="2">数据对差的标准偏差</td><td colspan="5"></td></tr>
<tr><td colspan="2">置信系数</td><td colspan="5"></td></tr>
<tr><td colspan="2">相对准确度</td><td colspan="5"></td></tr>
<tr><td rowspan="4">标准气体</td><td rowspan="2">名称</td><td rowspan="2">保证值</td><td colspan="2">参比方法测定结果</td><td colspan="2">相对误差/%</td></tr>
<tr><td>采样前</td><td>采样后</td><td>采样前</td><td>采样后</td></tr>
<tr><td></td><td></td><td></td><td></td><td></td><td></td></tr>
<tr><td></td><td></td><td></td><td></td><td></td><td></td></tr>
</table>

第六节 质量保证

一、比对监测仪器的质量保证措施

①比对测试中使用的仪器必须经有关计量检定单位检定合格，且在检定有效期限内。

②烟气温度测量仪表、空盒大气压力计、皮托管、真空压力表（压力计）、转子流量计、干式累积流量计、采样管加热温度等，至少半年自行校正一次。校正方法按 GB/T 16157—1996 中第 12 章执行。

③参比方法测定湿法脱硫后的烟气，使用的烟气分析仪必须配有符合国家标准规定的烟气前处理装置（如加热采样枪和快速冷却装置等）。

④参比方法使用的烟气分析仪必须每次现场使用标准气体检查准确度，并记录现场校验值，若仪器校正示值偏差不高于±5%，则为合格。

⑤定电位电解法烟气测定仪和测氧仪的电化学传感器，当性能不满足测定要求时，必须及时更换传感器，送有关计量检定单位检定合格后方可使用。

二、现场比对监测的质量保证措施

①按照等速采样的方法，应使用颗粒物采样仪，以保证等速采样精度。进行多点采样时，每点采样时间不少于 3min。各点采样时间应相等或每个固定污染源测定时所采集样品累计的总采气量不少于 $1m^3$。

②使用颗粒物采样仪进行颗粒物及流速测定时，采样嘴和皮托管必须正对烟气流向，偏差不得超过 10°。当采集完毕或更换测试孔时，必须立即封闭采样管路，防止负压反抽样品。

③当采集高浓度颗粒物时，若发现测压孔或采样嘴被尘粒粘堵，应及时清除。

④滤筒处理和称重：用铅笔编号，在 105～110℃烘烤 1h，取出放入干燥器中冷却至室温，用感量 0.1mg 天平称重，两次重量之差不超过 0.5mg。当测试 400℃以上烟气时，应预先在 400℃烘烤 1h，取出放入干燥器中冷却至室温，称至恒重。

⑤采用碘量法测定二氧化硫时，吸收瓶用冰浴或冷水浴控制吸收液温度，以保证吸收效率。

⑥用烟气分析仪对烟气二氧化硫、氮氧化物等测试。测定结束时，应通入新鲜洁净的空气，使仪器回到零点后，保持 10min，使检测器中的被测气体全部排出后，方可关机。下次测定时，必须用洁净的空气校准仪器零点。

⑦在现有采样管的技术条件下，如果烟道截面高度大于 4m，则应在侧面开设采样孔；如宽度大于 4m，则应在两侧开设采样孔，并设置符合要求的多层采样平台。以两侧测得的颗粒物平均浓度代表这一截面的颗粒物平均浓度。

第七节 比对监测报告内容及格式

一、比对监测报告内容

比对监测报告应包括以下主要信息：

①报告的标识-编号；
②监测日期和编制报告的日期；
③烟气 CEMS 标识-制造单位、型号和系列编号；
④安装烟气 CEMS 的企业名称和安装位置所在的相关污染源名称；
⑤参比方法引用的标准；
⑥所用可溯源到国家标准的标准气体；
⑦参比方法所用的主要设备、仪器等；
⑧监测结果和结论；
⑨测试单位；
⑩备注。

二、比对监测报告格式示例

固定污染源烟气自动监测设备比对

监 测 报 告

□□□□□[　　]第□□号

企业名称:

运营单位:

报告日期:

□□□（监测单位名称）

（加盖监测业务专用章）

监测报告说明

1. 报告无本站业务专用章、骑缝章及CMA认证章无效。

2. 报告内容需填写齐全、清楚、涂改无效；无三级审核、签发者签字无效。

3. 监测委托方如对本报告有异议，须于收到本报告之日起十日内以书面形式向我站提出，逾期不予受理。无法保存、复现的样品不受理申诉。

4. 未经本站书面批准，不得部分复制本报告。

5. 本报告及数据不得用于商品广告，违者必究。

本机构通信资料：

单位名称：□□□环境监测中心站

地址：□□省□□市□□区□□□路□□号

邮政编码：□□□□□□

电话：□□□-□□□□□□□□

传真：□□□-□□□□□□□□

一、前言

（企业基本情况，污染源治理设施基本情况，安装烟气 CEMS 基本情况，包括安装位置、CEMS 生产厂家、设备名称、设备型号等）

（检测单位）于□□□□年□□月□□日至□□月□□日对该公司安装于□□□□□□的烟气 CEMS 进行了比对监测。

二、依据

（1）GB/T 16157—1996《固定污染源排气中颗粒物测定与气体污染物采样方法》

（2）HJ/T 75—2007《固定污染源烟气排放连续监测技术规范（试行）》

三、标准

监测项目		考核指标
颗粒物	准确度	当参比方法测定烟气中颗粒物排放浓度: ≤50mg/m³ 时，绝对误差不超过 ±15mg/m³; >50mg/m³ ~ ≤100mg/m³ 时，相对误差不超过 ±25%; >100mg/m³ ~ ≤200mg/m³ 时，相对误差不超过 ±20%; >200mg/m³ 时，相对误差不超过 ±15%
气态污染物	准确度	当参比方法测定烟气中二氧化硫、氮氧化物排放浓度: ≤20μmol/mol 时，绝对误差不超过 ±6μmol/mol; >20μmol/mol ~ ≤250μmol/mol 时，相对误差不超过 ±20%; >250μmol/mol 时，相对准确度 ≤15%
		当参比方法测定烟气中其他气态污染物排放浓度: 相对准确度 ≤15%
氧量	相对准确度	≤15%
烟气流速	相对误差	流速 >10m/s 时，不超过 ±10%; 流速 ≤10m/s 时，不超过 ±12%
烟气温度	绝对误差	不超过 ±3℃

四、工况

五、结果

固定污染源烟气 CEMS 比对监测结果表

企业名称：　　　　　　　　　　　　　　测试日期：　　年　　月　　日

测试点位：

CEMS 主要仪器型号			
仪器名称	型号	原理	制造单位
CEMS 系统			
颗粒物分析仪			
二氧化硫分析仪			
氮氧化物分析仪			
氧量分析仪			
烟气流速			
烟气温度			

项目	参比法数据	CEMS 数据	单位	限值	监测结果
颗粒物					
二氧化硫					
氮氧化物					
氧量					
烟气流速					
烟气温度					

所用标准气体名称	浓度值	生产厂商名称

参比方法	所用仪器名称	型号、编号	原理	方法依据

备注	填写说明： 1. 核查烟气 CEMS 中过剩空气系数、烟气流量、污染物折算浓度、污染物排放速率等参数设置及计算是否正确。 2. 其他相关信息。
结论	填写说明： 1. 对 6 项监测项目评价； 2. 评价过剩空气系数、烟气流量、污染物折算浓度、污染物排放速率等参数设置及计算是否正确； 3. 对不合格项提出整改意见。

报告编写：　　　　　　　　　　　　　　日期：

质量负责人：　　　　　　　　　　　　　日期：

技术负责人：　　　　　　　　　　　　　日期：

第八章
水污染源自动监测设备

第一节　设备简介

水污染源自动监测设备是一套以在线自动分析仪器为核心，运用现代传感器技术、自动测量技术、自动控制技术、计算机应用技术以及相关的专用分析软件和通信网络所组成的一个综合性的在线自动监测系统。对监测数据可进行统计、处理，可打印输出日、周、月、季、年平均数据以及日、周、月、季、年最大值、最小值等各种监测、统计报告及图表（棒状图、曲线图多轨迹图、对比图等），并可传输到中心数据库或上网，收集并可长期存储指定的监测数据及各种运行资料、环境资料备检索。系统具有监测项目超标及子站状态信号显示、报警功能；自动运行、停电保护、来电自动恢复、远程故障诊断，便于例行维修和应急故障处理等功能。

水污染自动监测设备通常由采样设备、废水在线监测仪器、数据采集设备、数据传输设备、通信设备和终端接收设备等组成，如图 8-1 所示。

水污染源自动监测设备通常由化学需氧量在线自动监测仪、氨氮在线自动监测仪、总磷在线自动监测仪、总氮在线自动监测仪、pH 计、电导率仪、流量计及超标留样器等组成。

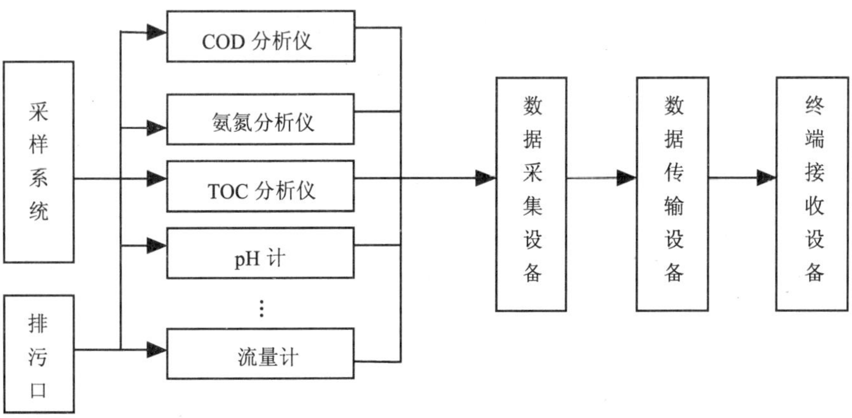

图 8-1　废水自动监测系统构成示意图

数据采集设备主要是对各种监测设备测量的数据进行采集、存储及处理。它不仅具有自动记录功能，同时还能够对排污单位环保设备的运行状况进行自动监测，并将有关的数据存储和输出。

数据传输设备对采集的各种监测数据传输至环保管理部门。目前，数据的传输有多种方式，包括电话线方式、GPRS 方式、GSM 短信息方式、局域网方式、无线电台方式等。

第二节　主要污染指标及其测定方法

一、化学需氧量

1．化学需氧量的定义

化学需氧量（Chemical Oxygen Demand，COD），是指在强酸并加热条件下，用重铬酸钾作为氧化剂处理水样时所消耗氧化剂的量，用氧的 mg/L 来表示。COD 反映了水中受还原性物质污染的程度，其值越小说明由有机物引起的污染越轻。水中还原性物质包括有机物、亚硝酸盐、亚铁盐、硫化物等。水被有机物污染是很普遍的，因此，COD 也作为有机物含量的指标之一，但只能反映被氧化的有机物污染，不能反映多环芳烃、PCB 等的污染状况。COD_{Cr}是我国实施排放总量控制的指标之一。

2．化学需氧量的测定方法

COD 的定量方法因氧化剂的种类和浓度、氧化酸度、反应温度、时间及催化剂的有无等条件的不同而出现不同的结果。另一方面，在同样条件下也会因水体中还原性物质的种类与浓度不同而呈现不同的氧化程度。COD 是一个条件性指标，必须严格按操作步骤进行。对于 COD 来说，它并不是单一含义的指标，随着测定方法的不同，测定值也不同，它是水体中受还原性物质污染的综合性指标，主要是水体受有机物污染的综合性指标。

COD 的测定方法主要有重铬酸钾法、库仑法、快速密闭催化消解法。对于污水，我国规定用重铬酸钾法，其测定的值称为化学需氧量。近些年来，国内外也有用高锰酸钾、臭氧、羟基做氧化剂的体系，或采用 TOC 的方法（催化燃烧或过硫酸钾紫外催化氧化）。

（1）重铬酸钾法

原理：在酸性溶液中，用一定量的重铬酸钾氧化水样中还原性物质，过量的重铬酸钾以亚铁灵作指示剂，用硫酸亚铁铵溶液回滴。根据硫酸亚铁铵的用量计算出水样中还原性物质消耗氧的量。

此种方法属于 A 类方法，与 GB 11914—89 等效。

仪器：①回流装置：带 250ml 锥形瓶全玻璃回流装置，如图 8-2 所示。

②加热装置：变阻电炉。

③50ml 酸式滴定管。

图 8-2　重铬酸钾法测定 COD 的回流装置

（2）库仑法

原理：水样以重铬酸钾为氧化剂，在 10.2mol/L 硫酸介质中回流氧化后，过量的重铬酸钾用电解产生的亚铁离子作为库仑滴定剂，进行库仑滴定。根据电解产生亚铁离子所消耗的电量，按照法拉第定律进行计算。

此方法为 B 类方法，与重铬酸钾法相比，简便、快速、试剂用量少，缩短了回流时间。且电极产生的亚铁离子作为滴定剂，减少了硫酸亚铁铵的配制及标定等繁琐的手续。但是铂电极的玷污会对测定结果产生较大的影响。对某些纯有机物、饮用水、地面水以及一些类型的污水和废水的测定，结果与标准重铬酸钾法相一致。

仪器：①化学需氧量测定仪。

②滴定池：150ml 锥形瓶（回流和滴定用）。

③电极：发生电极面积为 780mm^2 铂片。

④电磁搅拌器、搅拌子。

⑤回流装置：带磨口 150ml 锥形瓶的回流装置。

⑥电炉（300W）。

⑦定时钟。

（3）快速密闭催化消解法

原理：本方法在经典重铬酸钾-硫酸消解体系中加入催化剂硫酸铝钾和钼酸铵。同时密封消解过程在加压下进行，因此大大缩短了消解时间。消解后测定 COD 的方法可以采用滴定法，也可采用光度法。

此方法为 A 类方法，与重铬酸钾法及库仑法相比，操作简单，测定时间短、试剂用量少，如果采用光度法测量，可以完全省去硫酸亚铁铵滴定的繁琐步骤。

仪器：具密封塞的加热管：50ml；

锥形瓶：150ml；

25ml 酸式滴定管（或分光光度计）；

恒温定时加热装置。

二、氨氮

1．氨氮的定义

氨氮（NH_3-N）即以游离氨（NH_3）或铵盐形式存在于水中的氮，两者的组成比取决于水的 pH 值和水温。当 pH 值高时，游离氨的比例较高；反之，则铵盐的比例较高，水温对其影响则相反。

水中氨氮的来源主要为生活污水中含氮有机物受微生物作用的分解，某些工业废水，如焦化废水和合成氨化肥厂废水、农田排水等。

测定水中的氨氮，有助于评价水体被污染和“自净”状况。

鱼类对水中氨氮比较敏感，当氨氮含量高时会导致鱼类死亡。

2．氨氮实验室测定方法

实验室测定氨氮通常有纳氏试剂比色法、气相分子吸收法、苯酚-次氯酸盐（或水杨酸-次氯酸盐）比色法和电极法等。

纳氏试剂法具有操作简便、灵敏的特点，但是需要使用毒性高的碘化汞等化学试剂，会产生二次污染，水中钙、镁、铁等金属离了、硫化物、醛和酮类、颜色，以及混浊等均会产生干扰，需做相应处理；水杨酸法既有灵敏度高、稳定等优点，干扰情况与消除方法与纳氏试剂法相同；气相分子吸收法较为简单，但必须使用专用仪器或原了吸收才可达到良好的效果；电极法操作简单、不需要水样预处理，测量范围宽，不产生二次污染。

（1）纳氏试剂光度法。

以游离态的氨或铵离子等形式存在的氨氮与纳氏试剂（碘化汞和碘化钾的碱性溶液）反应生成淡红棕色胶态化合物，该化合物的色度与氨氮含量成正比。该络合物在较宽的波长内具强烈吸收。通常测量波长在 410～425nm。采用此方法，在不稀释的条件下，测量上限为 2mg/L，使用 10mm 比色皿时，最低检出浓度为 0.05mg/L。此方法适用于地表水、地下水、工业废水和生活污水中氨氮的测定。

此方法为 A 类方法，与 GB 7479—87 等效。

（2）水杨酸-次氯酸盐比色法。

在硝普钠的存在下，铵与水杨酸盐和次氯酸根离子反应，生成蓝色的化合物。在 697nm 处，此种蓝色化合物的色度与水中氨氮的含量成正比。此种方法的最低检出浓度为 0.01mg/L，测定上限为 1mg/L，适用于饮用水、生活污水和大部分工业废水中氨氮的测定。

此方法为 A 类方法，与 GB 7481—87 等效。

（3）气相分子吸收光谱法。

气相分析吸收光谱法是指在规定的分析条件下，将待测成分转变成气体分子载入测量系统，测定其对特征光谱吸收的方法。

水样在 2%～3%的酸性介质中，加入无水乙醇煮沸除去亚硝酸盐等干扰，用次溴硝酸盐氧化剂将氨及铵盐氧化成等量亚硝酸盐，以亚硝酸盐的形式采用气相分析吸收光谱法测定氨氮。

此方法为 B 类方法。

最低检出浓度为 0.005mg/L，测定上限为 100mg/L。

（4）氨气敏电极法。

氨气敏电极以平头的 pH 玻璃电极为指示电极，以银-氯化银为参比电极，组成电极对，一并置于盛有 0.1mol/L 的氯化铵内充液的塑料护套中，套管底部有一仅可以通过氨气的疏水透气膜。当将水样的 pH 调节至 10 以上时，水中的铵离子及游离态的氨转换成氨气，并经过透气膜，使氨气敏电极电位有一定的变化，当溶液的离子强度、酸度、性质恒定，电极参数恒定的条件下，被测溶液的电位值与氨浓度符合能斯特方程。

一般测定范围：0.05～1 000mg/L。

三、堰槽与流量

1. 流量及流量计

流量就是在单位时间内流体通过一定截面积的量。这个量用流体的体积来表示称为瞬时体积流量（q_v），简称体积流量。单位为米 ^{3}/小时（m^3/h）和升/秒（L/s）；用流量的质量来表示称为瞬时质量流量（q_m），简称质量流量，单位为吨/小时（t/h）。

测量明渠中水流流量的仪表称做明渠流量计。明渠流通剖面除圆形外，还有 U 形、梯形、矩形等多种形状。

明渠流量仪表按测量原理大体可分为堰板法、测流槽法、流速-水位计算法和电磁流量计法。

2．流量的测定——堰板法

在明渠适当位置装一挡板，水流被阻断，水位升到挡板上端堰（缺）口，便从堰口流出。水流刚流出的流量小于渠道中原来的流量，水位继续上升，流出流量随之增加，直到流出量等于渠道原流量，水位便稳定在某一高度，测出水位高度便可求取流量。

常用薄壁堰按缺口形状分为三角堰、矩形堰和等宽堰。

①三角堰，分 60°三角堰和 90°三角堰。90°三角堰又称直角三角堰，如图 8-3 所示。

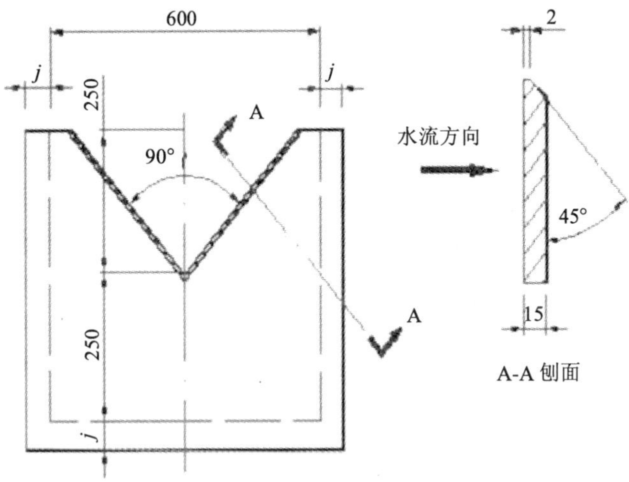

图 8-3　直角三角堰构造

②矩形堰和等宽堰：矩形堰如图 8-4 所示。当 $B=b$ 时为等宽堰。

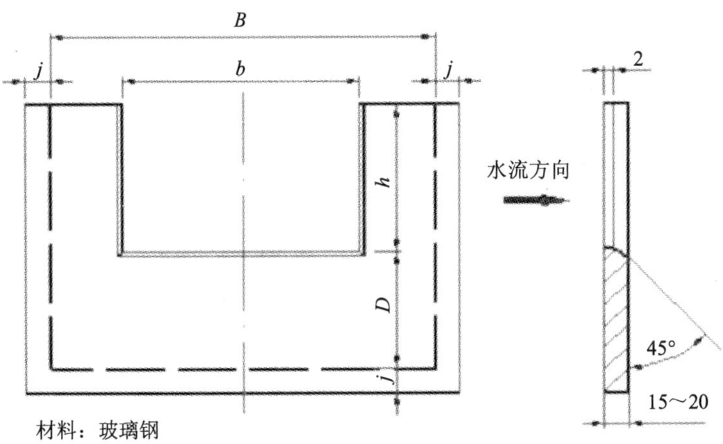

图 8-4　矩形堰板构造

它们的流量范围分别如表 8-1 所示。

表 8-1 各种堰板测定的流量范围

堰名称和形状	水头范围/m	流量范围/（m^3/h）
60°三角堰	0.04～0.120	1.08～15.6
90°三角堰	0.07～0.260	6.6～174
矩形堰	0.03～0.312	12.6～540
等宽堰	0.03～0.8	21.6～40 260

3．流量的测定——测流槽法

测流槽法即缩小渠道一段通道断面成喉道部，喉道因面积缩小而流速增加，其上游水位被抬高，以增加流速所需动能（即增加的动能由所抬高水位位能转变过来），测量抬高水位求出流量。

槽式流量计的常用测流槽有多种形式。在渠道中收缩其中一段截面积，收缩部分液位低于其上游液位，测量其液位差以求流量的测量槽，一般称做文丘里槽。还有适用于矩形明渠的巴歇尔槽（简称 P 槽），适用于圆形暗渠的帕尔默•鲍鲁斯槽（简称 PB 槽）。在欧洲文丘里槽用得较多，在我国则以 P 槽和 PB 槽居多。

①巴歇尔槽。

巴歇尔槽外形如图 8-5 所示，喉道宽从 25mm 至 15m，已有定性尺寸。

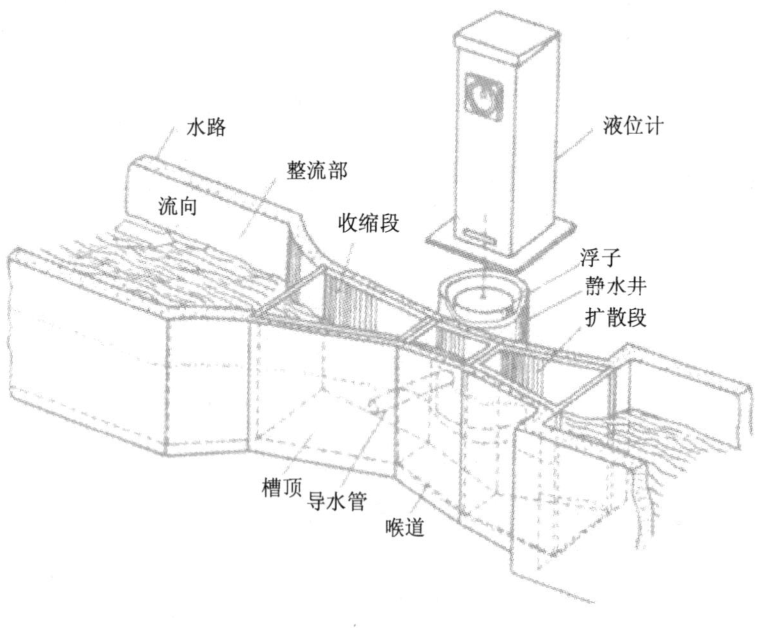

图 8-5 巴歇尔流量计外形

流量 Q 和喉道上游液位 h_a 间的关系式为 $Q=Ch_a^n$（式中系数 C 和指数 n 均因槽的规

格不同而异），巴歇尔槽流量范围为 0.1×10^{-3}～$93m^3/s$。

巴歇尔槽可以用钢板、聚氯乙烯塑料、玻璃钢制成，也可以在现场用混凝土现浇。

②PB 槽。

巴歇尔槽不能用于圆形暗渠，PB 槽为圆形暗渠专用。PB 槽原理如图 8-6 所示，圆形断面收缩成倒梯形喉道，喉道部产生射流（平均流速比水面传播的水波速度快的流动），测量上游侧水位 h_a，按公式 $Q=Ch_a^n$（式中系数 C 和指数 n 为取决于 PB 槽口径和各种构件的形状尺寸的常数，倒梯形喉道的 PB 槽 n 大约为 2）求取流量 Q。

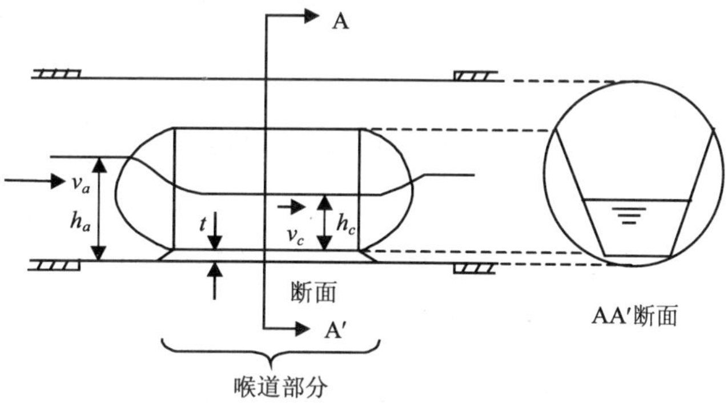

图 8-6 PB 槽测量原理

PB 槽公称口径从 250mm 到 3 000mm，与混凝土管尺寸相对应，其长度是公称口径的 2～4 倍（小口径段为 4 倍，大口径段为 2 倍）。

第三节 COD 自动监测仪的结构与原理

根据氧化方式的不同，COD 自动监测仪分为重铬酸钾氧化方式和非重铬酸钾氧化方式两大类。

一、重铬酸钾氧化方式

1. 测定原理

在强酸性和加热条件下，水样中有机物和无机还原性物质被重铬酸钾氧化，通过测量消耗重铬酸钾的量来计算 COD 浓度，测量过程中一般采用硫酸银作为催化剂，采用硫酸汞掩蔽氯离子干扰。

根据检测方法的不同可分为光度比色法、库仑滴定法和流动注射法等。

①重铬酸钾消解-光度比色法。

水样进入仪器的反应室后，加入过量的重铬酸钾标液，用浓硫酸酸化后，在 165℃条件下回流约 30min（或催化消解，或采用微波快速消解 15min），反应结束后，用光度法测量剩余的 Cr（Ⅵ）（440nm）的吸光度或反应生成的 Cr（Ⅲ）（610nm）的吸光度，通过吸光度值建立与水样 COD 值的关系。

②重铬酸钾消解-库仑滴定法。

水样进入仪器的反应室后，加入过量的重铬酸钾标液，用浓硫酸酸化后，在165℃条件下回流（或催化消解）一定时间（15min），反应结束后，用库仑滴定法[Fe（Ⅱ）]测定剩余的Cr（Ⅵ）。

③重铬酸钾消解-氧化还原滴定法。

水样进入仪器的反应室后，加入过量的重铬酸钾标液，用浓硫酸酸化后，在150℃条件下回流30min，反应结束后，以试亚铁灵为指示剂，用硫酸亚铁铵滴定剩余的Cr（Ⅵ），由消耗的重铬酸钾的量换算成消耗氧的质量浓度得到COD值。

④流动注射分析（FIA）法。

试剂（载流液）连续进入直径为1mm的聚氟材料毛细管中，水样定量注入载流液中，在流动过程中完成混合、加热、反应和测量的方法。

2．仪器结构与组成

仪器一般由采样系统、反应系统、检测系统、控制系统、数据采集系统五部分组成（见图8-7）。

采样系统由采样泵、采样管、样品储存等组成；进样系统由输液泵、定量管、电磁阀、管路、接口等组成，完成对水样和试剂的采集、输送、试剂混合、废液排除及反应室清洗等功能；反应系统主要有加热单元或（和）反应室，完成水样的消解和反应；检测系统主要是对消解后的样品进行光度检测或滴定；控制系统包括单片机（或工控机）、时序控制、光检单元等，完成对在线分析全过程的控制；数据处理与传输系统包括处理软件、键盘和显示屏等，完成对测试数据采集与处理、显示、储存、传输及打印输出。

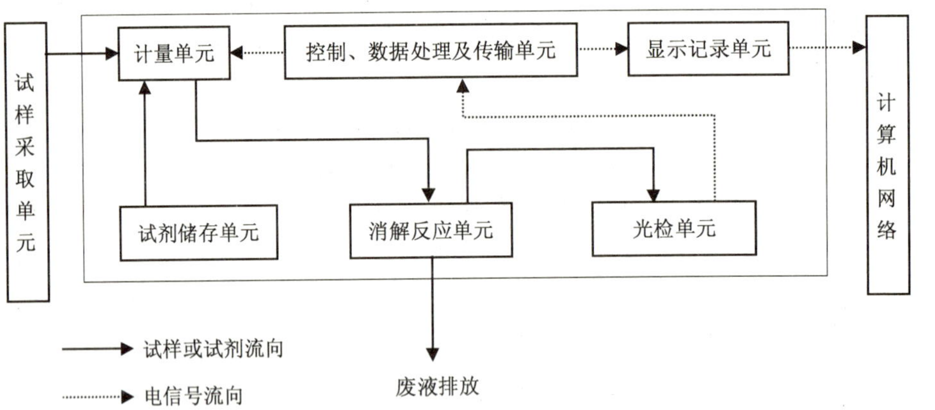

图8-7 重铬酸钾氧化法COD自动监测仪结构

此类仪器特点：适用性较强；测量周期较长；都需要氧化剂；试剂消耗量较大；维护量相对较大。

主要技术指标：测定范围：0～1 000mg/L；重复性：±5%以内；零点漂移：±5mg/L以内；量程漂移：±5%F.S.以内；测定周期：40min；输出信号：4～20mA，RS232/RS485。

二、非重铬酸钾氧化方式——TOC法

总有机碳（简称TOC），是以碳的含量表示水体中有机物质总量的综合指标。

一定的水体中，COD 浓度与 TOC 含量之间有一定的相关关系，利用这种关系，通过测量 TOC 的含量来确定 COD 的浓度。

按工作原理的不同，可分为燃烧氧化-非分散红外吸收法、电导法、气相色谱法、湿法氧化-非分散红外吸收法等。其中燃烧氧化-非分散红外吸收法只需一次性转化，流程简单、重现性好、灵敏度高，因此这种 TOC 分析仪被广泛采用。

1．燃烧氧化-非分散红外吸收法

燃烧氧化-非分散红外吸收法是采用燃烧水样中的有机物，生成的二氧化碳用非分散红外分析仪测量，并计算出 TOC 浓度的方法。水中一般存在 CO_3^{2-}、HCO_3^-等形态的无机碳（IC）和有机化合物形态的有机碳（TOC）。测定方式也分为两种，一种是先测量出样品中的总碳（TC）和无机碳（IC），TOC=TC－IC。另一种则是先酸化样品并通过曝气除去样品中的 IC，然后测量 TC，此时 TOC=TC。

①测定原理。

样品在进样装置中酸化后（加入盐酸或硝酸），将无机碳变成二氧化碳，通过氮气（或纯净空气）除去二氧化碳；有机物在燃烧管里燃烧氧化后生成二氧化碳，用非分散红外分析仪测量，算出样品中的 TOC 浓度。图 8-8 是一种燃烧氧化-红外吸收法的自动在线 TOC 监测仪的流程图，水样酸化曝气后（除去无机碳），有机物在 680℃下密闭燃烧氧化生成二氧化碳，用红外检测器检测二氧化碳，仪器计算出 TOC，再通过 TOC 与 COD 的换算关系确定 COD 的浓度。

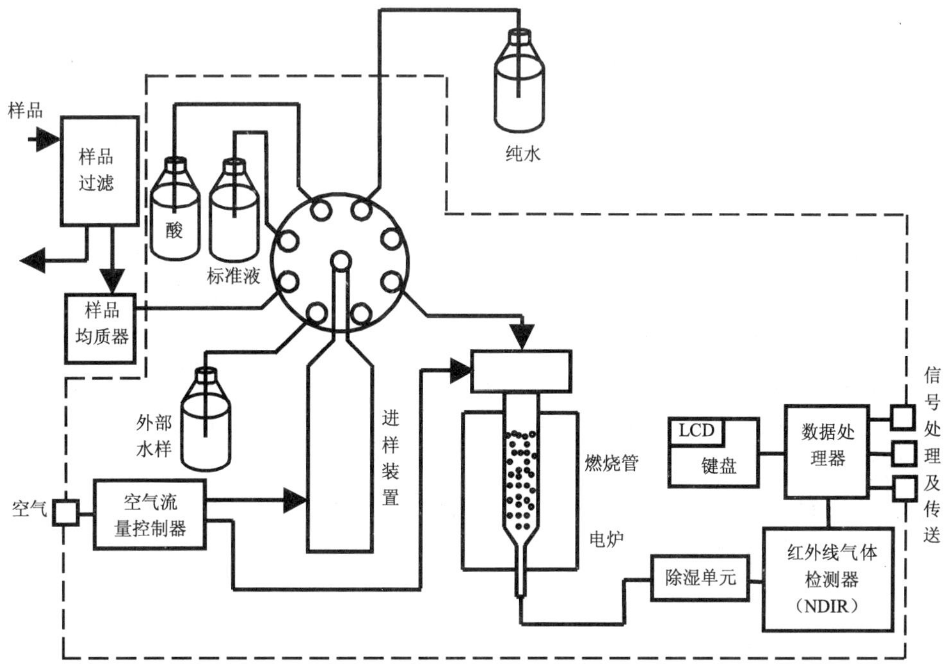

图 8-8　燃烧氧化-红外吸收法 TOC 自动监测仪流程图

②仪器工作原理。

样品通过八通阀、注射器泵注射到燃烧管中，供给纯氮气并以 680℃的温度燃烧氧化，生成二氧化碳和水，导入电子冷凝器分离出水分，二氧化碳则送入 NDIR（non-dispersiveinfraredradiation）检测器中检测二氧化碳的量（见图 8-9）。根据 Lambert-Beer's 定律，CO_2 吸收红外线之量与其浓度成正比，故测量 CO_2 吸收红外线的量即可知 CO_2 的浓度。

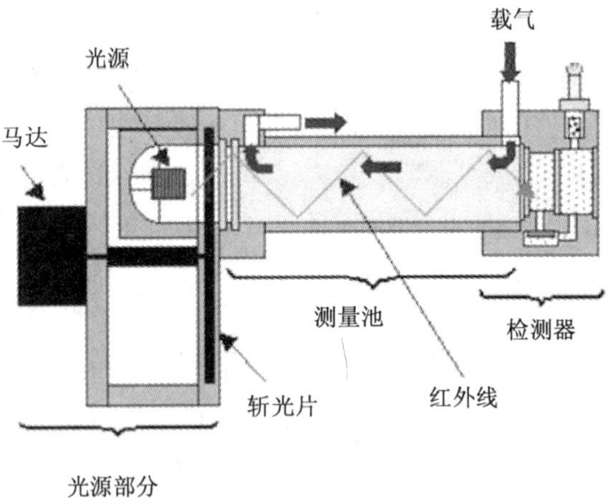

图 8-9 燃烧氧化-红外吸收法 TOC 自动监测原理图

从光源处射出的红外线（未分光）通过检测池到达检测器。

检测器的前后有两个气室（前室和后室），两个气室分别连接有气体管路。

在气体管路中装有高灵敏度的可以检测出流速的传感器。

因在检测器的气室中注入了 CO_2，从光源处发出的红外线中的 4.2μm 的光在前室被吸收。

由于前室内的气体的温度上升（压力变大），前室和后室之间产生了压差，类似于气体从前室流到后室。

当从光源射来的红外线被斩光器截断，检测器无红外线时，前室和后室的压力就变为相等，类似于气体从后室向前室返回。

从前室和后室来往的气体的流速经传感器检测后，就得到了交流波形的电子信号。

当检测池中不含有 CO_2 的载气流动时，光源处的红外线直接（原样）到达检测器，这时交流信号的振幅是最大的。

当检测池中的载气含有 CO_2 时，4.2μm 的红外线被吸收，到达检测器的部分就会变弱，交流信号的振幅会变小。

根据检出的交流信号的振幅，可得检测池中流动载气中的 CO_2 浓度。

③样品预处理单元。

燃烧氧化-红外吸收法 TOC 自动监测样品预处理单元见图 8-10。

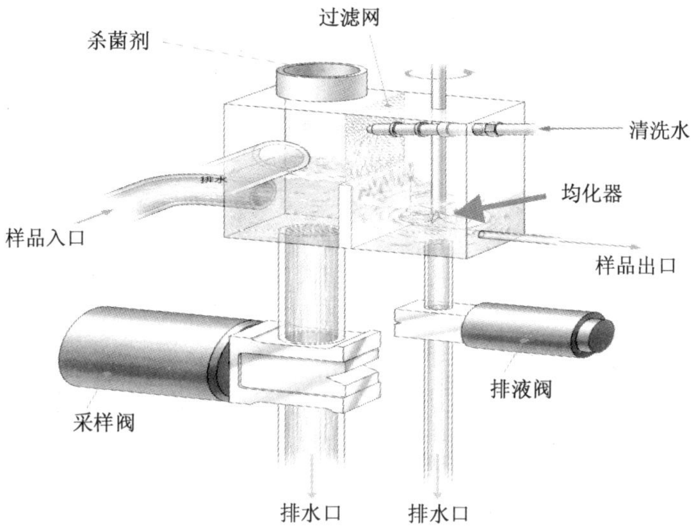

图 8-10　燃烧氧化-红外吸收法 TOC 自动监测样品预处理单元图示

④主要性能指标

测量范围：0～1 000mg/L；重现性：±2%F.S；测量周期：7min。

2．紫外催化氧化-红外吸收法 TOC 在线自动监测仪

①测定原理（见图 8-11）。

水样经过酸化处理后曝气除去无机碳，水中有机物在紫外光的照射下催化氧化成二氧化碳，用红外检测器测量，计算出总有机碳的浓度。再通过 TOC 与 COD 的换算关系确定 COD 的浓度。

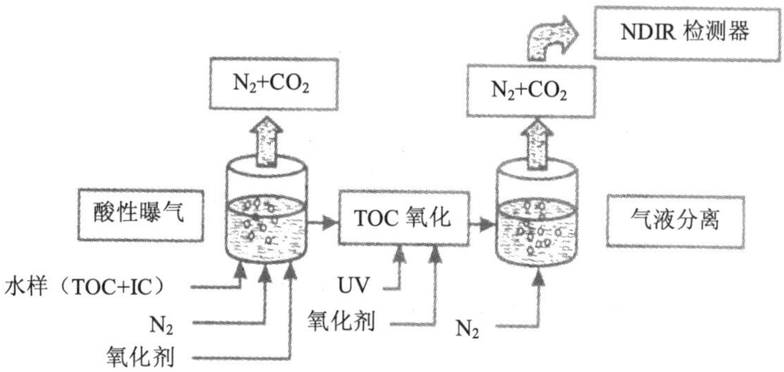

图 8-11　紫外催化氧化-红外吸收法原理图

②主要性能指标。

测量范围：0～1 000mg/L；

重现性：±2%F.S；

测量周期：10min。

三、TOC/COD相关系数的确定

1．水样的采集

TOC—COD 相关系数的统计，数据越多越好。但考虑到实际测定的工作量，宜采取20个以上的试样进行TOC值和COD值的测定。

建立TOC—COD相关系数的目的是了解主变量变化时，因变量如何随之变化，因此，需要测量样品的COD值应有一定的变化。

需将相同水样分成两份分别进行 TOC 和 COD 的测试，须充分搅拌均匀后再分开。一份水样用自动监测仪进行离线测定，一份在实验室进行COD测定。

试样经长时间放置，由于微生物的作用，COD和TOC的浓度容易产生变化。采完的试样最好及时进行 COD 和 TOC 测定。若要短时间保存时，容器内不要留有空间，装满后，须加硫酸保存样品，密闭放置在冰箱内保存。试样体积至少500mL。

2．水样TOC值的测定

为了准确测定TOC—COD相关系数，准确测量水样的实际TOC值和COD值是关键。

首先，在测定水样的 TOC 值前，要保证自动监测仪测量准确性，必须对仪器进行校正，校正测量次数3次以上。

水样中如果含有 SS 时，须将水样进行均化处理（用高速搅拌式或超声波式粉碎）。越是SS小而均匀的试样，测量取得的精度越高。

对同一试样，须多次反复测量，一般测定5～6次后取平均值。

3．水样COD值的测定

根据GB/T 11914—1989《水质化学需氧量的测定重铬酸盐法》来测定。

4．数据处理

将所测得的TOC和COD数据进行相关关系及转换系数计算。

5．TOC—COD回归曲线的确定

将在线TOC数据和实验室COD比对数据进行相关性分析，绘制TOC—COD回归曲线。将TOC仪器得到的数值代入回归曲线，换算成COD值。

回归曲线为：$COD_{Cr}=a+b\times TOC$。

四、实验室重铬酸钾氧化法与在线监测仪法的主要差异

1．氧化剂不同

实验室分析方法采用重铬酸钾为氧化剂，而在线监测仪器采用重铬酸钾、羟基、燃烧、臭氧等作为氧化剂。

电极电势是比较氧化性的数量重要参考标准。羟基自由基（·OH）是一种重要的活性氧，从分子结构式上看是由氢氧根（OH^-）失去一个电子形成。羟基自由基具有极强的电子能力也就是氧化能力，氧化电位 2.8V。是自然界中仅次于氟的氧化剂。重铬酸钾/铬离子氧化电位 1.23V。臭氧是氧的同素异形体，臭氧具有极强的氧化能力，在水中的氧化还原电位2.07V，它的氧化能力高于氯（1.36V）、二氧化氯（1.5V）。

用不同的测定方法，氧化剂不同，氧化条件不同，实际氧化时其电极电势不同，氧化能力受多种因素条件的影响，其对水体中还原性物质的氧化能力就不同，氧化率也就

不同，从而直接影响最终的分析值。就氧化能力而言，燃烧法氧化率最高为 100%；羟基、臭氧氧化率次之；重铬酸钾为 90%～95%，UV 法采用紫外光照射的方法，氧化率为 0。

2．消解方式、温度、时间不同

实验室分析方法将回流瓶放置于电炉上加热消解，反应温度在 146℃左右，消解时间为 2h。

采用重铬酸钾为氧化剂的在线监测仪器多采用加热棒加热敞口常压消解，或用微波加热密闭加压消解，反应温度多在 165℃左右，加热时间在 8～30min。

采用 TOC 法的在线监测仪，多采用燃烧炉催化燃烧方法，加热温度在 680℃左右，加热时间 1～3min。

电化学法在线监测仪无须加热，反应时间在 1～3min，整个测量过程一般在 5min 左右完成。

消解方式、消解时间、消解温度不同也直接影响着氧化率及氧化效率。现行大多数在线监测仪采用了加热棒加热敞口常压消解方式，由于消解液中提高了酸的浓度，其消解温度较实验室回流法有所提高，消解效率也较实验室法高，消解时间大大缩短。微波加压的消解效果要好于加热棒加热方式，但其制造成本相对较高。

对于加热消解的方式而言，消解时间越长，消解温度越高，消解也就越充分，测得的值也就越高。

3．样品与试剂量不同

实验室分析方法为取 20.00ml 混合均匀水样置于 250ml 回流瓶中，加入 10.00ml 重铬酸钾标准溶液，加入 30ml 硫酸-硫酸银溶液。

采用重铬酸钾为氧化剂的在线监测仪器通常采取 3.3ml 水样、4.7ml 重铬酸钾标准溶液、8ml 硫酸-硫酸银溶液。

采用燃烧法（TOC 法）的在线监测仪器通常采取 10ml 水样、50μl 盐酸。

采用羟基氧化法的在线仪器通常采取 10ml 水样、20ml 硫酸钠、15ml 电解液。

由于分析方法的不同，所用试剂的种类及用量自然不尽相同。但水样样品的摄入量，关系到采集水样的代表性。一般水样的摄入量越大，采集的水样越具代表性，水样计量系统的误差对测量精度带来的影响就越小。

4．终点判定方法不同

实验室是以试亚铁灵作指示剂、用硫酸亚铁铵溶液滴定至红褐色，由消耗的硫酸亚铁铵的量换算成消耗氧的质量浓度。

采用重铬酸钾为氧化剂的在线监测仪器（光度法）采用测定水样中的 Cr（Ⅲ）或 Cr（Ⅵ）的吸光度来计算 COD 值。

采用燃烧法（TOC 法）的在线监测仪器是采用红外分析仪测定 CO_2 量，算出 TOC 值，折算 COD。

采用羟基氧化的仪器是通过工作电极的电流的变化，折算水中 COD 含量。

5．样品预处理方式不同

实验室 COD 分析方法是将样品采集并固定后带回实验室分析，分析时将样品混匀回流滴定。水质在线监测仪多采用潜水泵或自吸泵将水样从污水渠采集到监测站房，再通过蠕动泵将定量水样加入仪器内。多在水样采集的源头或进仪器前加装有过滤装置。

取样是监测的前导，由于水体不常含有一些悬浮态的有机物，采集的水样不同将直接导致分析结果不同。水质在线监测系统由于是在现场分析，又由于实现了自动化，仪器管路口径偏小，为预防堵塞需对样品进行过滤，将样品中颗粒物排除在分析之外，使得在线监测分析值普遍低于实验室分析方法测定结果。

第四节　氨氮自动监测仪结构与工作原理

一、比色法氨氮自动监测仪

氨氮的比色法有纳氏试剂比色法、水杨酸比色法以及流动注射比色法等。

1．测定原理

水样经过预处理（蒸馏、过滤、吹脱）后，在碱性条件下，水中离子态铵转换为游离氨，然后加入一定量的纳氏试剂，游离态氨与纳氏试剂反应生成黄色络合物，分析仪器在 420nm 波长处测定反应液吸光度 *A*，由 *A* 值查询标准工作曲线，计算氨氮含量。

纳氏比色法稳定性好、重现性好，试剂储存时间长。

2．仪器的工作原理

在线氨氮分析仪通过嵌入式工业计算机系统的控制，自动完成水样采集。水样进入反应室，经掩蔽剂消除干扰后水样中以游离态的氨或铵离子（NH_4^+）等形式存在的氨氮与反应液充分反应生成黄棕色络合物，该络合物的色度与氨氮的含量成正比。反应后的混合液进入比色室，运用光电比色法检测到与色度相关的电压，通过信号放大器放大后，传输给嵌入式工业计算机。嵌入式工业计算机经过数据处理后，显示氨氮浓度值并进行数据存储、处理与传输（见图 8-12）。

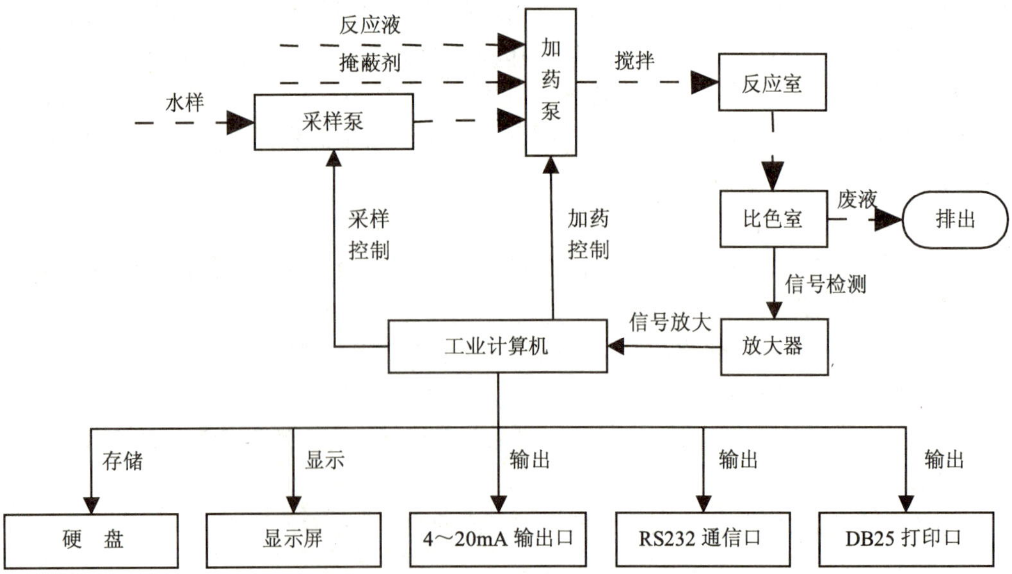

图 8-12　纳氏比色法在线氨氮分析仪结构原理

3．主要性能指标

测量范围：0.1～20mg/L、0.5～100mg/L（可选）；测量误差：±5%F.S；重复性误差：3%（量程值 80%处）；零点漂移：±5%F.S/24h 内；量程漂移：±5%F.S/24h 内；直线性：±5%F.S；最小测量周期：20min。

二、水杨酸分光光度法自动监测仪

1．测定原理

在亚硝基铁氰化钠盐存在下，样品中游离氨、铵离子与水杨酸盐以及次氯酸根离子反应生成蓝色化合物，在约 670nm 处测定吸光度 *A*，由 *A* 查询标准工作曲线，计算出氨氮的含量。

水杨酸比色法具有灵敏、稳定等优点，干扰情况和消除方法与纳氏试剂比色法相同，但试剂存放时间较短。

2．仪器工作原理

废水被导入一个样品池，与定量的 NaOH 混合，样品中所有的铵盐转换成为气态氨，气态氨扩散到一个装有定量指示剂（水杨酸）的比色池中，氨气再被溶解，生成 NH_4^+。加入 NH_4^+在强碱性介质中，与水杨酸盐和次氯酸离子反应，在亚硝基五氰络铁（III）酸钠（俗称硝普钠）的催化下，生成水溶性的蓝色化合物，仪器内置双光束、双滤光片比色计，测量溶液颜色的改变（测定波长为 670nm），从而得到氨氮的浓度。加入酒石酸钾掩蔽可除去阳离子（特别是钙镁离子）的干扰。

3．主要性能指标

测量范围：0.2～120mg/L；精度：测量值的+2.5%或者 0.2mg/L，二者中的较大者；测量下限：0.2mg/L；循环时间：13min、15min、20min 或者 30min（可选）。

三、流动注射比色法自动监测仪

1．仪器工作原理

仪器的蠕动泵输送释放液（稀 NaOH 溶液）作载流液，注样阀转动注入样品，形成 NaOH 溶液和水样间隔混合，切换阀转至循环富集态后，当混合带经过气液分离器的分离室时，释放出样品中的氨气，氨气透过气液分离膜后被接受液（BTB 酸碱指示剂溶液）接收并使溶液颜色发生变化。经过循环氨富集后，接受液被输送到比色计的流通池内，测量其光电压变化值，通过其峰高，可求得样品中的氨氮（NH_3-N）含量。仪器每天自动做一次标定，仪器结构原理如图 8-13 所示。

特殊的气液分离器加深了样品流过的沟糟，不使样品和透气膜接触，解决了水样和透气膜的接触使透气膜寿命短这一问题。带来的副作用是测量时间延长一分钟，作为清除记忆效应的时间。

2．技术指标和功能

测量范围：0.005～1 000mg/L；最短测量周期 10min，样品和透气膜非接触式的气液分离器，使样品摒弃了繁琐和高价的前处理装置，使仪器大为简化。可设定自动富集和自动稀释功能，以便分析更低或更高浓度含量的 NH_3-N 样品。

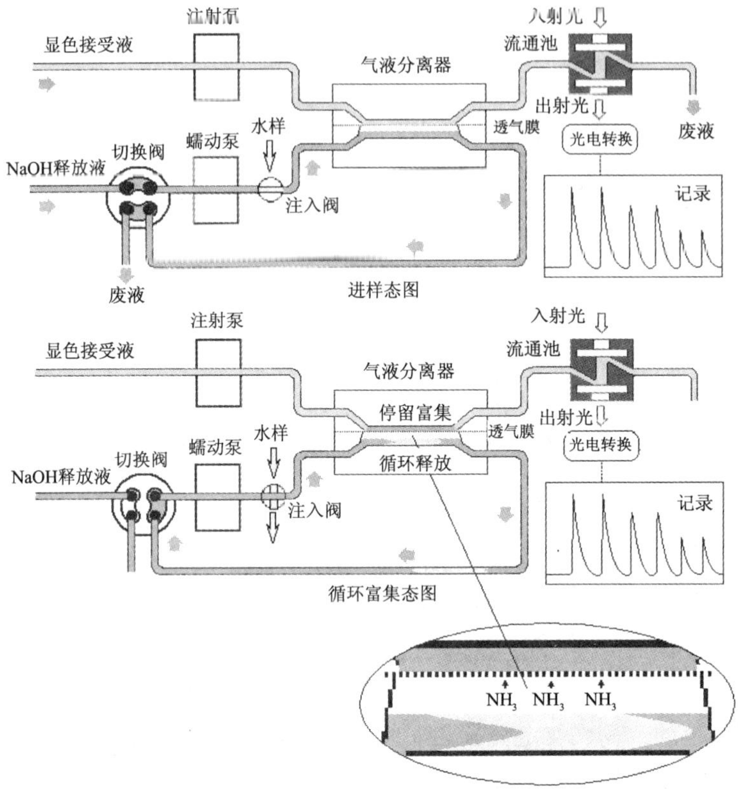

图 8-13 流动注射比色法氨氮自动监测仪结构原理

四、电极法氨氮自动在线监测仪

常用的电极法氨氮分析仪分为氨气敏电极法和电导法等，其中氨气敏电极法技术比较成熟，应用较广。

1．氨气敏电极法仪器的工作原理

将水样导入测量池中，加入氢氧化钠使水样中离子态铵转换为游离态氨，游离态氨透过氨气敏电极的憎水膜进入电极内部缓冲液，改变缓冲液的 pH 值，仪器通过测量 pH 值变化即可测量水样中的氨浓度。

氨气敏电极法结构简单、试剂用量少、测量范围宽，但电极稳定性较差，膜电极容易受污染，对环境温度要求较高。

氨气敏电极包括平头的 pH 玻璃电极和银/氯化银电极，两支电极通过含有铵离子的内充液被组装在一起，作为 pH 值测量电对。内充液是 0.1mol/L 的氯化氨溶液，通过气透膜与样品隔开。当把电极浸入加有试剂的待测液中时，待测液中的离子态铵变为游离态氨，随同待测液中的游离态氨一同通过气透膜进入内充液，使内充液的 pH 值发生变化，并产生与样品浓度的对数呈正比的电压变化信号。

2．仪器的结构与组成

监测仪由进样系统（两位三通阀、双通道蠕动泵）、控制系统（工控机等）、测试系统（氨气敏电极、模数转换）、显示系统（液晶显示屏）及附件等组成。

3．主要技术指标

范围：0.05～1 000mg/L；重现性：≤3%；零点漂移：±0.5mg/L；量程漂移：±4%F.S；响应时间：小于 4min。

五、电导法氨氮在线监测仪

1．电导法的原理

利用酸性吸收液吸收氨的量与吸收液的电导率成比例的关系，从而测定氨的浓度。采用吹脱-电导法，即在碱性条件下用空气将氨从水样中吹出，气流中的氨被吸收液吸收引起吸收液的电导变化，电导变化值与吹出的氨量和水样中氨氮含量成正比。

2．主要技术指标

量程：0～2mg/L，0～20mg/L，0～50mg/L；准确度：±10%（浓度<1mg/L 时），±5%（浓度＞1mg/L 时）；重复性：±5%（浓度≥1mg/L 时）；检出限：0.1mg/L；测量周期：30min。

第五节　流量自动监测仪结构与原理

应用于废水自动监测的流量计主要为超声波明渠流量计。而电磁流量计由于水头损失比较大，流量传感器内必须保持满管流等要求，使用较少。目前主要应用超声波流量计测定废水流量，超声波流量计主要有：超声波时差式流量计、超声波多普勒流量计、超声波明渠流量计、超声波非满管（渠）流量计等类型。最常用的是超声波明渠流量计。

一、超声波明渠流量计工作原理

超声波明渠流量计主要由耐腐蚀的量水槽或堰、非接触式超声波液位传感器、微电脑监控仪组成。

采用超声波通过空气，以非接触的方式测量明渠内堰槽前指定位置的水位高度，再根据标准规定的液位-流量换算公式计算水的流量。适用于水利、水电、环保以及其他各种明渠条件下的流量测量，尤其适用于有玷污、腐蚀性污水的流量测量。

被测液体流过量水槽（堰）形成一定的节流液位高度，在自由流状态下，其流过水槽液体流量 Q 与水位 H 满足关系式：

$$Q=C\times H^n$$

式中：C、n 为与量水槽结构有关的系数。

探头固定安装在量水堰槽水位观测点上方，探头对准水面，探头向水面发射超声波。超声波经过 t_1 时间，走过 E_1 距离，碰到校正棒。一部分超声波能量被校正棒反射，并被探头接收，仪表记下这段时间的长度 t_1。超声波的另一部分能量绕过校正棒，经过 t_2 的时间到达水面。这部分能量被水面反射后，被探头接收。仪表记下这段时间的长度 t_2。校正棒已经固定在探头上。校正棒的长度 E_1 不会变化。仪表根据 t_1 与 t_2 的比例，再乘以 E_1，求出水面到探头的距离 D，$D=E_1\times t_2/t_1$（见图 8-14）。

仪器通过固化在存储器的液位-流量换算公式，根据所测液位计算流量。流量计可与标准的巴歇尔槽、三角堰、矩形堰等堰板堰槽配用，实现流量计量。

主要性能指标：测量范围：0.36～104m^3/h；流量精度：与三角堰配用 1%～3%，与矩形堰配用 1%～5%，与巴歇尔槽配用 3%～4%；超声波最大测距 2m，传感器盲区：0.4m（注：盲区是指水面距传感器反射碗的距离）；测距误差：＜0.4%；水位分辨力：1mm；响应时间：6s。

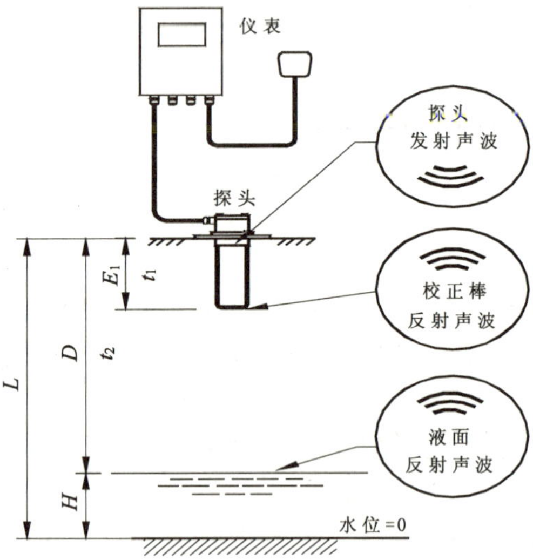

图 8-14　超声波测量原理

二、超声波明渠流量计的种类

明渠流量计根据配置的堰槽不同分为堰式流量计和槽式流量计，槽式流量计又分为巴歇尔槽（P 槽）和帕尔默·鲍鲁斯槽（PB 槽）流量计两种。

测量堰式流量计除堰板部分外，还包括相应液位计以及堰板上游足够长的直渠段和整流段等。其特点：结构简单，一般情况下价格便宜，测量精度高和可靠性好；因水头损失大，不能用于接近平坦地面的渠道；堰上游易堆积固形物，要定期清理。

巴歇尔槽流量计的特点：水中固态物质几乎不沉积，随水流排出；水位抬高比堰小，仅为 1/4，适用于不允许有大落差的渠道。

PB 槽的特点是：PB 槽的水头损失在非满管流仪表中属于较小的，喉道部槽顶自清洗效果显著，几乎不必担忧固体物的沉淀和堆积。

超声液位计是超声波从超声传感器（换能器）以一定的速度发射经气-液界面反射回到换能器的时间，以求取水位的液位计，适用于有污浊物和腐蚀性液体，但液位存有泡沫等会影响液位测量值。

三、超声波明渠流量计的选用要点

应考虑以下因素选择合适的测量方法。水路大小和形状，流速范围，最大流量和最小流量；测量精确度要求；流量计设置场所和环境条件；液体状况，洁净程度，含有固相浓度，腐蚀性；现场允许落差（或升高水位）和渠道坡度。

对于新建单位可通过工艺流程计算渠道流量与拟安装位置，再选定仪表规格。对于老企业添置仪表要估计既有渠道流量和确认仪表上游允许升高水位；即确定流量仪表规格和流量范围，要取决于渠道峰流量和允许升高水位两个因素。

四、安装注意事项——排放口规范化

1．堰式流量计

①堰板上游水路要设置整流段、整流装置段和导流段。若不设置整流装置，则整流段的长度应为渠宽的10倍以上。

②导流段的储水容量应尽可能大，导流段的宽度和深度可以比整流段大些，导流段的侧壁高度应比整流段侧壁高些，以防止水位上涨溢出。整流装置段的宽度和整流段相等，侧壁高度则与导流段相等。

③整流段底部水平面要求与侧面垂直，充满水后不变形；轴线应为直线，宽度要大体一致。

④为防止下游侧水面影响，堰板下游水位应低于零水位（即堰缺口）150mm。若下游水位上升要影响自然落下的水流，就不能准确测量流量。因此要事先调查下游侧水位。

⑤须为清除堰板上游堆积物提供条件。用于下水道或污水排放时，液体中沉淀物堆积改变尺寸，从而影响流量系数，且堵塞整流装置，破坏正常流速分布，因此须为清除堆积物提供条件。

2．巴歇尔槽流量计

流入侧水路的流速分布会影响测量精度，因此要注意以下各点：

①要有一段截面积不变的直渠道。在急弯道或与支路汇合产生局部混合流动时，至少要有5～10倍喉宽长度的直渠道，尽可能更长些。

②渠道与槽本体连接部位底平面要有1∶4斜率，侧壁要有曲率半径为2倍以上最大流量水位高度的曲面，或与中心线成45°倾斜的平面。

③如渠道某处产生水力学水跃现象时，槽体应远离该处，至少应装在有30倍最大流量水位高度距离的下游。

④为改善流动条件，可在水位测量点上游10倍最大流量水位高度的距离设置整流板。

⑤设置槽体后渠道上游水位升高，注意防止水溢出渠道，必要时按现场条件挖深渠道或加高渠侧壁。

流出侧水路要注意勿使其产生淹没流或逆向流，注意清除堆积物。槽本体内流动状态要注意以下两点：

①喉道处的流动必须是临界流。为满足喉道段水位 h_b 和收缩部水位 h_a 的比值（即淹没比）符合规定值，槽顶要有一定高度。并且停止流动时流出端水位不超过槽顶。

②要检查和确认安装后状态和尺寸；收缩部底面（即槽顶）的水平；喉道两侧平行度和垂直度；渠道中心线和槽本体流动方向中心的一致性。

液位计安装要注意以下各点：

①直线测量水位测量位置应在槽本体中心线和导水口垂直交点，安装时液位计应尽量接近该点。

②间接测量需设静水井和导水管，应注意以下事项：

静水井应尽可能靠近槽本体垂直安装，静水井底部应低于槽顶；

为清除静水井底部沉积物，应设排污阀和冲洗用水管；

导水管内径原则上为 20～50mm，导水管距离较长时应选择较大内径；

液位计的零点应以槽顶为设定零点。

第六节 数据采集传输设备

一、工作原理

数据采集传输仪通过数字通道、模拟通道、开关量通道采集监测仪表的监测数据、状态等信息，然后通过传输网络将数据、状态传输至上位机；上位机通过传输网络发送控制命令，数据采集传输仪根据命令控制监测仪表工作，仪器结构见图 8-15。

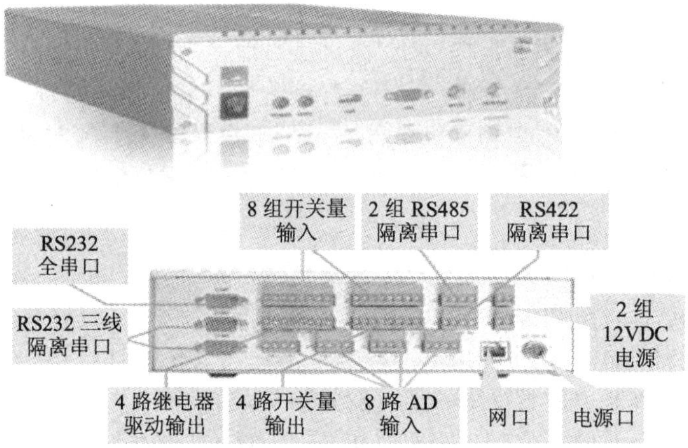

图 8-15 数据采集传输仪结构

二、通信方式

数据采集传输仪应至少具备下列通信方式之一：

①无线传输方式，通过 GPRS、CDMA 等无线方式与上位机通信，数据采集传输仪应能通过串行口与任何标准透明传输的无线模块连接。

②以太网方式，直接通过局域网或 Internet 与上位机通信。

③有线方式，通过电话线、ISDN 或 ASDL 方式与上位机通信。

三、数据采集单元

①应至少具备 5 个 RS232（或 RS485）数字输入通道，用于连接监测仪器，实现数据、命令双向传输，通信协议推荐使用 modbusRTU 协议。

②应至少具备 8 个模拟量输入通道，应支持 4～20mA 电流输入或 1～5V 电压输入，应至少达到 12 位分辨率。

③应至少具备 4 个开关量输入通道，用于接入污染治理设施工作状态。开关量电压输入范围为 0～5V。

④仪器应自带备用电池或配装不间断电源（UPS），在外部供电切断情况下能保证数据采集传输仪连续工作 6h，并且在外部电源断电时自动通知上位机或维护人员。数据采集传输仪必须能够在供电（特别是断电后重新供电）后可靠地自动启动运行，并且所存数据不丢失。

⑤数据采集传输仪应具有数据导出功能，导出方式可以是通过磁盘、U 盘、存储卡或专用软件。

⑥数据采集传输仪应具有看门狗复位功能，防止系统死机。

⑦数据采集传输仪如果采用工控机，应具有硬件/软件防病毒、防攻击机制。

⑧具备保密功能，能设置密码，通过密码才能调取相关的数据资料。

第九章
水污染源自动监测设备运行质量控制要求

第一节　运行质量控制总体要求

①操作维护人员应经过设备厂家认真培训，熟练掌握设备的操作、维护和故障处理；

②操作维护人员应按照国家相关规定，经培训合格，持证上岗；

③操作维护人员每日直接或远程检查检测设备运行状态，发现异常，应立即前往；

④操作维护人员每周一次对设备进行现场维护，包括试剂添加、设备状态检查、采水系统维护、供电系统检查等；

⑤操作维护人员每月一次对现场设备进行保养，包括对设备的进样回路、测量部件和设备外壳进行清洗；

⑥操作维护人员每月用国家认可的质控样对设备进行校验，如果测量误差大于标准规定的范围，则应对设备进行校准；

⑦操作维护人员每季度自己做一次实际水样比对测试，比对结果如果不符合标准规定的要求，则应对设备进行检修和校准；

⑧当设备出现故障时应在 24h 内修复，如无法修复需要停机的，应报当地环保部门备案；

⑨设备在一年中的运转率应达到 90%，以保证监测数据的数量要求。

第二节　设备操作、使用和维护保养要求

一、COD 自动监测仪

1．重铬酸钾氧化法 COD 在线监测仪

（1）操作。

一般 COD 自动监测仪操作内容主要包括仪器参数的设定、校准、维护和故障处理、废液处理等。

①参数设定：COD 在线监测仪的硬件管线安装完毕后，做好各项准备工作，放置仪器测量所需的各种试剂，仪器上电稳定半小时。按照使用要求设置、调整仪器各个测量参数。仪器自动运行，确定仪器运行流程、参数设定正常。一般需要设定的参数主要包括：测量量程、分析周期、消解时间、冷却时间、比色参数等。

②曲线校准：仪器在使用前需要对人工曲线进行校准，在使用中也需要定期校准。

校准前应先根据实际情况配制不同浓度的邻苯二甲酸氢钾标准溶液，按照实际情况进行一点或多点校准。使用中的COD在线监测仪应定期校准，一般每3个月或半年校准一次，或仪器每日自动标定，并定期与手工方法进行实际水样对比，保证工作曲线准确。

（2）使用。

对仪器的采水时间、测量周期（或者定点分析次数及时间）等参数进行相关的设定。各参数确认无误后，便可进行COD在线监测分析了。

（3）维护。

①蒸馏水定期检查。液位较低时，请及时添加。添加时注意不能将液体洒入仪器内，以免损坏仪器电路。

②定期添加试剂，添加频次根据单次试剂用量、测量频次和试剂容器容量来确定。试剂定期检查。当试剂液面低于3cm时，请及时添加试剂。

③废液箱定期清理。

④仪器定期保洁。保洁主要指仪器外部及内部的落尘，以及测量过程溅出的酸点。保洁的同时注意观察冷却水是否正常。

⑤污水含一定杂物，需根据水质情况，定期清理水样过滤头及管路。

⑥需定期检查计量系统、阀体、管路及其连接情况。

⑦自吸泵真空轮属于易损耗器件，要经常检查泵的采水情况，如果损坏要马上更换。

（4）废液的处置。

废液为强酸性液体，含有Ag^{+}和Cr^{6+}等重金属离子，可用高密度聚乙烯类塑料桶收集，一般进行集中处理，处理方法：在10L废液中加入30 g NaCl，充分搅拌，使其生成AgCl沉淀，静置12h以上，倾出上清液并在分离出的上清液中加入15～20 g $FeSO_4·7H_2O$，以还原过量的Cr^{3+}，充分搅拌后加入约1 600 g NaOH以中和过量的H_2SO_4，调节pH值为8～9。再加入40 g $Na_2S·9H_2O$，使Cr^{3+}、Fe^{3+}、汞等共沉淀。沉淀完全后，上清液直接排放。残渣做危险废物处理。

2．燃烧氧化-NDIR法（TOC法）COD在线监测仪

操作TOC分析仪之前应认真阅读说明书，掌握仪器的操作方法和注意事项，对拆卸、更换设备部件的操作则需要经过厂家的认真培训才能操作。一般对TOC的操作主要包括通电前检查、通电调试、离线在线测量、TOC/COD关系曲线确定、仪器的维护等。

（1）开机。

①确认分析装置的供给电压在187～242V；

②确认试样配管、排液配管、配气管、电炉线、除湿器、电源及信号线是否连接好；

③确认蒸馏水及盐酸（2mol/L）是否配好；

④确认水封罐的水位；

⑤N_2瓶的压力、流量调整；

⑥电源开关在关闭状态；

⑦确认计量阀已经安装好。

（2）仪器调试。

①总电源的确认：用万用表测量供电，确认符合要求后，再上电。

②氮气瓶出口压力的调整：载气瓶出口压力调整在0.25～0.3MPa。

③打开仪器总开关，仪器开始初始化。

④设备调试。

- 仪器时间的更改
- 注射器零点校正
- 去除酸流路气泡
- 试样注入量的零校正
- 催化剂的再生
- 试样注入状态的检查
- 仪器准备状态

（3）离线、在线测定。

在线测量步骤：进入测定条件登记画面，测定条件登记，登记测定时间表，登记自动校正条件，登记测定值输出设定，登记报警输出，回到初始画面，按 START 键开始在线测量。

离线测定步骤：进入离线测定画面，选择（根据测定条件选择），登记离线测定条件，按 START 键开始离线测量。

（4）维护。

具体维护项目见表 9-1。

表 9-1　TOC 法 COD 自动监测仪定期维护项目一览表

	仪器检查内容	要求
1	仪器标准液校正	每星期校正
2	注射器塞头	每月检查（内部有无污染，是否漏液）
3	O 型圈	每月检查（是否漏气）
4	HCl 的更换	每 3 个月更换一次
5	催化剂	每半年检查（是否发白破碎）
6	燃烧管	每半年检查（是否碎裂）
7	B 型卤素洗涤器中的铁铬合金网	每半年检查（是否生锈）
8	卤素洗涤器	每年检查（主要看管内污染程度）
9	CO_2 吸收器	每年检查（主要看基线位置是否正常）
10	8 通阀定位片	定期检查定位片上的缺口处是否有灰尘
11	冷凝器	定期检查散热片中间是否积尘

二、氨氮自动监测仪

1．氨气敏电极法氨氮在线监测仪

（1）操作。

氨氮在线监测仪的操作内容主要包括仪器参数的设定、仪器的维护等。

仪器参数的设定：在使用氨氮在线监测仪之前应进行相关参数的设定，设定参数主要有工作参数设置、报警参数设置和系统参数设置。

①工作参数设置：量程设定，测量周期的设定，采样泵启动间隔及一些温度参数的设定。

②报警参数设置：报警上、下限设置，溶液容量下限报警设置，在安装报警装置时，当检测氨氮值超出所设置的上下限时发出声光报警。

③系统参数设置：系统的日期、时间设置，测试或校准过程的时间设置，如进水样时间、进清洗液时间、不加试剂进水样时间、加试剂进水样时间、不加试剂进标液时间、加试剂进标液时间等的设置。

（2）维护。

氨氮在线监测仪在使用中应严格按照说明书要求定期维护，以保证仪器正常工作。一般氨氮在线监测仪应定期进行如下维护：

①定期添加试剂，添加频次根据单次试剂用量，分析频次和试剂容器容量来确定。

②定期更换泵管，防止泵管老化而损坏仪器，更换频次每 3 至 6 个月一次，与分析频次有关，主要参照使用说明书。

③定期清洗采样头、采样管，防止采样头堵塞而采不上水，防止采样管脏后影响测量结果。一般 2 至 4 周清洗一次，主要视水质情况而定，水质越差，清洗周期越短。

④电极的维护，主要是电极气透膜的更换、电极内充液的更换、电极长期停机的保存和电极的更换。

⑤定期校准工作曲线，以保证测量结果的准确，一般 3 个月或半年校准一次，主要参照使用说明书和现场水质变化情况来定，对于水质变化大的地方，应相应缩短校准周期。有些仪器可以每个测试流程前都要进行自动校准一次。

⑥具体维护项目见表 9-2。

表 9-2　氨氮分析仪定期维护项目一览表

序号	项目	维护周期	备注
1	补充溶液		视实际情况及时补充
2	检查电极内充液和电极膜	2 周	更换电极膜后必须补充内充液
3	检查管路情况	2 周	
4	检查采样泵	2 周	
5	检查采样头	2 周	
6	移动夹管阀处管路	4 周	
7	清洗滤芯（采水单元）	4 周	拆下滤芯进行超声波清洗
8	泵管移位	2 月	
9	更换泵管	1 年	
10	更换电极	1 年	
11	更换电极板	2～3 年	

2．纳氏试剂比色法氨氮自动监测仪

（1）操作。

①开机之前检查所有的试剂管及样品管连接是否正确，接通电源，仪器初始化。

②检查测量的量程，可根据试剂调整它。

③为了防止试剂管堵塞，在关机之前用去离子水清洗整个管路系统。

（2）维护。

①更换试剂：试剂都是有毒的化学试剂，注意不要与皮肤接触。万一接触皮肤，应立即用清水冲洗。

②更换仪器管：更换新管，装管之前在泵桥上涂点硅油。

③仪器系统清洗：用合适的试剂清洗污物（稀释的 5%HCl 溶液，5%次氯酸钠溶液等）。

（3）废液处理。

废液中主要污染物是由显色剂带来的汞盐，可用高密度聚乙烯类塑料桶集中收集仪器产生的废液，达到一定的量后集中处理。一般处理办法：先将废液调节 pH 至 8～10，每 10L 废液中加入约 10 g $Na_2S·9H_2O$ 固体，充分搅拌。再加入 7 g $FeSO_4·7H_2O$ 固体，充分搅拌，使其完全反应，静置 12h 以上，使其完全沉淀。清液可排放弃去，残渣经焙烧可回收汞。

三、流量自动监测仪

采用明渠测量流量时，在明渠上安装量水堰槽。量水堰槽把明渠内流量的大小转成液位的高低。利用超声波传感器测量量水堰槽内的水位，再按相应量水堰槽的水位—流量关系计算出流量。

一般流量监测系统的操作使用包括设置、查询和维护等。

① 安装：超声波探头应安装在《中华人民共和国国家计量检定规程明渠堰槽流量计》规定的位置，显示表安装在远离电磁干扰源、温湿度符合要求的地方，可以挂在墙上或安装于仪表柜内。

② 设置：仪器安装完毕后，应按照实际情况进行堰槽类型、堰槽规格、报警参数、系统时间、模拟输出等进行设置，然后校准液位。

③ 查询：利用仪器按键，可以对瞬时流量、累积流量、运行时间、瞬时液位等进行查看、查询。

④ 液位校准：校准液位时用测量尺量取探头测量点的实际液位，然后在液位校准界面输入实际液位即可。

⑤ 维护保养：流量计的维护主要是定期检查探头下方是否有杂物，如果有则清理掉。

⑥ 校准：定期校准液位，每季度或半年校准一次。

四、数据采集传输仪

1．操作

数据采集传输仪的操作主要包括接线、参数设置、测试等。

①接线。

按照使用说明书要求把监测设备的输出接口连接到数据采集传输仪指定端口，保证接线可靠。

②参数设置。

参数设置一般可通过上位机软件设置或通过本地键盘设置，设置的内容主要包括 MN 号设置、模拟通道量程、污染物类型、串口协议设置等。

③本地测试。

通过本地测试来判断通信故障点，把电脑连接到数据采集传输仪的串口，用串口调试助手向数据采集传输仪发送指令，看数据采集传输仪是否正确返回，从而判断数据采集传输仪是否故障。

2．维护

①每日通过上位机检查数据采集传输仪的连接状态是否正常。

②现场观察数据采集传输仪运行情况，并检查连接处有无损坏，对数据进行抽样检查，对比自动分析仪、数据采集传输仪及上位机接收到的数据是否一致。

第三节 日常设备巡检

一、巡检内容（设备工作状况）

1．运行和日常维护

①每日上午、下午远程检查仪器运行状态，检查数据传输系统是否正常，如发现数据有持续异常情况，应立即前往站点进行检查。

②每 48h 自动进行总有机碳（TOC）、氨氮、化学需氧量（COD_{Cr}）等水质在线自动监测仪的零点校正。

③每周 1 至 2 次对监测系统进行现场维护，现场维护内容包括：

- 检查各台自动分析仪及辅助设备的运行状态和主要技术参数，判断运行是否正常。
- 检查自来水供应、泵取水情况，检查内部管路是否通畅，仪器自动清洗装置是否运行正常，检查各自动分析仪的进样水管和排水管是否清洁，必要时进行清洗。定期清洗水泵和过滤网。
- 检查站房内电路系统、通信系统是否正常。
- 对于用电极法测量的仪器，检查标准溶液和电极填充液，进行电极探头的清洗。
- 若部分站点使用气体钢瓶，应检查载气气路系统是否密封，气压是否满足使用要求。
- 检查各仪器标准溶液和试剂是否在有效使用期内，按相关要求定期更换标准溶液和分析试剂。
- 观察数据采集传输仪运行情况，并检查连接处有无损坏，对数据进行抽样检查，对比自动分析仪、数据采集传输仪及上位机接收到的数据是否一致。

④每月现场维护内容包括：

- 总有机碳（TOC）水质自动分析仪：检查 TOC—COD_{Cr} 转换系数是否适用，必要时进行修正。对 TOC 水质自动分析仪载气气路的密封性、泵、管、加热炉温度等进行一次检查，检查试剂余量（必要时添加或更换），检查卤素洗涤器、冷凝器水封容器、增湿器，必要时加蒸馏水。
- 化学需氧量（COD_{Cr}）水质在线自动监测仪：检查内部试管是否污染，必要时进行清洗。
- 氨氮水质自动分析仪：气敏电极表面是否清洁，仪器管路进行保养、清洁。

- 流量计：检查超声波流量计高度是否发生变化。
- 每月的现场维护内容还包括对在线监测仪器进行一次保养，对水泵和取水管路、配水和进水系统、仪器分析系统进行维护。对数据存储/控制系统工作状态进行一次检查，对自动分析仪进行一次日常校验。检查监测仪器接地情况，检查监测用房防雷措施。

⑤每 3 个月至少对总有机碳（TOC）水质自动分析仪试样计量阀等进行一次清洗。检查化学需氧量（COD_{Cr}）水质在线自动监测仪水样导管、排水导管、活塞和密封圈，必要时进行更换，检查氨氮水质自动分析仪气敏电极膜，必要时进行更换。

⑥根据实际情况更换化学需氧量（COD_{Cr}）水质在线自动监测仪水样导管、排水导管、活塞和密封圈，每年至少更换一次总有机碳（TOC）水质自动分析仪注射器活塞、燃烧管、CO_2吸收器。

⑦其他预防性维护。

保持机房、实验室、监测用房（监控箱）的清洁，保持设备的清洁，避免仪器振动，保证监测用房内的温度、湿度满足仪器正常运行的需求。

保持各仪器管路通畅，出水正常，无漏液。

对电源控制器、空调等辅助设备要进行经常性检查。

此处未提及的维护内容，按相关仪器说明书的要求进行仪器维护保养、易耗品的定期更换工作。

2．记录

操作人员在对系统进行日常维护时，应做好巡检记录，巡检记录应包含该系统运行状况、系统辅助设备运行状况、系统校准工作等必检项目和记录，以及仪器使用说明书中规定的其他检查项目和校准、维护保养、维修记录（见表 9-3）。

涉及具体仪器设备，巡检详细内容见各仪器分别介绍。

二、COD 自动监测仪的日常巡检

1．重铬酸钾氧化法 COD 在线监测仪

①检查进样及流程系统，是否有漏液漏酸问题；

②检查冷却水的量及冷却水管路，确认冷却系统正常；

③确认各阀体、部件工作正常有效；

④检查主控电路电子器件有无过热现象；

⑤清洗采样过滤系统，确认采样系统工作正常；

⑥清理收集废液，进行集中处理；

⑦定期检查蒸馏水、试剂和标液等，及时添加；

⑧对仪器站房进行通风；

⑨对仪器设备进行保洁，包括工控机过滤网、机壳尘土、机内污渍、室内卫生等；

⑩巡检维护工作不定期进行，认真填写巡检维护记录；

⑪每 3 个月对仪器的工作曲线进行校准一次。

表 9-3　COD 自动监测仪现场巡查工作记录表

站点名称：

时间	工作记录	工作中出现的问题	处理方法	处理结果	调试人

2．燃烧氧化-NDIR 法（TOC 法）COD 自动监测仪

①TOC 自动监测仪日常巡检内容见表 9-4。

表 9-4　TOC 仪器日常巡检项目一览表

序号	TOC 仪器检查内容	要求
1	检查加湿器液位情况	液位在两刻度线之间
2	检查 B 型卤素洗涤器液位情况	液面不能低于气体出口（注意不能过高）
3	检查冷凝水封容器液位情况	保持在溢流管口的近处 10mm 以内
4	检查仪器外部蒸馏水桶液位情况	保证能吸到蒸馏水
5	检查氮气瓶总压力	不足时需更换氮气瓶
6	检查氮气瓶减压阀出口压力	保持在 0.25～0.3MPa
7	检查机内压力表指示	一般保持在 200kPa
8	检查载气流量计指示	一般保持在 150mL/min 左右
9	检查喷射气流量计指示	一般保持在 50mL/min 以上
10	检查监视器中电炉温度	保持在 680℃左右
11	检查监视器中除湿器温度	保持在 1℃±0.4℃左右
12	检查检测器基线位置	基线位置、漂移、噪声是否都在正常范围内
13	检查自来水	是否能正常出水
14	检查进样状态	是否能正常进样

②TOC 自动监测仪器定期保养记录见表 9-5。

表 9-5 TOC 自动监测仪器保养记录表

站点名称：

序号	保养部件	保养内容	结果
1	加湿器、洗涤器	加注蒸馏水	
2	水路、气路畅通性和密闭性	检查畅通性和密闭性	
3	标液	标液更换	
4	采水器及管路、注射器	内壁清洁、零点校正	
5	仪器各部分表面	除尘、清洁	
6	燃烧管、CO_2吸收剂、洗涤器	检查有效性	

三、氨氮在线自动监测仪的日常巡检

① 定期检查仪器的运行情况，半个月检查 1 次管路有无泄漏，1 个月检查一次管路有无固体沉积物及藻类的积累，保证管路没有堵塞现象。

② 定期检查试剂、清洗液及标准液，至少半个月补充 1 次试剂清洗液及标准液，1 个月彻底洗刷试剂容器 1 次。

③ 定期检查夹管阀及泵管的情况，一般 1 个月挪动 1 次夹管阀处硅胶管的位置，2 个月挪动 1 次泵管的位置，根据实际需要更换仪器管路及连接管路的两通、三通接头。

④ 定期检查气透膜，一般停机 1 个月，检查 1 次气透膜上是否有气泡或气透膜是否被玷污，1 个月更换 1 次气透膜及内充液。

⑤ 时常注意仪器样品预处理过滤是否正常，半月检查 1 次精过滤的过滤效果，1 个月清洗 1 次过滤芯，1 年更换 1 次过滤芯。

⑥ 视被测水质的情况，定期检查电极的性能，1 年更换 1 次电极。

⑦ 定期检查采水泵的运行情况，采水异常时维修、维护采水泵，必要时更换采水泵。

⑧ 当仪器长期停机时，将电极内充液弃去，用无氨水将电极和电极外套管洗净并用滤纸擦干，组装好放在电极包装中小心存放。

四、流量监测仪的日常巡检

① 定期检查仪器工作状态指示灯，看仪器运行状态是否正常；

② 定期检查仪器显示液位与实际液位是否一致，如不一致则重新校准；

③ 定期检查探头下方是否有杂物；

④ 定期清理排水渠道中的淤泥。

五、数据采集传输仪

① 定期检查数据采集传输仪的工作状态，查看各项设置参数是否正常；

② 定期检查数据采集传输仪与监测设备的连接状态是否正常；

③ 定期检查数据采集传输仪与上位机的连接是否正常；

④ 定期检查数据采集传输仪所存储的历史数据是否完整。

六、巡检记录

巡检按表 9-6 至表 9-8 相关要求做好巡检记录。

表 9-6　自动监测仪日状况报告表

检查日期：　　年　　月　　日　　　　　　　　　　　　　检查人：

企业名称：

序号	联网情况	有效数据个数	超标情况	异常情况说明	备注
					上午
					下午

表 9-7　COD 自动监测仪器状态表

企业名称：

序号：　　　　　　　　　　　　　　　　编号：

项　　目	初始现场情况	离开时现场及仪器状态
工作环境		
蒸馏水、试剂废液		
线性及 COD 数据范围		
是否有漏酸		
报警记录各项次和起止时间		
蒸馏水、试剂、污水样是否都在误差范围内		
冷却泵和蠕动泵以及排水阀是否正常		
仪器内部是否有短路、漏酸、漏水等异常现象		
仪器所用试剂、类型		
现场有无地线		

表 9-8　氨氮自动监测仪周工作检修记录表

企业名称：　　　　　　　　　　　　　　　　检查人：

企业			仪器类别		型号	
周次	第　　周		日期		时间	时到　　时
常规维护	维护项目	打“√”或量值	签名	维护项目	打“√”或量值	签名
	仪器运行状态			过滤芯检查		
	自来水供应			电极维护		
	采样泵取水			添加试剂溶液		
	管路清洗			添加标准液一		

<table>
<tr><td rowspan="4">常规维护</td><td>供电系统</td><td></td><td></td><td>添加标准液二</td><td></td><td></td></tr>
<tr><td>通信系统</td><td></td><td></td><td>添加清洗液</td><td></td><td></td></tr>
<tr><td>电极性能检查</td><td></td><td></td><td>清理废液</td><td></td><td></td></tr>
<tr><td>清理环境卫生</td><td></td><td></td><td>清理仪器卫生</td><td></td><td></td></tr>
<tr><td rowspan="5">特殊变动异常维修</td><td colspan="6">（异常情况描述/重大变动记录）</td></tr>
<tr><td colspan="6">原因分析与采取措施：</td></tr>
<tr><td colspan="6">处理结果：</td></tr>
<tr><td colspan="6">器件损坏或更换说明：</td></tr>
<tr><td colspan="3">实施人 1：</td><td colspan="3">实施人 2：</td></tr>
<tr><td>负责人审批</td><td colspan="6">签字： 年 月 日</td></tr>
</table>

第四节 定期校准、检验与标准物质

自动监测设备的校验包括实际水样与标准方法比对、质控样试验和日常校验。

一、定期校准与检验要求

1．与标准方法比对

除流量外，运行维护人员每月应对每个站点所有自动分析仪至少进行 1 次自动监测方法与实验室标准方法的比对试验，试验结果应满足 HJ/T 355—2007 表 1 规定的要求。

①化学需氧量（COD_{Cr}）水质在线自动监测仪。

以化学需氧量（COD_{Cr}）自动监测方法与实验室标准方法 GB 11914—89 进行现场 COD_{Cr} 实际水样比对试验，比对过程中应尽可能保证比对样品均匀一致。比对试验总数应不少于 3 对，其中 2 对实际水样比对试验相对误差（A）应满足 HJ/T 355—2007 表 1 规定的要求。实际水样比对试验相对误差（A）公式如下：

$$A=\frac{X_n-B_n}{B_n}\times 100\%$$

式中：A——实际水样比对试验相对误差；

X_n——第 n 次测量值；

B_n——实验室标准方法的测定值；

n——比对次数。

②总有机碳（TOC）水质自动分析仪。

若将 TOC 自动分析仪的监测值转换为 COD_{Cr} 时，用 COD_{Cr} 的实验室标准方法 GB 11914—89 进行实际水样比对试验。对于排放高氯废水（氯离子浓度在 1 000～20 000mg/L）的水污染源，实验室化学需氧量分析方法采用 HJ/T 70—2001。比对过程中应尽可能保证比对样品均匀一致。比对试验总数应不少于 3 对，其中 2 对实际水样比对试验相对误差（A）应满足 HJ/T 355—2007 表 1 规定的要求。实际水样比对试验相对误差（A）公式如下：

$$A=\frac{X_n-B_n}{B_n}\times 100\%$$

式中：A——实际水样比对试验相对误差；

X_n——第 n 次测量值；

B_n——实验室标准方法的测定值；

n——比对次数。

③氨氮水质自动分析仪。

分别以氨氮水质自动分析方法与实验室标准方法 GB 7479—87 或 GB 7481 进行实际水样比对试验，比对过程中应尽可能保证比对样品均匀一致。比对试验总数应不少于 3 对，其中 2 对实际水样比对试验相对误差（A）应满足 HJ/T 355—2007 表 1 规定的要求。实际水样比对试验相对误差（A）公式如下：

$$A=\frac{X_n-B_n}{B_n}\times 100\%$$

式中：A——实际水样比对试验相对误差；

X_n——第 n 次测量值；

B_n——实验室标准方法的测定值；

n——比对次数。

2．质控样试验

运行维护人员每月应对每个站点所有自动分析仪至少进行 1 次质控样试验，采用国家认可的两种浓度的质控样进行试验，一种为接近实际废水浓度的质控样品，另一种为超过相应排放标准浓度的质控样品，每种样品至少测定 2 次，质控样测定的相对误差不大于标准值的±10%。

3．日常校验

日常校验包括自动校准或手工校准、重复性试验、零点漂移和量程漂移试验。

实际水样比对每月进行，日常校验每季进行。

COD_{Cr} 自动监测仪的校验方法详见 HJ/T 377—2007《环境保护产品技术要求化学需氧量（COD_{Cr}）水质在线自动监测仪》。

TOC 法 COD 自动监测仪的校验方法详见 HJ/T 104—2003《总有机碳（TOC）水质自动分析仪技术要求》第 9 章。

氨氮自动监测仪的校验方法详见 HJ/T 101—2003《氨氮水质自动分析仪技术要求》第 8 章。

具体操作参照各仪器使用说明书。

在现场采集污水水样时必须做到：

①采集试样时注意不让取样点的侧壁或底部的沉积物混入。

②为准确把握排水的特性，随机采集包括 COD 浓度最高时、平均以及最低时的试样。

③将采集的试样保存于约 5℃的冰箱中，并尽快送到实验室，应在 12h 内测定。

校准和检验的要求：

①当设备发生严重故障，经维修后在正常使用和运行之前必须对仪器进行一次校准和校验。

②校准和校验的结果必须满足相应的技术要求。

③进行相关校准和校验时，必须有专人负责监督工况，在测试期间保持相对稳定，作好测试记录和调整、维护记录。

④仪器校准和检验完成后，要求认真填写校准记录表及校验记录表。

二、标准物质

1．COD 在线监测仪用标准物质

蒸馏水：根据 GB 6682—1992 分析实验室用水规格要求（表 9-9）。

表 9-9 分析实验室用水规格要求

名称	一级	二级	三级
pH 值范围（25℃）≤	—	—	5.0～7.5
电导率（25℃）/（mS/m）≤	0.01	0.10	0.50
可氧化物质[以 O 计]/（mS/m）≤	—	0.08	0.4
吸光度（254nm，1cm 光程）≤	0.001	0.01	—
蒸发残渣（105℃±2℃）/（mg/L）≤	—	1.0	2.0
可溶性硅[以 SiO_2 计]/（mg/L）≤	0.01	0.02	—

邻苯二甲酸氢钾标准溶液：称取 105℃时干燥 2 h 的邻苯二甲酸氢钾（$HOOCC_6H_4COOK$）0.850 2 g 溶于蒸馏水，并稀释至 1 000 mL，混匀。则该标准溶液的理论 COD 值为 1 000 mg/L。

称取 105℃时干燥 2 h 的邻苯二甲酸氢钾（$HOOCC_6H_4COOK$）0.425 1 g 溶于蒸馏水，并稀释至 1 000 mL，混匀。则该标准溶液的理论 COD 值为 500 mg/L。

其他浓度的标液 50 mg/L、100 mg/L、200 mg/L，由 500 mg/L 的标液稀释而得。

2．氨氮在线监测仪用标准物质

水：按 GB 7479—87 获得无氨水。

零点校正液：无氨水。

量程校正液：采用氨氮分析仪量程值 80%的溶液作为量程校正液。

标准液：由浓度为 1 000mg/L 的标准母溶液稀释获得。

校准液的准确度直接影响着测定数据的准确度，所以，一定要严格校准液的配制过程，保证校准液的质量。为了保证校准液在两周内保持稳定的浓度而不损失，建议在校准液的配制时加入适量的盐酸（一般情况下，每升校准液加入 1 mol/L 的盐酸 0.5 mL）。

① 取 3.819 g±0.004 g 氯化铵（NH_4Cl，在 100～105℃干燥 2 h），溶于水中，移入 1 000 mL 容量瓶中，稀释至刻度，得 1 000 mg/L 的氨氮储备液。

② 根据被测水样的浓度范围，确定校准液的浓度。

③ 准确吸取一定体积的氨氮储备液配制校准液。

三、校准结果判断及处理

校验的结果应满足 HJ/T 355—207《水污染源在线监测系统运行与考核技术规范（试

行)》的要求。如表 9-10 所示。

表 9-10　自动监测仪性能指标要求

<table>
<tr><th colspan="2">仪器名称</th><th>零点漂移</th><th>量程漂移</th><th>重复性漂移</th><th>实际水样比对实验相对误差</th></tr>
<tr><td colspan="2" rowspan="4">COD_{Cr} 仪</td><td rowspan="4">±5mg/L</td><td rowspan="4">±10%</td><td rowspan="4">10%</td><td>COD_{Cr}＜30mg/L 时，绝对误差不超过±5mg/L 以接近实际水样的低浓度（约 20mg/L）质控样代替实际水样进行试验</td></tr>
<tr><td>±30%（30mg/L≤COD_{Cr}＜60mg/L）</td></tr>
<tr><td>±20%（60mg/L≤COD_{Cr}＜100mg/L）</td></tr>
<tr><td>±15%（COD_{Cr}≥100mg/L）</td></tr>
<tr><td colspan="2">TOC 法 COD 仪</td><td>±5%</td><td>±5%</td><td>5%</td><td>按铬法 COD 仪</td></tr>
<tr><td rowspan="2">氨氮仪</td><td>电极法</td><td>±5%</td><td>±5%</td><td>5%</td><td>±15%</td></tr>
<tr><td>光度法</td><td>±10%</td><td>±10%</td><td>10%</td><td>±15%</td></tr>
</table>

四、校准结果及处理记录

校准结果及处理记录按表 9-11 和表 9-12 要求与格式进行。

表 9-11　自动监测仪校准记录表

企业名称：　　　　　　　　　　　　　　　　校验人：

<table>
<tr><td>点位</td><td colspan="2"></td><td>仪器类别</td><td></td><td>型号</td><td></td></tr>
<tr><td>月份</td><td colspan="2"></td><td>日期</td><td></td><td>时间</td><td>时到　　时</td></tr>
<tr><td rowspan="4">常规项目</td><td>校准前各参数</td><td>是否正常</td><td>异常参数</td><td>校准后各参数</td><td>是否正常</td><td>异常参数</td></tr>
<tr><td></td><td></td><td></td><td></td><td></td><td></td></tr>
<tr><td></td><td></td><td></td><td></td><td></td><td></td></tr>
<tr><td></td><td></td><td></td><td></td><td></td><td></td></tr>
<tr><td rowspan="5">结果记录</td><td colspan="6">（异常情况描述）</td></tr>
<tr><td colspan="6">原因分析与采取措施：</td></tr>
<tr><td colspan="6">处理结果及器件更换：</td></tr>
<tr><td colspan="6">线性变动记录：
校验前：

校验后：</td></tr>
<tr><td colspan="6">实施人 1：　　　　　　　　　　实施人 2：</td></tr>
<tr><td>负责人审批</td><td colspan="6">

签字：　　年　　月　　日</td></tr>
</table>

表 9-12 自动仪校验记录

企业名称： 检查人：

<table>
<tr><td>企业</td><td colspan="2"></td><td>仪器类别</td><td></td><td>型号</td><td></td></tr>
<tr><td>月次</td><td colspan="2">第 月</td><td>日期</td><td></td><td>时间</td><td></td></tr>
<tr><td rowspan="13">校验</td><td>第一次</td><td>质控样 1</td><td>质控样 2</td><td>水样 1</td><td>水样 2</td><td>水样 3</td></tr>
<tr><td>标准值</td><td></td><td></td><td></td><td></td><td></td></tr>
<tr><td>仪器值</td><td></td><td></td><td></td><td></td><td></td></tr>
<tr><td>误差</td><td></td><td></td><td></td><td></td><td></td></tr>
<tr><td>结论</td><td></td><td></td><td></td><td></td><td></td></tr>
<tr><td colspan="6">线性变动过程记录：</td></tr>
<tr><td>第二次</td><td>质控样 1</td><td>质控样 2</td><td>水样 1</td><td>水样 2</td><td>水样 3</td></tr>
<tr><td>标准值</td><td></td><td></td><td></td><td></td><td></td></tr>
<tr><td>仪器值</td><td></td><td></td><td></td><td></td><td></td></tr>
<tr><td>误差</td><td></td><td></td><td></td><td></td><td></td></tr>
<tr><td>结论</td><td></td><td></td><td></td><td></td><td></td></tr>
<tr><td colspan="6">实施人：</td></tr>
<tr style="display:none"></tr>
<tr><td>负责人审批</td><td colspan="6">签字： 年 月 日</td></tr>
</table>

第五节 常见故障分析及排除

一、设备常见故障分析

1．重铬酸钾氧化法 COD 自动监测仪常见故障分析

重铬酸钾氧化法 COD 自动监测仪常见故障分析如表 9-13 所示。

表 9-13 COD 自动监测仪常见故障分析

<table>
<tr><th>序号</th><th>报警项目</th><th>原因分析</th></tr>
<tr><td rowspan="5">1</td><td rowspan="5">无硫酸-硫酸银溶液
无重铬酸钾溶液
无水样
无蒸馏水
无标液</td><td>试剂用完</td></tr>
<tr><td>计量机构异常</td></tr>
<tr><td>硫酸阀异常</td></tr>
<tr><td>试剂驱动异常</td></tr>
<tr><td>管路堵塞</td></tr>
<tr><td rowspan="3">2</td><td rowspan="3">消解温度异常
（指消解温度过高）</td><td>消解管的测温传感器位置移动或密封不好</td></tr>
<tr><td>控温电路异常或温控器故障</td></tr>
<tr><td>不能加热或控温故障</td></tr>
<tr><td>3</td><td>压力异常
（消解压力过高）</td><td>压力传感器异常</td></tr>
</table>

2．氨气敏电极法氨氮自动监测仪常见故障分析

氨气敏电极法氨氮自动监测仪常见故障分析如表 9-14 所示。

表 9-14 氨气敏电极法氨氮监测故障分析表

故障	可能的原因
测定值偏高	配制的校准液不准确或时间太长变质
	气透膜有气泡
	气透膜玷污
	电极故障
	气透膜老化或损坏
测定值偏低	配制的校准液不准确
	试剂用完
	电极响应缓慢
	气透膜老化
	电极故障
	气透膜玷污
校准无效	配制的校准液不准确
	电极响应缓慢
	气透膜玷污
	校准液用光
	气透膜老化
	电极故障
流通池温度异常	温度传感器出现故障
	环境温度超出仪器环境温度范围

3．TOC 法 COD 自动监测仪常见故障分析

TOC 法 COD 自动监测仪常见故障分析如表 9-15 所示。

表 9-15 TOC 法 COD 自动监测仪常见故障

部件	故障	原因	处理方法
预处理单元	采样阀故障	无电源、电磁阀生锈卡紧	检查供电，拆开电磁阀润滑
	排液阀故障	无电源、电磁阀生锈卡紧	检查供电，拆开电磁阀润滑
	搅拌马达不运转	无电源、马达故障	检查供电接头，更换马达
8 通阀	阀报警	锭子与转子粘着，马达运转不畅，连轴器轴心偏移	停机、搬动拧松，检查马达电源是否正常，更换马达，调整连轴器位置
		传感器信号处理问题	清扫传感器检测位置、8P 定位片，更换传感器，重新插拔 CPU、I/O
	阀体漏液	锭子与转子磨损	更换
注射器故障	注射器原点位置故障	注射器安装未直或支架不直	重新安装直或矫正支架
	注射器漏夜	注射头磨损	更换注射头
除湿器故障	温度显示常温	I/O 板或电源板故障	更换 I/O 板或电源板
	温度显示负温	除湿器主体部分故障	更换除湿器主体部分

部件	故障	原因	处理方法
	基线偏高	载气是否流通 仪器内部管路是否漏气 CO_2吸收器是否失效 催化剂是否失效 NDIR 有无故障	
	完全不出峰（TOC检测值为0）	前处理装置是否采到水样 试样是否注入到燃烧管 燃烧管是否破裂导致漏气 气路是否有泄漏 氮气瓶是否有压力，能正常供气 除湿器下方集水瓶是否有水、是否漏气 NDIR 检测器状态是否正常、炉温是否正常、基线是否正常、除湿器温度是否正常	
数据异常	数据偏大	$4^{\#}$酸管漏气，加酸量、曝气不足引起，吸入颗粒物	
	数据偏小	进样状态不正常，排液阀故障（自来水稀释）	

4．流量监测仪常见故障分析

①流量信号异常波动

- 原因：没有接地或接地不良；探头安装不正
- 处理：重新接地；重新安装探头，保证探头垂直于水面

②流量偏大或偏小

- 原因：堰槽参数设置不正确；排水渠道壅水
- 处理：重新设置参数；检查排水渠道，保证排水渠道不壅水

二、设备故障处理及记录

① 在线监测设备需要停用、拆除或者更换的，应当事先报经环境保护有关部门批准。

② 运行单位发现故障或接到故障通知，应在24h内赶到现场进行处理。

③ 对于一些容易诊断的故障，如电磁阀控制失灵、膜裂损、气路堵塞、数据仪死机等，可携带工具或者备件到现场进行针对性维修，此类故障维修时间不应超过 8h，对不易诊断和维修的仪器故障，若72h内无法排除，应安装备用仪器。

④ 仪器经过维修后，在正常使用和运行之前应确保维修内容全部完成，性能通过检测程序，按国家有关技术规定对仪器进行校准检查。若监测仪器进行了更换，在正常使用和运行之前应对仪器进行一次校验和比对实验，校验和比对试验方法详见 HJ/T 355—2007 第5章、第6章。

⑤ 若数据存储/控制仪发生故障，应在 12h 内修复或更换，并保证已采集的数据

不丢失。

⑥ 第三方运营的机构，在运营地应备有相应的分析仪器与装备。

⑦ 在线监测设备因故障不能正常采集、传输数据时，应及时向环境保护有关部门报告，必要时采用人工方法进行监测，数据报送每天不少于 4 次，间隔不得超过 6h。监测技术要求参照 HJ/T 91—2002 执行。

第十章
水污染源自动监测设备运行状况分析

第一节　仪器参数设置和状态

一、参数的基本概念

通过监测仪器的一些参数设置和仪器显示的运行状态参数，可以判断仪器运行状态。

1．设置参数

① 测量过程参数。仪器在执行整个样品测量过程（例如，所消耗试剂、催化剂等反应液体的提升、水样的提升、清洗液的提升等）中，所必须设定的过程参数。这些参数的设置决定了测定数据的准确性。如反应温度、时间、测量周期、清洗时间、清洗周期、报警限值、时钟、堰槽的类型、基本计算参数等。

② 校准参数。为了保证仪器测定数据的长期稳定可靠性，根据现场水质情况而规定的仪器。如自动校零、自动校标的时间、周期、标准液的浓度等。

③ 测量量程。根据仪器所选择的测量方法和仪器硬件条件，为了保证更加精确地测定数据而确定的量程范围的划分。量程与检测限有关，量程越大，检测限越高、低浓度测量准确度越差，样品稀释也会造成稀释误差，尽量不进行稀释而选择合适的量程。最佳量程一般为满量程的20%～90%。

2．状态参数

① 温度。仪器核心化学反应环境所要求的温度条件，监测仪实时显示；

② 压力。仪器核心化学反应环境所要求的压力条件，监测仪实时显示；

③ 故障报警记录。监测仪在运行过程中出现的异常或故障报警记录；

④ 历史数据。仪器测量的数据记录，通过上下页操作可以查看。

二、参数准确性对测量的影响

仪器设置参数的正确性与合理性，对监测仪测定数据的准确性有很大影响。例如，如果测量量程设置错误就会造成测量数据的准确度差甚至测定数据不合格；校准参数设置错误或设置不合理，监测仪就不能及时由于外界因素或自身的硬件性质而造成的系统漂移，从而造成测定数据偏离。

三、参数设置和状态参数记录

应根据仪器说明书的要求设计记录表格。主要内容包括：

1．企业名称、仪器名称、规格型号、生产厂家、仪器编号、出厂日期；
2．设置日期、参数名称、数值、单位、状态；
3．操作人员、审核人员签名等。

第二节　设备运转率

一、计算方法

计算公式：

$$设备运转率=\frac{实际运行小时数}{企业排放小时数}\times 100\%$$

变量解释：实际运行小时数为自动监测设备实际正常运行的小时数，企业排放小时数为被监测的排放源排放污染物的实际小时数。

二、数据统计方法及判定

缺失数据时间段指设备在故障期间、维修期间、数据异常期间以及参比方法替代期间的时间总和；无效时间段指设备在正常维护、保养、校验及强制检定期间的时间总和。

根据《水污染源在线监测系统运行与考核技术规范（试行）》（HJ/T 355—2007）要求，设备运转率全年必须达到90%。

在连续排放情况下，自动监测仪至少每2小时获得一个监测值，每天保证有12个测试数据；pH值、温度和流量至少每10min获得一个监测值。

间隙排放期间，根据厂家的实际排水时间确定应获得的监测值。自动监测仪监测数据数不小于污水累计排放小时数。

对pH值、温度和流量而言，监测数据数不小于污水累计排放小时数的6倍。

第三节　数据传输率

一、计算方法

数据传输率指单位时间传送的数字信息量的多少（传信率），用比特率衡量。

$$数字传输率=\frac{实际传输数据数}{设备测量数据数}\times 100\%$$

变量解释：实际传输数据数为设备实际上传的小时（废气1h、废水2h）数据个数，设备测量数据数为设备实际测量的小时（废气1h、废水2h）数据个数。

二、数据统计方法及判定

根据HJ/T 354—2007《水污染源在线监测系统验收技术规范（试行）》要求，数字传输率应达到90%。

数据采集传输仪和上位机之间的通信稳定，不出现经常性的通信连接中断、报文丢失、报文不完整等通信问题。

数据采集传输仪在线率为 90%以上，正常情况下，掉线后，应在 5min 之内重新上线。单台现场机（数据采集传输仪）每日掉线次数应在 5 次以内。数据传输稳定，报文传输稳定性在 99%以上，当出现报文错误或丢失时，启动纠错逻辑，要求数据采集传输仪重新发送报文。

第四节　超标率的计算

一、计算方法

$$超标率=\frac{数据超标个数}{测量数据个数}\times 100\%$$

变量解释：数据超标个数：设备实际测量数据里面超过排放标准要求的个数，测量数据个数：设备实际测量的数据个数。

二、数据统计方法及判定

是否达到规范要求。

第五节　总量计算

总量计算：某一时间段的流量乘以相对应污染物的浓度，得到该时间段的污染物排放总量。包括正常运行状况与非正常运行状况的排污量之和，冷却水不作为总量计算在内。

① 了解监测生产情况，判断是否属于正常运行状况。

② 如正常运行情况按下式计算：

$$G = C \times Q_{sn} \times 10^{-3}$$

式中：C——仪器测量的污染物排放浓度，mg/L；

Q_{sn}——污染物排放的流量，m^3/h；

G——污染物排放率，kg/h。

污染物排放总量计算：

$$G_d = \sum_{i=1}^{24} G_{h_i} \times 10^{-6} \quad G_m = \sum_{i=1}^{31} G_{md_i} \times 10^{-6} \quad G_y = \sum_{i=1}^{365} G_{yd_i} \times 10^{-6}$$

式中：G_d——污染物日排放量，t/d；

G_{h_i}——该天中第 i 小时污染物排放的量，kg/h；

G_m——污染物月排放量，t/m；

G_{md_i}——该天中第 i 天污染物排放的量，t/d；

G_y——污染物年排放量，t/a；

G_{yd_i}——该年中第 i 天污染物排放的量，t/d。

第六节　统计报表的检查

一、统计报表的记录格式及内容

监测记录结果，定期将水污染源在线监测系统数据上报，表格应满足当地环保主管部门要求进行，如表10-1至表10-3所示。

表 10-1　水污染源在线监测仪日状况报告表

排放企业名称　　　　　　　　　　　　排放源编号：

检查日期：　　年　　月　　日　　　　　　　　　　　　检查人：

测量时间	COD/(mg/L)	NH_3-N/(mg/L)	TP/(mg/L)	pH	流量/(m^3/h)	异常情况说明	备注
0							
1							
2							
3							
4							
5							
6							
7							
8							
9							
10							
11							
12							
13							
14							
15							
16							
17							
18							
19							
20							
21							
有效日均值							
最大值							
最小值							
日排放总量					—	—	—

其中有效日均值按加权平均值的计算公式计算：

$$废水日排放总量\ G_d=\sum_{i=1}^{24}G_{h_i}\times 10^{-6}\ t/d$$

上报单位（盖章）：　　负责人：　　报告人：　　报告日期：　　年　　月　　日

表 10-2 水污染源在线监测仪月状况报告表

排放企业名称

排放源编号： 监测月份： 年 月

时间	COD/（mg/L）	NH_3-N/（mg/L）	TP/（mg/L）	pH	流量/（m^3/h）	异常情况说明	备注
1 日							
2 日							
3 日							
4 日							
5 日							
6 日							
7 日							
8 日							
9 日							
10 日							
11 日							
12 日							
13 日							
14 日							
15 日							
16 日							
17 日							
18 日							
19 日							
20 日							
21 日							
22 日							
23 日							
24 日							
25 日							
26 日							
27 日							
28 日							
29 日							
30 日							
31 日							
平均值							
最大值							
最小值							
月排放总量					—	—	—

上报单位（盖章）： 负责人： 报告人： 报告日期： 年 月 日

表 10-3 水污染源在线监测仪年状况报告表

排放企业名称

排放源编号：　　　　　　　　　　　　　　　　　　　　监测月份：　　　年　　月

时间	COD/（mg/L）	NH_3-N/（mg/L）	TP/（mg/L）	pH	流量/（m^3/h）	异常情况说明	备注
1月							
2月							
3月							
4月							
5月							
6月							
7月							
8月							
9月							
10月							
11月							
12月							
平均值							
最大值							
最小值							
年排放总量					—	—	—

上报单位（盖章）：　　负责人：　　报告人：　　报告日期：　　年　　月　　日

二、缺失数据、异常数据的标记和处理

根据 HJ/T 356—2007《水污染源在线监测系统数据有效性判别技术规范（试行)》处理。

1．缺失水质自动分析仪监测值

缺失 COD_{Cr}、NH_3-N 监测值以缺失时间段上推至与缺失时间段相同长度的前一段时间段监测值的算术平均值替代。

缺失 pH 值，以缺失时间段上推至与缺失时间段相同长度的前一段时间段 pH 中位值替代。

如前一阶段有数据缺失，再依次往前推。

2．缺失流量值

缺失瞬时流量值以缺失时间段上推至与缺失时间段相同长度的前一段时间段瞬时流量值的算术平均值替代，累计流量值以推算出的算术平均值乘以缺失时间段内的排水时间获得。如前一段时间有数据缺失，再依次类推。

缺失时间段的排水量也可通过企业在缺失时间段的用水量乘以排水系数获得。

3．缺失自动分析仪监测值和流量值

同时缺失水质自动分析仪监测值和流量值时，分别以上述二种方法处理。

4 数据逻辑性分析

①未通过数据有效性审核的自动监测数据无效，不得作为总量核定、环境管理和监督执法的依据。

②当流量为零时，所得的监测值为无效数据，应予以剔除。

③监测值为负值无任何物理意义，可视为无效数据，予以剔除。

④在自动监测仪校零、校标和质控样试验期间的数据作无效数据处理，不参加统计，但对该时段数据作标记，作为监测仪器检查和校准的依据予以保留。

⑤自动分析仪、数据采集传输仪及上位机接收到的数据误差大于 1%时，上位机接收到的数据为无效数据。

⑥监测值如出现急剧升高、急剧下降或连续不变时，该数据进行统计时不能随意剔除，需要通过现场检查、质控等手段来识别，再做处理。

⑦具备自动校准功能的自动监测仪在校零和校标期间，发现仪器零点漂移或量程漂移超出规定范围，应从上次零点漂移和量程漂移合格到本次零点漂移和量程漂移不合格期间的监测数据作为无效数据处理，按标准 HJ/T 356—2007 处理。

⑧从上次比对试验或校验合格到此次比对试验或校验不合格期间的在线监测数据作为无效数据，按标准 HJ/T 356—2007 处理。

⑨有效日均值。

有效日均值是对应于以每日为一个监测周期内获得的某个污染物（COD_{Cr}、NH_3-N、TP）的多个有效监测数据的平均值。在同时监测污水排放流量的情况下，有效日均值是以流量为权的某个污染物的有效监测数据的加权平均值；在未监测污水排放流量的情况下，有效日均值是某个污染物的有效监测数据的算术平均值。

有效日均值的加权平均值计算公式如下：

$$日均值=\frac{\sum_{i=1}^{n}C_iQ_i}{\sum_{i=1}^{n}Q_i}$$

式中：C_i——某污染物的有效监测数据，mg/L；

Q_i——C_i 和 C_i+12 次有效监测数据中间时段的累积流量，m^3。

第十一章
固定污染源烟气自动监测设备

CEMS 是英文 Continuous Emission Monitoring System 的缩写，即烟气排放连续监测系统。该系统实现对大气固定污染源排放的颗粒物浓度和气态污染物浓度，以及排放总量进行连续监测的目的，同时将监测的数据和信息传送到环保相关部门，使企业和单位履行遵守环保法规的义务，这也是该系统的最主要目的。作为与环保相关的各种环保设备，如脱硫、脱硝和除尘等装置，也需要依靠监测系统的数据对环保设施的有效运行进行监控和管理，提高环保设施的效率。

完整的 CEMS 系统主要包括：颗粒物监测子系统、气态污染物监测子系统、烟气排放参数监测子系统、数据处理子系统四个主要部分，其中：颗粒物监测子系统主要对烟气排放中的烟尘浓度进行测量，气态污染物监测子系统主要对烟气排放中 NO_x、SO_2、CO 等气态形式存在的污染物进行监测，烟气排放参数监测子系统主要对排放烟气的温度、压力、湿度、含氧量或 CO_2 等参数进行监测，将污染物的浓度转换成标准干烟气状态和规定过剩空气系数下的浓度，符合环保计量的要求以及污染物排放量的计算。数据处理子系统主要是完成测量数据的采集、存储、统计功能，并根据环保部门要求的格式将数据传输到环保管理部门。

整个 CEMS 的性能、技术指标、安装、调试及运营要求应满足《固定污染源烟气排放连续监测系统技术规范》（HJ/T 75—2007）和《固定污染源烟气排放连续监测系统技术要求及监测方法》（HJ/T 76—2007）中的相应规定。

第一节　基本概念

一、二氧化硫和氮氧化物的监测

二氧化硫和氮氧化物以气态的形式随排放的烟气排出，对于二氧化硫和氮氧化物浓度的测量通常采用光学分析的原理，根据对分析样品的采集方式不同，可分为直接抽取法，稀释抽取法和直接测量法。由于我国在污染物排放量计量方面采用的是标准状态干烟气状态和规定过剩空气系数下的浓度值，因此，上述不同的采样分析方法测量出的二氧化硫浓度和氮氧化物浓度还需要进行相应的数据换算，才可用于环保执法依据。

二、颗粒物的监测

颗粒物是指燃料和其他物质燃烧、分解以及各种物料在处理中所产生的悬浮于烟气中的固体和液体颗粒状物质。

对于烟气排放中颗粒物的检测，通常采用的设备和原理主要有：浊度法烟尘仪、后散射法烟尘仪、光闪烁法烟尘仪、振荡天平法烟尘仪和β射线法烟尘仪。目前，国内应用广泛采用的是浊度法烟尘仪和后散射法烟尘仪，这两种原理的烟尘仪都是利用颗粒物对光的折射散射原理，通过测量光的衰减或散射的强度从而测量出烟尘的浓度。

由于烟尘颗粒物的物理特性（包括密度、颗粒粒径分布、光学特性、电学特性、流速等）对光的折射、散射作用会不同，因此烟尘排放监测仪在出厂时难以给出精确的测量范围。此外，除现场条件外，烟尘监测仪本身的结构不同也会导致测量结果的差异。因此如果要准确测量烟尘浓度则必须进行参比试验，用标准方法进行校准。烟尘监测仪的数据也需要进行标况的折算才可以利用。

三、烟气排放参数的监测

烟气排放参数监测子系统主要对排放烟气的流速、温度、压力、湿度、含氧量或CO_2等参数进行监测，用以将污染物的浓度转换成标准状态干烟气和规定过量空气系数下的浓度，符合环保计量的要求以及污染物排放量的计算。

我国计量标准规定：标准状态下的干烟气是指在温度 273K，压力为 101 325Pa 条件下不含水汽的烟气。在燃烧期间，由于使用了过量的空气导致燃煤锅炉和废弃物焚化炉烟气中出现氧（O_2）。国家要求污染物的排放浓度应为折算浓度，因此必须准确测量烟气中的含氧量。

流速测量方法主要有皮托管法、热平衡法和超声波法。含氧量测量方法主要有氧化锆法、顺磁氧法和原电池法。湿度测量方法主要有电容法和干湿氧法。温度测量方法主要有铂电阻法和热电偶法。压力测量方法主要有压电感应式压力传感器。

无论是超标的判定，还是排放量的审核，所有数据的换算都需要利用烟气的参数。所以，烟气参数的测量准确度也是 CEMS 系统数据是否有效的十分必要的条件。

四、数据采集和处理设备

将 CEMS 系统中测量的各项数据准确地采集，并按照规范的要求进行数据的换算、统计、存贮、显示。同时按照环保部门规定的格式、内容和时间将数据传送到环保部门的监控平台。

数据采集和处理系统通常采用工控机或高性能的嵌入式处理器、I/O 模拟量采集模块、数字量采集模块、无线数据传输模块、人机界面单元等。

目前，随着电子和计算机技术的发展，数据采集和处理系统在硬件上的形式更加灵活，可靠性更高。在软件和功能除了满足环保部门的规范要求外，还要根据各生产厂家的系统特点进行特殊的开发。主要功能包括数据采集和控制、安全管理、数据的显示、统计计算、数据存贮与传输等。

第二节　二氧化硫和氮氧化物自动监测仪的结构与工作原理

一、直接抽取法自动监测仪

直接抽取法采用专用的加热采样探头将烟气从烟道中抽取出来，烟气经过伴热传输及必要的预处理后进入分析仪，完成分析检测如图 11-1 所示。

根据是否对烟气进行冷凝除水预处理，直接抽取法又可以分为冷干直接抽取法和热湿直接抽取法两大类。冷干直接抽取法在热烟气进入采样泵和分析仪表前，先对烟气进行快速冷却除水，之后分析去除水分的干烟气，测量为干烟气的浓度；热湿直接抽取法则对热烟气进行全程伴热，维持烟气的原态，直接分析湿烟气，测量为湿烟气的浓度。

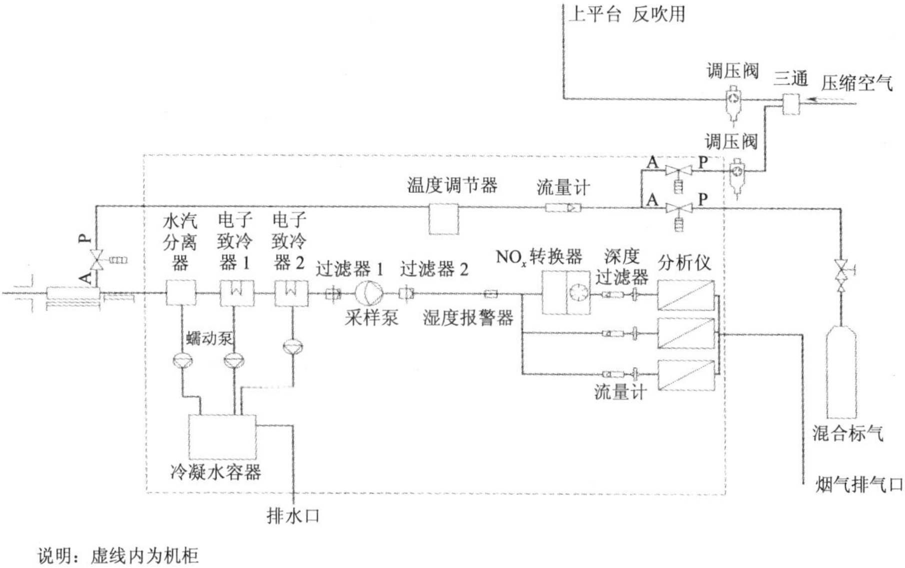

图 11-1　直接抽取法自动监测仪典型气路原理图

直接抽取法分析仪采用的分析原理，如图 11-1 所示主要是红外光谱吸收原理和紫外光谱吸收原理，它利用污染物分子吸收特征波长的光，能够区分不同种类的污染物（例如：SO_2 吸收 7.3μm、NO 吸收 5.3μm 的红外光；SO_2 吸收 280～320nm，NO 吸收 195～225nm、350～450nm 的紫外光）。

由于各种分析仪对样品气的洁净程度要求较高，所以采用直接抽取法对烟道气进行连续监测，必须配有一整套的烟气处理系统，系统中对样品气的处理占了较大的比重。

由于烟气中含有颗粒物和水分，颗粒物与冷凝水形成的块状物易堵塞装有过滤器的采样探头，通常将采样探头的过滤器加热到 120℃以上，防止水汽冷凝溶解水溶性气体和形成块状物堵塞过滤器并便于高压气体反吹清除附着的微粒。

对于冷凝式直接抽取法，在热烟气进入采样泵前，需要快速从气流中分离冷凝水，因为水蒸气和酸雾容易形成酸性液体并腐蚀内部器件。烟气受冷超过露点（空气被水饱时的温度）时就会引起湿气冷凝，因此许多除湿系统设计成将烟气温度降低到露点以下。

在该类抽取系统中，最常见的是冷凝系统和干燥器。

直接抽取系统应用广泛，测量范围广，测量精度高，维护简单，系统长期运行的稳定性较好。但采样系统和烟气预处理系统复杂，要求密封性好。

二、稀释抽取法自动监测仪

稀释抽取法是采用专用的探头采样，并用干燥、清洁的氮气或压缩空气对烟气进行稀释，稀释后的烟气经过不加热的传输管线输送到分析机柜，经过除尘等处理后进入分析仪进行分析检测，测量为湿烟气的浓度（图 11-2）。

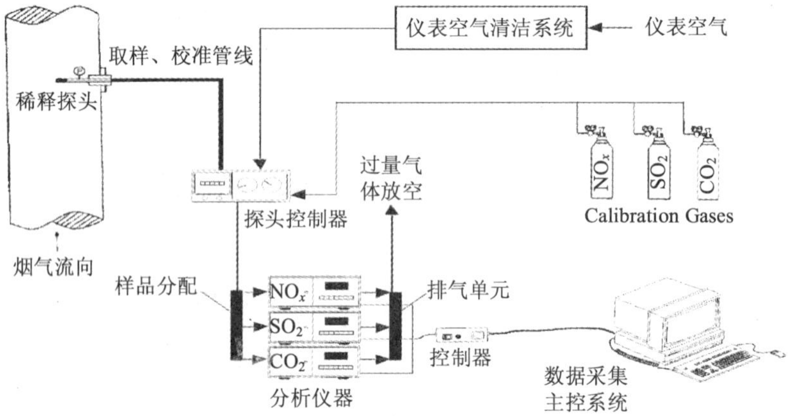

图 11-2　稀释抽取法自动监测系统典型气路原理图

为保证恒定的稀释比，采样探头使用音速小孔。当系统能够满足设定的最小真空度要求时，即音速小孔出口的绝对压力≤入口的绝对压力 0.46 倍，此时通过音速小孔的气体流量将是恒定的，但入口压力以及烟气温度和烟气分子量的变化将会影响稀释比，因而应尽可能用与烟气组分比例相同的标准气体校准仪器和补偿烟气温度和压力变化对测定的影响。

稀释系统的采样管线由四根聚四氟乙烯管组成，其中两根分别用于往采样探头输送校准气进行全程校准和稀释空气，一根用于往各种分析仪器输送稀释后的烟气样品，另一根用于探头部分的真空度监测。所有采样管线除真空管线外均为正压。由于样品经过干燥空气稀释，因此稀释法采样管线无须进行全程或任意一段距离的保温。

稀释空气和零点校准气采用除尘、除水、除油，以及必要时除 CO_2 和浓度过高的空气本底中的 SO_2 和 NO_x 的仪表空气，它应该是干燥的，露点为−30℃到−40℃，压力 620±68kPa。

稀释抽取式二氧化硫分析仪基本采用紫外荧光法，氮氧化物分析仪基本采用化学荧光法。

三、直接测量法自动监测系统

直接测量法是指分析仪直接安装在烟道上，测量光直接穿过烟道中的被测量烟气进行检测。根据探头的构造不同，直接测量式 CEMS 可以分为内置式（图 11-3）和外置式

（图 11-4）。

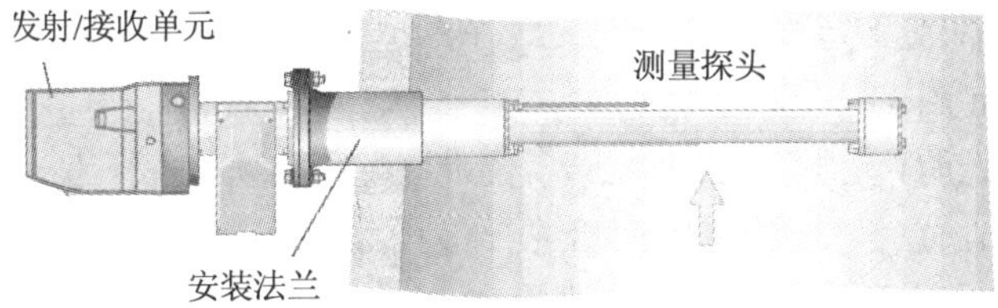

图 11-3 内置式直接测量法 CEMS 示意图

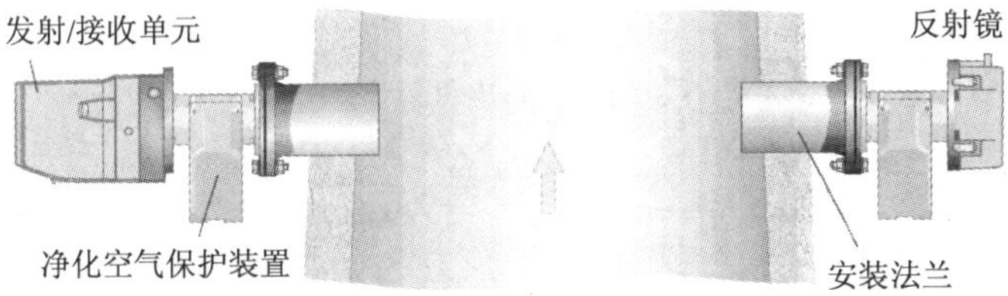

图 11-4 外置式直接测量法 CEMS 示意图

直接测量系统采用的分析原理主要是差分吸收光谱原理，对于不同波长的光吸收，分子在有些波长吸收能量，在有些波长不吸收能量。在这样的系统中，方法原理仍然服从朗伯-比耳定律。

由于计算是通过吸收峰来进行的，是由谱线的峰值和谷值来反演出来的，而粉尘只是对整条谱线起着衰减的效果。当然若粉尘密度太大，以至于发出的光回不来了，或衰减至一个极低的水平，那么吸收谱线不能分辨，此时这种方法就不适用了。水汽没有影响也是同样道理。

直接测量式 CEMS 可以内置校准池，实现自动校准，也可以在光路中放置标气池，进行手工校准。

为了保证标气在标定的过程中没有发生变化，如由于泄漏、吸附、反应等因素造成的浓度变化，一般采用流动气体来进行气体浓度的标定。将标气池放入仪器的测量光路中。

直接测量系统结构简单，安装方便，测量范围和精度可以保证，但由于仪表直接接触烟气，不易维护，容易腐蚀、堵塞，从而影响系统正常运行，由于温度、压力的变化会显著影响分子吸收能量的效率，因此测量数据需要随时进行温度压力的修正。

第三节 颗粒物自动监测仪的结构与工作原理

颗粒物 CEMS 主要原理有浊度法和光散射法。烟尘仪使用的现场条件非常恶劣。仪器本身的元器件需选择－20℃～70℃的宽温范围，否则就无法满足现场恶劣环境的长期稳定的工作。同时烟尘仪还必须考虑防潮防尘的功能。

一、浊度法颗粒物自动监测仪

浊度法自动监测仪的监测原理是基于光通过含有颗粒物和混合气体的烟气时颗粒物

吸收和散射测量光从而减少光的强度，通过测量光的透过率来计算颗粒物的浓度。浊度仪可以设计为单光程或双光程。双光程仪器在烟道对面用一个反射器将测量光返回，测量光通过烟气两次（图 11-5）。

浊度仪通常由光源，光学系统，探测器，校准装置等部分组成。双光程对穿法（图 11-5）的现场校准一般是在光路中插入一个反射镜作为仪器的零点。反射镜模拟了光束通过无烟尘的测量区由角反射镜返回时的光束强度。在反射镜和传感器之间插入已知透过率的滤光片可进行跨度的校准。

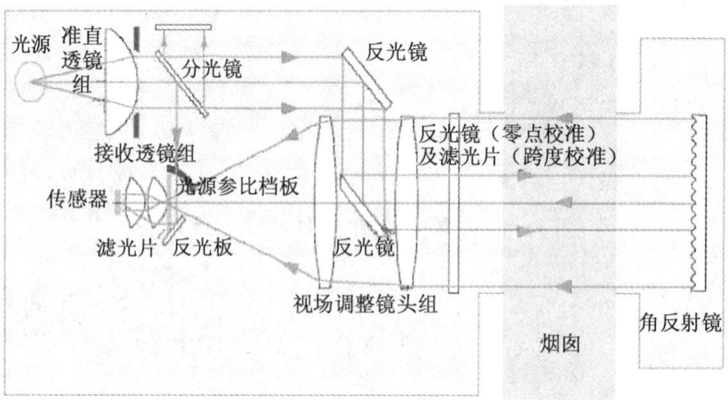

图 11-5 双光程对穿法颗粒物分析仪光路示意图

烟气中气体组分的干扰通常可忽略不计，但水滴除外。仪器通常不适合在湿法净化设施后测量，除非再加热烟气到高于水的露点温度。

颗粒物组成和粒径的变化影响这类分析仪的校准，工厂运行发生大的变化和改变燃料后必须重新校准系统。其方法通过改变除尘设备操作条件，以获得三种不同浓度水平的颗粒物浓度，采用重量法修正一次仪表物理量显示值与含尘浓度的关系曲线。

二、光后散射法颗粒物自动监测仪

光后散射法颗粒物自动监测仪的原理是当光射向颗粒物时，颗粒物能够吸收和散射光，使光偏离它的入射路径。散射光的强度与观测角，颗粒物的粒径，颗粒物的折射率和形状，以及入射光的波长有关。光后散射分析仪是在预设定偏离入射光的一定角度（120°～180°）测量散射光的强度（图 11-6）。向所有方向散射光的强度与颗粒物的粒径分布和形状有关。

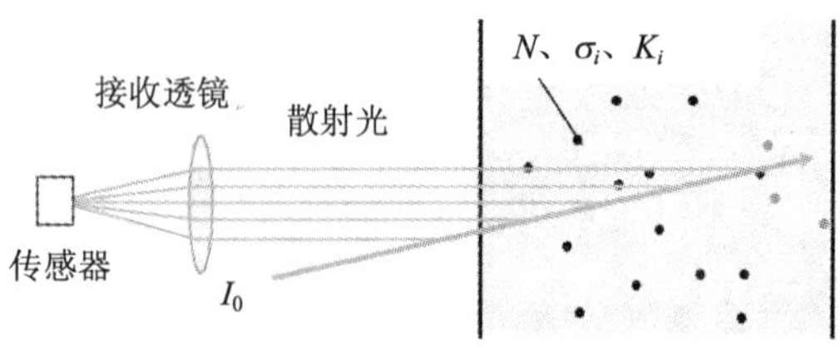

图 11-6 光后散射法颗粒物分析仪光路示意图

将一激光束投射入烟道/烟囱，激光束与烟尘颗粒相互作用产生散射，散射光的强弱与烟尘的散射截面成正比，当烟尘浓度升高时，烟尘的散射截面成比例增大，散射光增强，通过测量散射光的强弱，可以得到烟尘中烟尘颗粒物的浓度。

散射法烟尘仪的校准一般采用在光路上放置一个散射光挡板和标准散射板及滤光片实现。零点的产生是采用挡板将散射光挡住使之不能进入传感器，这时仪器的输出信号为零点输出信号。标准散射板的散射能力是固定的，一般可以用这一点代表仪器的最大测量范围，在散射板及传感器之间插入滤光片可以模拟跨度点。

同样，水滴对仪器测量也有影响，也需要用手工比对的方法对仪器进行一次仪表物理量显示值与含尘浓度的关系曲线校准。

第四节 烟气参数自动监测仪的结构与工作原理

烟气排放参数监测仪主要对排放烟气的温度、压力、湿度、含氧量等参数进行监测，用以将污染物的浓度转换成标准干烟气状态和规定过剩空气系数下的浓度，符合环保计量的要求以及污染物排放量的计算。

一、含氧量自动监测仪

烟气含氧量的监测方法主要有氧化锆分析仪、顺磁氧分析仪和化学原电池传感器。

1. 氧化锆含氧量自动分析仪

氧化锆分析仪通常有直接测量法和烟道抽取式两种，直接测量法即测量探头插在烟道中。烟道抽取式即采样探头插入烟道，测量池安装在烟道上离烟道一定距离的分析仪中（需要样品输送管路）。

氧化锆分析仪测量 O_2 的原理：利用 ZrO_2 在高温（600℃）时的电解催化作用，形成烟气一侧的电极和与含有 O_2 的参考气体（通常为空气）接触的参考电极产生电位的不同，从而测量出烟气中氧气浓度（图 11-7）。

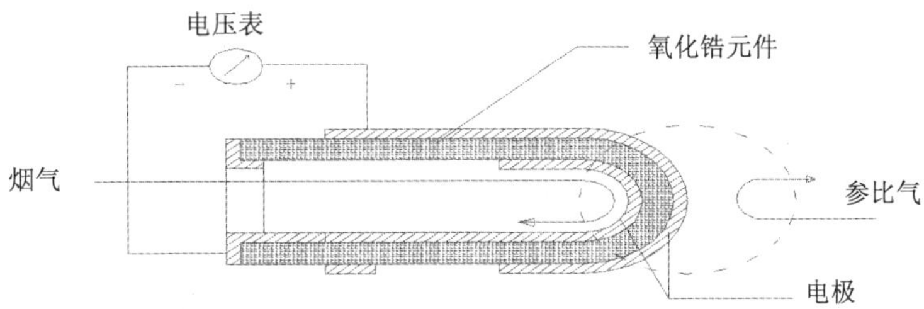

图 11-7 氧化锆含氧量自动分析仪测量原理示意图

氧化锆分析仪可以非常精确和可靠地测量 O_2，成本低但要得到较高精度需经常维护，氧化锆寿命是有一定年限的，需要及时更换。当氧化锆分析仪为直接测量不经过处理的烟道气时，氧化锆分析仪测量的是湿基氧的浓度，计算干基浓度时，必须知道水蒸气的含量；当氧化锆分析仪测量的是经过抽取、除湿等处理过的烟气时，氧化锆分析仪测量的是干基氧的浓度。

2．顺磁含氧量自动分析仪

顺磁含氧量自动分析仪是利用氧气的顺磁性的特性测量 O_2 浓度，氧气分子是顺磁性的，能够利用这种特性影响样品气体在分析仪中的流动方式（图 11-8）。

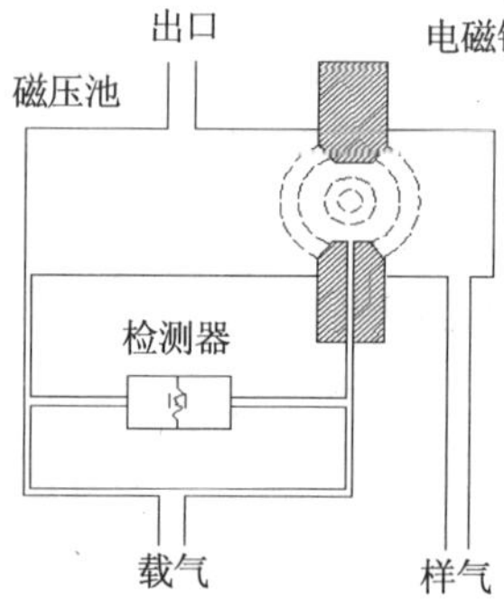

图 11-8 顺磁含氧量自动分析仪测量原理示意图

抽取式顺磁氧分析仪可以精确和可靠地测量氧气浓度。它作为抽取系统的一个部件安装在气态污染物分析机柜内，共用系统的除尘、除湿系统，由于是经过除湿后进行测量，因此它测量的是干基气体的 O_2 浓度，为其他污染物浓度测量提供修正的参考值。

顺磁氧分析仪没有电特性的消耗，无须定期更换传感器或校准，维护成本低，寿命长。

3．原电池式氧传感器含氧量自动分析仪

原电池式氧传感器含氧量自动分析仪由两个金属电极、电解质、扩散透气膜和外壳组成，两个金属电极中 Ag 为工作电极，Pb 为对电极。传感器工作时 O_2 通过扩散透气膜进入传感器，在工作电极上发生电化学反应，电池产生的电流正比于样品中的含氧量，通过这个原理测量烟气中的含氧量。电化学燃料电池的交叉敏感性小，传感器的使用寿命为 6～18 个月，平均寿命是 12 个月。

二、流速自动监测仪

烟气流速是烟气参数的一个重要物理量，其测量精度直接影响污染物排放总量的精度。常用的烟气流速测量方法有 S 型皮托管法、超声波法、热平衡法等。

1．S 型皮托管法

皮托管测量原理如图 11-9 所示，由两根相同的金属管并联组成，测量端有方向相反的两个开口，一根管面正对气体流动方向测量全压，另一根管平行于气流或背向气流测量静压。皮托管两管连接微压传感器并且连接放大器，测得的压差由微压传感器测得，经放大调制，输出电压与 S 型皮托管测得压差成正比例关系。即

$$P_d=kV_0$$

式中：P_d——烟气动压；

k——放大器放大倍数；

V_0——传感器输出电压。

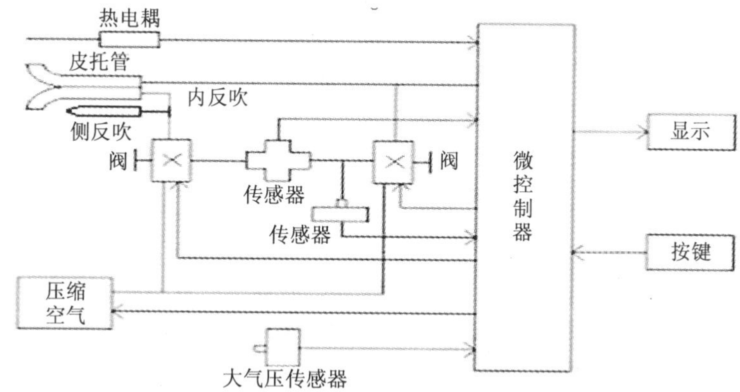

图 11-9 皮托管流速仪测量原理示意图

保持皮托管正对气流测孔表面的清洁是保证准确测量烟气流速的重要条件，需要采用高压反吹技术定期反吹皮托管。

测量断面上气流的流动方向不断地变化时，因为涡流与探头碰撞的角度极不垂直，所以在流速（流量）测量中涡流会引起相当大的误差。由于不能校准气流与压差传感器系统探头碰撞的角度，因此安装时应避开有涡流的位置。

由于 S 型皮托管的测量范围为 5～30m/s，准确测量低压差（ΔP）是比较困难的（实际测定的最小压差约为 5Pa，能够测量的最低流速为 2～3m/s），所以 S 型皮托管测定低流速时比测定高流速的灵敏度低，准确性也差。

2．超声波流量传感器

超声波流速仪测量原理如图 11-10 所示。在流体中设置两个超声波传感器，它们既可发射超声波又可以接收超声波，一个装在管道的上游，一个装在下游，在烟气流速连续监测中，在烟道或烟囱两侧各安装一个发射/接收器组成超声波流速连续测量系统，典型的角度为 30°～60°。通过超声波在流体中顺流和逆流方向传播时间差来计算出流速。

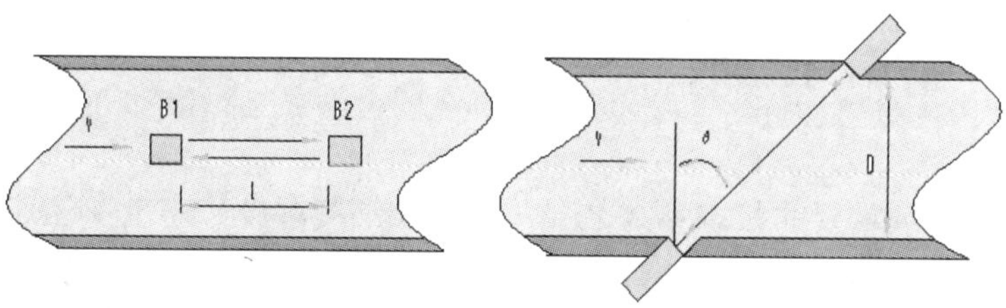

图 11-10 超声波流速仪测量原理示意图

由于仪器为跨烟道或跨烟囱测量系统，不像插入式测量探头那样容易受到气体的腐蚀和颗粒物的沾污。但颗粒物仍会弄脏发射/接收器表面，因此，需要用清洁空气吹扫发射/接收器，保持传感器的清洁，防止附着微粒。

超声波流速连续测量系统测量的是一条线，得到线平均而不是面平均流速。因此，理论而言，对于大多数用手工方法测定圆形烟道一条直径线的平均流速作为面平均流速的烟道，通常不需校准超声波流速连续测量系统的测定结果，可将测得的线平均流速作为面平均流速。当超声波流速连续测量系统安装在矩形烟道或管道上时，仍需要利用场系数把线平均流速转换为面平均流速。

流速分层，测量位置出现涡流、轴流都会影响流速测定。所以测量系统应尽量避开安装在这样的位置。超声波技术能够测量低至 0.03m/s 的气流流速。

3．热平衡法流速测量仪

热平衡法流速测量仪测量原理如图 11-11 所示，通过把加热体的热传输给流动的烟气进行工作的。气体借热空气对流从探头带走热，并导致探头冷却。气流流经探头的速度越快，探头冷却得越快。供给更多的电量维持传感器最初的温度，对于加热丝类型的传感器，气体的质量流量正比于供电量。

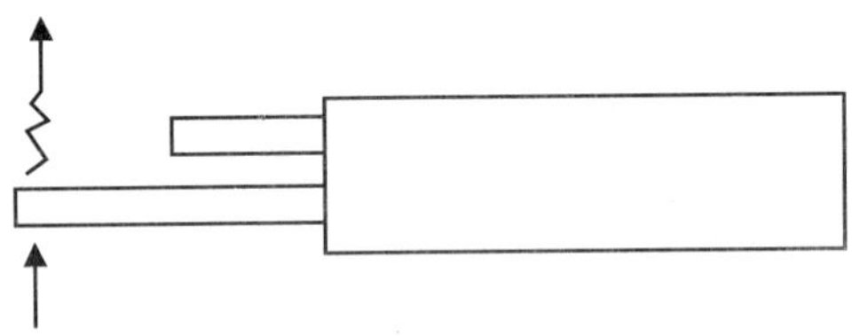

图 11-11 热平衡法流速仪测量原理示意图

水滴将引起热传感系统的测量误差，因为附着在传感器上的水滴会带走热量，水蒸气造成的热损失被作为是气流带走的热损失，结果导致测量流量偏高。因此热传感系统不适合含有水滴的烟气流量的测定。

热传感系统会受到腐蚀和黏附微粒。酸液会腐蚀探头金属接合处并造成灾难性的故障而不是系统误差。黏附的微粒在探头的温度传感器上形成绝缘层，将使仪器的响应时间变慢，不能实时跟踪测量变化的流速。因此，应采用多种技术减少存在的这些问题。这些技术如：瞬时加热传感器或用清洁的空气吹扫掉探头上的沉积物或用机械的方法清除表面的粘污物，目前这些技术都得到了应用。

三、温度、压力自动监测仪

1．烟气温度

烟气温度是烟气重要的状态参数之一，它涉及烟气湿度、密度、流速、流量等几乎所有的计算，是必须测定的重要参数。烟气温度在烟道内横断面分布通常是均匀的，即使有偏差，对最终的结果影响也可忽略不计，因此烟气温度只在靠近烟道中心的一点测量。烟气温度通常采用热电耦或热电阻原理的温度变送器测量。

2．烟气压力

烟气压力是气体在管道中流动时所具有的能量，其包括两部分，一部分能量体现在压强大小上，通常称为静压；另一部分体现在流速的大小上，通常称为动压。

静压是气体所具有的势能，是作用于管道壁单位面积上的压力，这一压力表明烟道内部压力与大气压力之差。动压是气体所具有的动能，是使气体流动的压力，它与管道气体流速的平方成正比。由于动压仅作用于气体流动方向，动压恒为正值。静压和动压的代数和称为全压。

四、湿度自动监测系统

由于我国在计量污染物浓度和排放量时，实行的是标准干烟态下的计量标准，所以对于流量、颗粒物浓度、SO_2浓度、NO_x浓度、O_2浓度等数据需要根据测量的烟气湿度进行干烟态的修正。烟气湿度的测量主要有直接测量法和干湿氧法。

1．直接测量法

采用薄膜电容式传感器和 PT100 电阻组合专门设计的湿度传感器，利用水分的变化和电容值变化之间的关系直接测量水气分压，利用 PT100 测量温度，可以准确测量高温烟气的水分含量，并专门根据 CEMS 烟气特点计算出体积百分数。

通常做法是将湿度仪探头直接插入烟道中，探头周围采用特制的过滤器进行保护。但考虑到探头直接暴露在烟道环境内，不易维护，容易腐蚀，设备停运易造成传感器损坏，一些新的做法使用加热采样探头将烟气从烟道中抽取出来，之后伴热送入放置湿度传感器的测量池，实现分析，全程烟气维持露点以上，保证湿度不损失。

2．干湿氧法

通常利用插入式氧化锆探头直接测量烟道中的湿态氧含量，利用直接抽取法将烟气抽取后降温除湿，测量出干态氧含量，经计算后得出烟气湿度。

第十二章
固定污染源烟气自动监测设备运行质量控制要求

固定污染源烟气自动监测设备运行质量保证是环境监测中十分重要的技术工作和管理工作。质量保证和质量控制是保证监测数据准确可靠的方法，也是科学管理的有效措施，它可以保证数据质量，使环境监测建立在可靠的基础之上。

质量保证是一系列行为和程序，在考虑数据的准确性、精密性、完整性和代表性的前提下，这些行为和程序确保 CEMS 数据满足相应的标准要求。固定污染源烟气 CEMS 日常运行质量保证是保障烟气 CEMS 正常稳定运行、持续提供有质量保证监测数据的必要手段。主要包括定期维护巡检、定期校准、定期校验等几个部分。

第一节　设备操作、使用和维护保养要求

由于烟气 CEMS 是个组成复杂的技术系统，且由于烟气成分的特殊性，如果不定期进行维护，很容易导致严重的腐蚀和堵塞、数据漂移等问题，从而会使整个系统瘫痪。

操作人员必须按国家相关规定，经培训考核合格，持证上岗。操作人员必须遵守设备的操作规程，按照设备的使用操作维护说明书进行操作维护保养。按设备的使用操作维护说明书定期更换设备所使用的易耗品、标准试剂、标准气体，填写易耗品更换记录。

每日远程（查看各地市监控平台上的数据）检查仪器运行状态，检查数据传输系统是否正常，如发现数据有持续异常情况，应立即前往现场进行检查。每周到现场进行一次设备巡检，具体内容见“日常设备巡检”章节的内容。每月进行一次维护保养，安排每月的维护保养工作与每周的某一次巡检工作同时进行，避免重复工作；维护保养后，填写维护保养记录。维护保养结束后，要对仪器进行校准；每 3 个月进行一次手动对比校验测试（维护保养结束后），根据测定结果对仪器进行相关参数校正。

因 CEMS 的烟气监测系统、烟尘监测系统、烟气参数监测系统的方法原理各不相同，以下对其分别进行说明。

一、烟气监测系统

对于抽取式烟气监测系统，对采样探头滤芯、采样泵、过滤器、排水管路、流量计等易污染堵塞部件进行清洗检查。对于直接测量法烟气监测系统，对分析仪探头角反射镜、前窗镜进行一次清洁工作，并遵守仪器设备说明书的要求和规定进行相应易损件零部件的更换。对于稀释抽取法烟气监测系统，应对稀释采样探头的滤芯、真空度、仪器滤膜、分子筛、活性炭等进行更换检查。抽取式烟气监测系统主要工作应包括：

1．易耗品的定期更换

探头过滤器芯、分析仪内各种过滤器芯、分子筛、活性炭、氧化剂、油雾分离器、泵膜及轴承、密封圈等易耗品应按照系统说明书的要求定期地更换。这是保证分析仪器正常工作，延长设备寿命的基本保证。

2．采样管线定期清理

取样分析法烟气的抽气量很大，探头过滤器的负担重。另外，若加热管线伴热不良，由于烟气的含水量较高，烟气温度一般在 130℃左右，水以气态形式存在，在采样传输过程中会因为温度的下降导致水汽的冷凝，冷凝的水不但溶解烟气中污染物成分，使监测数据不准。而且往往有很强腐蚀作用会造成相关气路上的元件损坏，还会吸收烟尘，阻塞采样管路，腐蚀管路和元器件。烟气进入冷凝装置后，虽然经过了冷凝除湿，但仍会有少量水分未被除尽而凝结在冷凝器后端管壁上，进入分析仪表。所以一定要使伴热温度满足要求不使取样管内生成水滴。否则不但会使未除尽的灰尘带入仪表，长期运行，堵塞仪表而形成堵塞式吸附；而且烟气若将冷凝水吹入仪表，SO_2 在表内被吸收，不但会造成测量误差，更会对仪表测量部件造成腐蚀。因此，需要对系统管路及测点进行定期反吹，日常巡检时，检查伴热温度，注意检查仪表的进气流量，检查系统管路冷凝水管壁吸附情况，及时吹扫干净。

3．定期检查冷凝装置

检查制冷装置工作情况，热交换管是否堵塞，排液蠕动泵是否正常工作，冷凝液是否正常排出，热交换器是否严重吸附。在冷凝过程中，水分会在冷凝通道内挂壁，从而不可避免地形成挂壁吸附，随着时间的推移这种情况会越来越严重。如果冷凝器工作不正常，样气只通过自然降温，样气内的水分在控制机柜内取样管壁吸附凝结，因无法排出而越积越多；冷凝器内玻璃热交换管堵塞或冷凝液泵故障以及排水管路堵塞造成抽水不畅，烟气通过冷凝装置降温过程中冷凝的水汽不能及时排出，都会造成烟气中的 SO_2 大量溶解于水中被水吸收，致使 SO_2 测量浓度降低。

4．定期检查分析仪表

烟气分析仪表属于精密的光学仪器，需要定期进行零点漂移、量程漂移的检查和校正。为了防止采样管路泄漏造成的数据不准确，进行零点和量程校正时，应采用从探头通入标气的全程校正方式。标定时要注意检查标气的有效期，使用超过有效期的标气进行标定将会产生数据的偏差。同时还要对仪器光源电压、电流、温度等内部参数进行检查，确保仪器工作正常。

5．环境的清洁

烟气分析系统通常放置在监测小屋内，应保持屋内的环境卫生，否则因灰尘产生的静电会损坏分析仪器。另外，烟气分析仪器的使用环境通常为 0～40℃，因此监测间内应安装空调系统，以保证仪器正常工作条件。如果房间内温度过高或过低，不仅会对数据准确性产生影响，而且会造成设备故障，影响设备的使用寿命。系统排气、排水必须接到室外，否则会造成对屋内设备的腐蚀，并影响仪器零点的校准，增加维护成本。

二、烟尘监测系统

目前绝大多数的已安装烟尘监测系统为光学法烟尘监测仪，因此这里主要针对光学法烟尘仪的使用和维护要求进行说明。

1．清洁玻璃窗口

光学法烟尘仪直接安装在烟道上，由玻璃镜片将烟气与仪器内部器件隔离开，当灰尘附着在玻璃镜片上时，会引起测量光的散射，从而对测量烟尘数据造成误差。因此，在日常维护中需要定期清洁玻璃窗口。

2．光路校准

由于烟道内压力的变化，以及热烟气的作用，烟道会产生振动或发生变形，使得烟尘仪的光路发生偏移，产生测量误差。定期地对光路准直进行校准，以保证数据的准确性。

3．反吹系统的维护

为了降低烟道内灰尘污染玻璃窗口，通常烟尘仪需要配备空气幕系统，以便隔离烟道内的灰尘和镜片，同时对镜片上灰尘进行吹扫。定期更换空气幕系统的过滤器，检查管路的密封情况，检查风机的工作状况和风压大小，确保反吹系统有效工作。

4．零点、量程校准

烟尘仪的零点和量程校准通常采用反光镜片和滤光片来模拟，定期的校准可以降低烟尘仪自身原因引起的数据偏差。当煤质进行改变时，脱硫、除尘工艺有改变时，或对仪器测量结果有重大影响的其他工艺过程改变时，应用手工方法，对仪器进行比对校检。根据要求，每 3 个月还需要用手工标准分析方法进行相关校验。

5．外观维护

烟尘仪直接安装在烟道上，环境条件十分恶劣，在维护的时候，应对仪器防尘罩进行清洁，对电缆、管线的破损等情况进行检查。特别是在北方寒冷环境下，还要对加热系统进行检查。而在南方多雨潮湿环境下，应重点检查仪器的密封圈（垫）以及设备腐蚀情况。

三、烟气参数监测系统

流速测量的准确性，直接关系到排放量的计算准确，从安装位置的选择到日常维护都应认真对待。国内皮托管法流速仪和热式流速仪应用十分广泛，这两种流速测量仪都属于直接插入式点测量，其维护应包括以下几个方面。

1．定期检查探头腐蚀情况

将皮托管、氧量、温度、湿度等探头从烟道或烟囱里抽出，来检查是否堵塞、锈蚀穿孔，如堵塞，要疏通清洗，如锈蚀穿孔，影响测量，则需进行更换。检查皮托管的反吹管路、控制阀等是否正常工作，控制阀是否漏气等，必要时进行清洗更换。

湿法除尘、脱硫净化设施后测量烟气流速时特别要注意定期检查探头腐蚀情况。当烟气温度低、烟气中水以水雾和水滴的形态出现时，仅用常用的不锈钢不足以防止皮托管被腐蚀，还必须采取其他的防腐技术，如给皮托管喷涂耐温的聚四氟乙烯防腐层等。热式流速仪探头（测量头）的加热有效必须保证，以避免传感器被腐蚀而损坏。

2．定期零点校准

为防止因安装地点温度变化、振动、电磁辐射、静电等的干扰造成零点漂移、影响流速等其他参数的准确测量，应定期校准仪器的零点。

3．反吹系统检查

探头堵塞也是烟气参数系统关心的问题之一。对于流速探头开口被堵塞，压力引起偏差，要定量此偏差是很困难的；对于氧化锆和湿度探头被堵塞，测量结果的偏差是无法估计的；对于热式流量计，探头积灰将会使温度探头与烟气被隔离，测量响应变慢，产生较大偏差。因此探头清洁对反吹系统的工作效果十分重要，应慎重选择反吹的频率和反吹的压力，以保证正常工作。

4．易损易耗品检查

检查含氧量、含湿量，工作是否正常，并遵从相关标准或管理办法，定期进行校准。对锆管、电化学氧传感器等易损易耗件以及其他有一定寿命要求的器件要及时更换，否则会对测量结果及最终污染排放计算结果产生较大偏差。

5．外观检查

主要是防止灰尘，雨水附着，检查取压管路是否有泄漏。

四、数据采集装置

数据采集和处理系统主要承担测量数据收集，计算，统计，存贮，传输等功能，数据的有效性与其有着直接的关系，在日常维护时，应重点检查如下内容：

1．检查各分析仪表的读数

正常状态下分析仪表的读数应该与显示终端上的数据保持一致，在维护时应认真检查数据采集的一致性，减少在数据采集环节引入的误差或失误，导致最终计量的误差。

2．检查各项参数的状态

要检查如烟道尺寸，大气压力，湿度等计算参数是否正确，是否有改动。还要检查如速度场系数，标准空气过剩系数，颗粒物校准参数，体积与质量换算系数等参数。以保证统计计算的准确性。

3．检查数据存贮状况

要检查历史数据的存贮情况，分钟历史记录，小时历史记录，日历史记录，月历史记录，年历史记录等原始数据库记录，检查是否有缺失数据现象。检查系统标况参数、工况参数、折算参数是否对应，并与相关法规要求是否相符，确保上传数据的有效性。

4．检查系统设置

检查通信协议的设置与要求是否相符；检查通信卡内余额，及时充值；检查网络连接的硬件电路有无破损，老化；检查硬盘容量，及时清理，以保证数据存贮的要求；检查登录日志和报警日志，及时发现问题，排除隐患。

五、其他辅助设备

每周巡检时，还应进行以下方面的工作：

① 要把压缩气路中的冷凝、储气装置中的水放掉（如空压机、水汽分离器、储气罐等）；

② 观察室内的温度、湿度是否正常，必要时对空调或暖气设施的控制温度进行调节，或对空调或暖气设施进行维护保养或维修更换；

③ 观察分析站房的门窗是否密封，如不密封，导致灰尘进入站房，要对门窗进行维护处理。

每月维护保养还应进行以下方面的工作：

① 检查压缩气路的管路是否污染，并进行清洁处理；

② 检查水汽分离器、油雾过滤器的滤芯，按说明书规定定期更换；

③ 空调的防尘滤网要清洗 次；

④ 站房门窗玻璃要做一次清洁工作，门窗关闭灵活，密封。

第二节　日常设备巡检

一、现场环境巡检

现场环境巡检包括以下主要方面：

① 检查进入现场的通道是否顺畅，平台、扶梯、护栏等是否齐全牢固；

② 平台上的设备是否有积水、积灰，是否会进入系统；

③ 设备安装是否牢固，安装点是否振动；

④ 现场环境是否感觉到有污染气体存在，是否影响 CEMS 的设备工作；

⑤ 现场设备接地是否牢固；

⑥ 现场建筑，设备防护设施是否可靠（防雨，保温，防雷）；

⑦ 站房内的废气、废水（冷凝水）的排放系统是否正常。

二、烟气监测系统

1．抽取式烟气监测系统

对采样探头、采样反吹装置、伴热管、采样泵、管路接头、流量、烟气冷凝除水装置及排水装置、烟气过滤器、电磁阀等进行检查，必要时更换泵膜、滤芯等易损件，必要时清洗管路。以现场工况情况为准，如需提前更换易损件、易耗品，就得更换，不一定严格遵守设备说明书规定的更换周期（其他各子系统也遵循此办法）。

检查定期反吹是否正常，到了设定时间就得执行正常的反吹，有问题及时处理，检查系统管路冷凝水管壁吸附情况，及时吹扫干净。

抽取式烟气监测系统，对仪器进行一次手工校准。同时还要对仪器光源电压、电流、温度等内部参数进行检查，确保仪器工作正常。

2．直接测量法烟气监测系统

对镜头净化装置的管路、风机、空气过滤滤芯、风量等进行检查，必要时更换易损件，不一定严格遵守设备说明书规定的更换周期，以现场工况情况为准。

直接测量法烟气监测系统，对仪器光源电压、电流、温度等内部参数进行检查，确保仪器工作正常。如测量值不正常，则需对分析仪进行校准检查。

3．稀释法烟气监测系统

对稀释采样探头、探头滤芯、分子筛、活性炭、氧化剂、滤膜、压缩机排水装置、电磁阀等进行检查。必要时更换滤膜等易损易耗件，以设备耗材维护项目为参考，根据现场使用情况拟定更换周期。

检查仪器的真空度是否符合要求，稀释气体压力是否符合要求，压缩机是否漏气、排水是否通畅，必要时对相关器件进行更换或维护、维修。

检查仪器运行情况，仪器光源强度、反应室温度、斜率、截距是否符合要求。如果超出正常值范围，应参考有关文件，对仪器进行维护、校准。

4. 标准物质

检查登记各标气的浓度、有效期、剩余标气压力，到期就要更换。检查减压阀、针阀是否腐蚀或漏气，气体管线和减压阀装置是否被腐蚀或被损坏，必要时进行处理。高压钢瓶标准气体的残压低于 0.1MPa 时，应停止使用。检查用于零气（或烟气）吸附剂、干燥剂是否过期，到期就要更换。

三、烟尘监测系统

检查鼓风机、风管、空气过滤器等部件工作是否正常，空气过滤器滤芯是否污染，是否需要更换；对穿法烟尘分析仪的光点是否偏移，必要时进行调整；检查探头玻璃镜面是否污染，必要时进行清洁；烟尘监测数据是否正常，必要时进行标定检查。

四、流量监测系统

对于压差法流速测定仪：检查皮托管的反吹管路、控制阀等是否正常工作，检查皮托管是否堵塞，监测流速值是否正常等，必要时要进行相应的检查维护、校准、易损件的更换。热敏流量计，要检查探头上的探针是否有烟灰堆积，必要时进行清理。对于超声波法，要检查鼓风机、软管、过滤器等部件是否正常，法兰孔是否堵塞、两探头位置是否偏移，监测流速值是否正常，必要时要进行相应的检查维护，易损件的更换。

五、数据采集系统

数据采集系统主要检查：

① 检查各通信线的连接是否松动，必要时进行处理。检查数据传输卡上的费用，不够时，要进行充费；

② 检查分析仪、工控机、数据采集传输仪上的数据是否一致，如不一致，要进行调校，直到一致为止；

③ 检查如烟道尺寸，大气压力，湿度等参数是否正确，是否有改动。检查如速度场系数，标准空气过剩系数，颗粒物校准参数等参数是否正确，是否有改动。以保证统计计算的准确性；

④ 检查历史数据的存贮情况，分钟历史记录，小时历史记录，日历史记录，月历史记录，年历史记录等原始数据库记录，检查是否有缺失数据等异常现象；

⑤ 检查硬盘容量，及时清理，以保证数据存贮的要求；检查登录日志和报警日志，及时发现问题，排除隐患。

六、其他辅助设施

日常检查应注意：

① 把压缩气路中的冷凝水、储气装置中的水放掉（如空压机、水汽分离器、储气罐等）；

② 观察室内的温度、湿度是否正常，必要时对空调或暖气设施的控制温度进行调节，或对空调或暖气设施进行维护保养或维修更换；

③ 冷凝水的排水管位置，若排向室外，要检查冬季是否可能结冰堵塞，必要时要提前处理；观察分析站房的门窗是否密封，如不密封，导致灰尘进入站房，要对门窗进行

维护处理，做好站房的清洁卫生工作。

七、巡检记录

每次巡检后，要根据表 12-1，表 12-2，表 12-3 相关要求填写 “日常巡检记录表”，“易耗品更换记录”，“标准物质更换记录”。

表 12-1 日常巡检记录表

设备名称：		规格型号：			设备编号：
维护管理单位：		安装地点：			维护保养人：
设备巡检内容、情况及处理情况说明					
序号	子系统	巡检部件及事项说明	巡检部件情况说明	处理情况	处理后结果说明
1	烟气监测系统	探头滤芯、采样管、伴热管是否堵塞			
		采样探头反吹是否正常，电磁阀、反吹气源是否正常			
		采样泵、致冷器、过滤器、采样流量是否正常			
		直接烟气分析仪的净化装置管路、风机、过滤器、风量			
		吸附剂、干燥剂是否过期			
		烟气监测数据是否正常，分析仪（直抽式）校准是否正常			
		标气的浓度、有效期时间、剩余压力			
2	烟尘监测系统	鼓风机、风管、空气过滤器等部件工作是否正常			
		穿法烟尘分析仪的光点是否偏移			
		烟尘监测数据是否正常			
3	流速监测系统	检查皮托管的反吹管路、控制阀等否正常			
		超声波法：检查鼓风机、软管、过滤器等部件是否正常			
		监测流速值是否正常			
4	其他烟气监测参数	温度测量值是否正常			
		湿度测量值是否正常			
		氧量测量值是否正常			
5	数据采集传输装置	各通信线的连接是否松动			
		数据传输卡上的费用			
		分析仪、工控机、数据采集传输仪上的数据是否一致			
6	其他辅助设备	空气压缩系统是否正常 分水器、储气装置中的水是否放掉			
		室内的温度、湿度是否正常			
		分析站房的门窗是否密封			
		站房的清洁卫生			
本次巡检人：		本次巡检时间：			负责人：

表 12-2　易耗品更换记录表

设备名称		规格型号		设备编号	
维护管理单位		安装地点		维护保养人	
序号	易耗品名称	规格型号	单位	数量	更换原因说明（备注）
维护保养人：		时间：	负责人：		时间：

表 12-3　标准物质更换记录表

设备名称		规格型号		设备编号	
维护管理单位		安装地点		维护保养人	
序号	标准物质名称	规格型号	单位	数量	供应商
维护保养人：		时间：	负责人：		时间：

第三节　定期校准、校验

一、定期校准、校验的要求及方法

1．定期校准

固定污染源烟气 CEMS 运行过程中的定期校准是质量保证中的一项重要工作，定期校准应做到：

①具有自动校准功能的颗粒物 CEMS 应每 24h 至少自动校准一次系统零点和量程；具有自动校准功能的气态污染物 CEMS 应每 24h 至少自动校准一次仪器零点，每周自动校准一次仪器量程（全程校准）；

②无自动校准功能的颗粒物 CEMS 应至少每 3 个月用校准装置校正仪器的零点和量程；

③无自动校准功能的气态污染物 CEMS（直接测量法）至少 30 天用参比方法检查一

次准确度是否符合要求；

④无自动校准功能的气态污染物 CEMS（抽取法）至少 15 天用零气和高浓度标准气（80%～100%的满量程值）或校准装置校准一次仪器零点和量程；

⑤无自动校准功能的流速 CEMS 每 3 个月至少校准一次仪器的零点和量程；

⑥直接测量法气态污染物 CEMS 每个月用校准装置通入零气和接近烟气中污染物浓度的标准气体校准一次仪器的零点和工作点；

⑦颗粒物监测系统、烟气监测系统、流速监测系统每次校准后，要填写校准记录，记录校准前的零点、跨度漂移测试记录，及校准后的零点、跨度测试值，见表 12-4 零点漂移、跨度漂移校准记录表。

表 12-4　零点漂移、跨度漂移校准记录表

设备名称		规格型号		设备编号：	
维护管理单位		安装地点		上次校准时间	
SO_2 分析仪校准					
分析仪原理		分析仪量程		计量单位	
零点漂移校准	零气浓度值	校前测试值	零点漂移/%	仪器校准是否正常	校准后测试值
跨度漂移校准	标气浓度值	校前测试值	跨度漂移/%	仪器校准是否正常	校准后测试值
NO_x 分析仪校准					
分析仪原理		分析仪量程		计量单位	
零点漂移校准	零气浓度值	校前测试值	零点漂移/%	仪器校准是否正常	校准后测试值
跨度漂移校准	标气浓度值	校前测试值	跨度漂移/%	仪器校准是否正常	校准后测试值
O_2 分析仪校准					
分析仪原理		分析仪量程		计量单位	
零点漂移校准	零气浓度值	校前测试值	零点漂移/%	仪器校准是否正常	校准后测试值
跨度漂移校准	标气浓度值	校前测试值	跨度漂移/%	仪器校准是否正常	校准后测试值
流速仪校准					
分析仪原理		分析仪量程		计量单位	
零点漂移校准	零值	校前测试值	零点漂移/%	仪器校准是否正常	校准后测试值
跨度漂移校准	校准用跨度值	校前测试值	跨度漂移/%	仪器校准是否正常	校准后测试值
烟尘仪校准					
分析仪原理		分析仪量程		计量单位	
零点漂移校准	零值	校前测试值	零点漂移/%	仪器校准是否正常	校准后测试值
跨度漂移校准	校准用跨度值	校前测试值	跨度漂移/%	仪器校准是否正常	校准后测试值
本次校准人		本次校准时间		负责人（签章）	

2．定期校验

固定污染源烟气 CEMS 投入使用后，由于燃料的变化、除尘效率的变动、水分的影响、安装点的振动等都会影响光路的偏移和干扰。定期校验应做到：

①至少 6 个月做一次标定校验；标定校验用参比方法和 CEMS 同时段数据进行比对，按照 HJ/T 75—2007 标准 7.2.2 进行；

②当校验结果不符合规定的技术指标时，则应扩展为对颗粒物 CEMS 方法的相关系数的校准和/或评估气态污染物 CEMS 的相对准确度和/或流速 CEMS 的速度场系数（或相关性）的校准，直到烟气 CEMS 达到 HJ/T 75—2007 标准 7.4 条技术指标的要求。方法见 HJ/T 75—2007 标准附录 A。

二、标准物质的使用

标准物质是指："具有足够均匀并已经很好地确定某一种或多种特性的物质或材料，用于校准仪器、评价测量方法或确定物质的量值。" CEMS 所使用的标气，要从具有有效《制造计量器具许可证》、标准物质定级证书和编号的标气厂家购买，没有标准物质产品检验证书和编号的，或超过有效期的标准物质，一律不得使用。

标准物质更换后，要填写标准物质更换记录。标准气体的特殊性，对使用过程中有着特殊的要求，很多使用者由于操作的不规范，使得数据偏差很大，在标准气体使用过程中应该注意以下几个方面。

① 使用有效期：标准气体的使用有效期是根据稳定性实验结果来加以确定的，一般把能够保证标准值的有效期定为半年至一年；

② 气瓶压力：由于当标准气体的压力减小时，被吸附在容器内壁上的各种成分气体便解吸，其浓度值发生变化，因此一般规定，高压钢瓶标准气体的残压低于 0.1MPa 时，应停止使用；

③ 取样管线的选择：由于胶管使用起来很方便，很多传统的进样管线都采用此类，但是众所周知，胶管对大部分有机气体，和含硫类的气体吸附性非常强，而且它的渗透性也很强，所以使用各类胶管来采样是不可取的，对分析数据造成很大偏差。建议根据不同的气体性质采用铜管、不锈钢管、聚四氟乙烯管。与样气接触的管线建议采用聚四氟乙烯管；

④ 取样气路的气密性检查：进样管线的气密性，进样管线的泄漏，对标准气体样品的数据的准确性有很大影响，对低浓度氧气的影响更大。所以一定要严格检查取样管线的气密性；

⑤ 阀门的选择：根据气体性质选用不同材质的阀门，特殊的气体必须使用特殊的阀门，总体要求是体积小、无吸附、耐压、有调节功能。为了更广泛地适用于易吸附的硫化氢、氯气等活泼性气体，材质应该选用不锈钢。

三、校准结果判断及处理

每次对仪器进行校准前，检查一个校准周期内仪器零点漂移、跨度漂移情况，并判断仪器数据是否失控，如失控，则要对仪器进行维护保养或维修，或缩短仪器的校准周期，直至每一个校准周期内仪器零点、跨度漂移在指标内。根据系统校准测试结果，如果技术指标达不到指标要求。则需再对仪器系统进行检查、调试、处理，直至技术指标达到要求为止。判断标准按表 12-5 要求。

CEMS 在正常运行中，上级环保部门任何时间检查设备时，如零点、跨度漂移值超标，则可判断设备运行维护不合格。

表 12-5　烟气 CEMS 校准失控数据的判别

CEMS 类型	检验项目	技术指标要求	失控指标
颗粒物	零点漂移	不超过±2.0%F.S.	超过±8.0%F.S.
	跨度漂移	不超过±2.0%F.S.	超过±8.0%F.S.
气态污染物	零点漂移	不超过±2.5%F.S.	超过±5.0%F.S.
	跨度漂移	不超过±2.5%F.S.	超过±10.0.%F.S.
流速	零点漂移	不超过±3.0%F.S.或绝对误差不超过±0.9m/s	不超过±8.0%F.S.或绝对误差超过±1.8m/s

注：F.S 为仪器满量程值。

四、校验结果及处理记录

当固定污染源烟气 CEMS 不满足技术指标要求时，可参照表 12-6、表 12-7 和表 12-8 进行结果分析和处理。

表 12-6　颗粒物 CEMS 测试结果分析和处理方法

测试指标		测试结果	原因分析	处理方法
漂移	零点	超过±2%F.S.	1．安装位置的环境条件，例如：强烈振动、电磁干扰、系统密封缺陷使雨、雪水侵入等 2．校准器件缺陷、复位重复差、被污染，系统设计缺陷 3．仪器供电系统缺陷，光源发光不稳定等 4．计算错误	1.重新选择符合要求的安装位置 2．根据查找的原因重新设计 3．重新计算
	量程	超过±2%F.S.		
相关系数		＜0.85	1．颗粒物 CEMS：（1）安装位置的代表性；（2）光路的准直；（3）光学镜片的污染和清洁等 2．调试时的参比方法是否将手工方法测得的烟道截面颗粒物平均浓度与颗粒物 CEMS 测得的点的平均浓度进行比较 3．数据量和数据分布：数据量是否足够，数据是否分布在颗粒物 CEMS 测量范围上限的 20%～80% 4．颗粒物的颜色变化大，烟气中含有水雾和水滴等 5．颗粒物 CEMS 设计缺陷	逐一分析原因，采取相应的对策和措施

表 12-7　气态污染物 CEMS 测试结果分析和处理方法

测试指标		测试结果	原因分析	处理方法
漂移	零点	超过±2.5%F.S.	1.安装位置的环境条件，例如：强烈振动、电磁干扰、系统密封缺陷使雨雪水侵入等 2．供零点气体和校准气体的流量和气体的质量是否符合要求 3．供气系统是否泄漏 4．管路吸附 5．仪器供电系统缺陷 6．计算错误 7．抽取位置是否相同	1．重新选择符合要求的安装位置 2．选用合格的零点气体和校准气体 3．待仪器读数稳定后再读取和/或记录数据 4．更换泄漏管路 5．根据查找的原因重新设计 6．重新计算 7．根据查找的原因重新设计 8．从相同位置抽取被测气体
	量程	超过±2.5%F.S.		
响应时间		＞180s	1．滤料被堵塞 2．仪器内部管路泄漏 3．控制阀损坏 4．仪器光学镜片被污染 5．仪器检测器系统被污染 6．系统设计缺陷 7．取样泵真空度不够	1.更换滤料 2．更换管路，拧紧管接头 3．更换控制阀 4．清晰光学镜片或检测器系统 5．重新设计 6．更换取样泵
线性误差		超过±5%	1．校准气体质量，例如：校准气体质量不能溯源到国家级标准气体，超过标准气体的使用期限，校准气体的稳定性差，现场调试检测与仪器出厂前调试仪器的校准气体品质不一致 2．管路吸附 3．管路泄漏 4．供气流量、压力不稳定等	逐一分析原因，采取相应的措施
准确度		相对准确度＞15%	1．点位的代表性 2．两种方法测定点位的一致性 3．两种方法测定时获取数据的同步性 4．校准 CEMS 和参比方法的校准气体的一致性 5．采样时间等 6．管路不加热并有冷凝水，管路漏气，抽气量不足，气体稀释比不稳定等 7．参比方法使用仪器被干扰或是测量条件未满足等 8．仪器校准方法的缺陷（是否为全程校准）	1．避开污染物浓度剧烈变化的测定点位 2．两种方法测定点位尽可能接近 3．扣除烟气样品通过管路到达检测器的时间 4．用同一标准气体校准 CEMS 和参比方法 5．足够的采样时间 6．用质量好的参比仪器等 7．采取相应的措施 8．满足参比仪器使用条件（预热时间等） 9．正确选用 CEMS 监控仪器及校准方法

表 12-8 流速 CEMS 测试结果分析和处理方法

<table>
<tr><th colspan="2">测试指标</th><th>测试结果</th><th>原因分析</th><th>处理方法</th></tr>
<tr><td rowspan="2">速度场系数</td><td>精密度</td><td>流速≥10m/s，＞5%
流速＜10m/s，＞8%</td><td rowspan="4">1．安装位置的代表性差，例如：两股气流交汇处，存在涡流、旋流等
2．安装地点强烈振动
3．气流不稳定，变化大
4．安装不正确，例如：流速 CEMS 正对气流的 S 皮托管与气流的方向不垂直，紧固法兰松动
5．流速 CEMS 探头被污染或腐蚀
6．烟气流速低，仪器灵敏度不能满足测定的要求
7．参比方法布设测点的点位和数量以及用参比方法比对时存在操作不当等</td><td rowspan="4">逐一分析原因，采取相应的措施</td></tr>
<tr><td>准确度</td><td>流速≥10m/s，相对误差超过±10%
流速＜10m/s，相对误差超过±12%</td></tr>
<tr><td rowspan="2">相关校准</td><td>相关系数</td><td>≥9 个数据对时
相关系数≤0.90</td></tr>
<tr><td>准确度</td><td>流速≥10m/s，相对误差超过±10%
流速＜10m/s，相对误差超过±12%</td></tr>
</table>

系统校验测试后，填写校验测试记录。如对原烟尘校正系统、速度场系数进行修正，应记录说明。如校验期间对系统设备进行过处理、应有记录说明，见表 12-9。

表 12-9 系统校验测试记录

<table>
<tr><td>设备名称</td><td></td><td>规格型号</td><td></td><td>设备编号</td><td></td></tr>
<tr><td>维护管理单位</td><td></td><td>安装地点</td><td></td><td>上次校验时间</td><td></td></tr>
<tr><td rowspan="2">参比法对比测试仪</td><td>仪器名称</td><td>仪器型号</td><td colspan="3">仪器供应商</td></tr>
<tr><td></td><td></td><td colspan="3"></td></tr>
<tr><td colspan="6">烟尘校验</td></tr>
<tr><td>对比测试仪原理</td><td></td><td>CEMS 分析仪原理</td><td colspan="3"></td></tr>
<tr><td>监测时间</td><td>参比方法测定值/（mg/m^3）</td><td>CEMS 测定值/（mg/m^3）</td><td>相对误差/%</td><td>评价标准</td><td>评价结果</td></tr>
<tr><td></td><td></td><td></td><td rowspan="4"></td><td rowspan="4">根据 HJ/T 75—2007</td><td rowspan="4"></td></tr>
<tr><td></td><td></td><td></td></tr>
<tr><td></td><td></td><td></td></tr>
<tr><td></td><td>平均值：</td><td>平均值：</td></tr>
<tr><td colspan="6">SO_2 校验</td></tr>
<tr><td>对比测试仪原理</td><td></td><td>CEMS 分析仪原理</td><td colspan="3"></td></tr>
<tr><td>监测时间</td><td>参比方法测定值/（mg/m^3）</td><td>CEMS 测定值/（mg/m^3）</td><td>相对误差</td><td>评价标准</td><td>评价结果</td></tr>
<tr><td></td><td></td><td></td><td rowspan="4"></td><td rowspan="4">根据 HJ/T 75—2007</td><td rowspan="4"></td></tr>
<tr><td></td><td></td><td></td></tr>
<tr><td></td><td></td><td></td></tr>
<tr><td></td><td>平均值：</td><td>平均值：</td></tr>
</table>

<table>
<tr><td colspan="6">NO_x 校验</td></tr>
<tr><td>对比测试仪原理</td><td></td><td>CEMS 分析仪原理</td><td colspan="3"></td></tr>
<tr><td>监测时间</td><td>参比方法测定值/（mg/m^3）</td><td>CEMS 测定值/（mg/m^3）</td><td>相对误差</td><td>评价标准</td><td>评价结果</td></tr>
<tr><td></td><td></td><td></td><td rowspan="4"></td><td rowspan="4">根据 HJ/T 75—2007</td><td rowspan="4"></td></tr>
<tr><td></td><td></td><td></td></tr>
<tr><td></td><td></td><td></td></tr>
<tr><td></td><td>平均值：</td><td>平均值：</td></tr>
<tr><td colspan="6">O_2 校验</td></tr>
<tr><td>对比测试仪原理</td><td></td><td>CEMS 分析仪原理</td><td colspan="3"></td></tr>
<tr><td>监测时间</td><td>参比方法测定值/%</td><td>CEMS 测定值/%</td><td>相对误差</td><td>评价标准</td><td>评价结果</td></tr>
<tr><td></td><td></td><td></td><td rowspan="4"></td><td rowspan="4">根据 HJ/T 75—2007</td><td rowspan="4"></td></tr>
<tr><td></td><td></td><td></td></tr>
<tr><td></td><td></td><td></td></tr>
<tr><td></td><td>平均值：</td><td>平均值：</td></tr>
<tr><td colspan="6">流速校验</td></tr>
<tr><td>对比测试仪原理</td><td></td><td>CEMS 测试仪原理</td><td colspan="3"></td></tr>
<tr><td>监测时间</td><td>参比方法测定值/（m/s）</td><td>CEMS 测定值/（m/s）</td><td>相对误差</td><td>评价标准</td><td>评价结果</td></tr>
<tr><td></td><td></td><td></td><td rowspan="4"></td><td rowspan="4">根据 HJ/T 75—2007</td><td rowspan="4"></td></tr>
<tr><td></td><td></td><td></td></tr>
<tr><td></td><td></td><td></td></tr>
<tr><td></td><td>平均值：</td><td>平均值：</td></tr>
<tr><td colspan="6">温度校验</td></tr>
<tr><td>对比测试仪原理</td><td></td><td>CEMS 测试仪原理</td><td colspan="3"></td></tr>
<tr><td>监测时间</td><td>参比方法测定值/℃</td><td>CEMS 测定值/℃</td><td>示值误差</td><td>评价标准</td><td>评价结果</td></tr>
<tr><td></td><td></td><td></td><td rowspan="4"></td><td rowspan="4">根据 HJ/T 75—2007</td><td rowspan="4"></td></tr>
<tr><td></td><td></td><td></td></tr>
<tr><td></td><td></td><td></td></tr>
<tr><td></td><td>平均值：</td><td>平均值：</td></tr>
<tr><td rowspan="7">校验结论</td><td colspan="5">如校验合格前对系统进行过处理、调整、参数修改，请说明：</td></tr>
<tr><td colspan="5"></td></tr>
<tr><td colspan="5">如校验后，烟尘分析仪、流速仪的原校正系统改动，请说明：</td></tr>
<tr><td colspan="5"></td></tr>
<tr><td colspan="5">总体校验是否合格：</td></tr>
<tr><td colspan="5"></td></tr>
<tr><td colspan="5">校验人员： 日期： 年 月 日
负责人：</td></tr>
</table>

第四节 常见故障分析及排除

设备发生故障后，要根据以下表格的内容进行维修处理，在处理过程中，要注意以下几点：

① 在线监测设备需要停用、拆除或者更换的，应当事先报经环境保护有关部门批准；

② 运行单位发现故障或接到故障通知，应在 4h 内赶到现场进行处理；

③ 对于一些容易诊断的故障，如电磁阀控制失灵、膜裂损、气路堵塞、数据仪死机等，可携带工具或者备件到现场进行针对性维修，此类故障维修时间不应超过 8h；

④ 对不易诊断和维修的仪器故障，若 48h 内无法排除，应安装备用仪器；

⑤ 仪器经过维修后，在正常使用和运行之前应确保维修内容全部完成，性能通过检测程序，按国家有关技术规定对仪器进行校准检查。若监测仪器进行了更换，在正常使用和运行之前应对仪器进行一次校验和比对实验，校验和比对试验方法详见 HJ/T 75—2007；

⑥ 若数据存储/控制仪发生故障，应在 12h 内修复或更换，并保证已采集的数据不丢失；

⑦ 运行单位在运行站点应备有足够的备品备件及备用仪器，对其使用情况进行定期清点，并根据实际需要进行增购，以不断调整和补充各种备品备件及备用仪器的存储数量；

⑧ 在线监测设备因故障不能正常采集、传输数据时，应及时向环境保护有关部门报告，必要时采用人工方法进行监测，人工监测的周期不低于每 6h 一次；

⑨ 仪器设备维修后，要填写设备维修记录。

CEMS 常见故障见表 12-10、表 12-11、表 12-12、表 12-13，设备维修故障记录见表 12-14。

表 12-10 烟气分析仪监测系统常见故障分析

序号	故障现象	故障原因分析	故障排除办法
1	采样流量不足	采样滤芯、伴热管、采样管、预处理系统管道、电磁阀、采样泵等可能堵塞，系统排气是否正常	检查出故障点，疏通清洗
2	氧量不正常上升、SO_2 不正常下降	采样预处理系统中有漏气点	检出漏气点并处理
3	监测数据异常波动或数据异常	排气管不畅，时通时堵；制冷器温度不稳定，波动较大；制冷器排水不畅；伴热管温度异常；分析房环境温度过高或过低等，引起相应部件及分析仪的工作异常	检查出故障点，处理解决
4	直接测量法烟气分析仪测量值达满量程	角反射镜、前窗镜可能污染，或光源老化	检查净化风系统是否正常，进行处理。清洁角反射镜面，前面镜面 光源老化，则更换光源 重新标定后仍不正常，联系仪器生产厂家

序号	故障现象	故障原因分析	故障排除办法
5	SO_2分析仪上监测数据为零	可能分析仪检测器光源熄灭或其他原因	检查更换光源，重新标定后，仍不行，联系仪器生产厂家
6	SO_2监测数据到零，氧量到20.9%	采样管路破裂或接头松脱，抽的空气	检出故障点并处理
7	分析仪上的监测数据与参比法测得数据相差很大	采样管的长度不够，或法兰漏气	检出故障点并处理
8	SO_2分析仪上监测数据不变化	可能仪器死机或其他问题	可断电重起，仍不行，联系仪器生产厂家
9	分析仪上有数据，工控机上无数据	可能信号线松脱或其他原因	将信号线接好，仍不行，联系仪器生产厂家
10	仪器标定不准，标定后，仍测量不准	可能仪器气室污染，或检测器损坏或其他原因	清洗或更换气室，重新标定，如还不行，联系仪器生产厂家

表 12-11 颗粒物监测系统常见故障分析

序号	故障现象	故障原因分析	故障排除办法
1	烟尘监测数据异常波动	测量装置异常振动，或烟尘分析仪光源温度波动	检查并处理
2	烟尘监测数据达满量程	烟尘分析仪镜面污染或法兰孔堵塞或仪器安装不合适	清洁镜面或疏通法兰孔、检查仪器是否合适
3	烟尘分析仪镜面经常污染	净化风滤芯污染或净化风量太小	更换滤芯或大风量的鼓风机或调大风量
4	烟尘分析仪的监测值白天、晚上相差很大	烟尘分析仪受环境温度影响较大	增加隔热或保温装置
5	烟尘分析仪监测值显示0	烟尘分析仪光源损害熄灭	更换光源
6	烟尘分析仪监测值超常规的高	烟尘分析仪光源老化	更换光源
7	烟尘分析仪监测值为一定值，不变化	可能死机或其他问题	重启烟尘分析仪，仍不行，联系仪器生产厂家

表 12-12 流量监测系统常见故障分析

序号	故障现象	故障原因分析	故障排除办法
1	流速监测数据异常波动	流速测量装置（或差压变送器）异常振动，或测量点位烟气流不稳定	减少振动或改变测点位置
2	流速异常偏大或偏小	皮托管堵塞，或控制反吹电磁阀漏气	疏通皮托管，修复或更换电磁阀
3	传感器漂移较大，或不稳定	传感器故障，或压差传感器因安装地点温度变化、振动、电磁辐射、静电等的干扰造成零点漂移，影响流速的准确测量	更换传感器，或定期校准仪器的零点
4	分析仪的监测值白天、晚上相差很大	传感器受环境温度影响较大	增加隔热或保温装置，更换为防护级别高的传感器
5	超声波流量计流速达最大值	测速仪镜面污染或法兰孔堵塞	清洁镜面或疏通法兰孔

表 12-13 含氧量监测系统常见故障分析

序号	故障现象	故障原因分析	故障排除办法
1	仪器指示偏高	管道漏气、或炉温过低、或量程电势偏低、或固体电解质管产生微小裂缝导致电极部分短路或泄漏、或仪器老化	堵漏或上紧螺丝、或校正炉温到设定值、或调整量程电势、或换管、或适当提高炉温
2	仪表指示偏低	炉温过高、或可燃性气体太多、或量程电势偏高	校正炉温、或排除（加净化器）、或校正量程电势
3	仪器无指示	电炉没有加热、或“0～10mV”“信号校正”插孔开路或接触不良、或铂电极短路	修理电源及温控电路或更换电源、或修理插孔使之接触良好或更换连线、或更换锆管
4	各档均指示满量程	在维修时电池信号线接反、或电极脱落或电极蒸发	调换电极接线、或更换锆管
5	电炉不加热	热电偶断开、或炉丝断开、或温度失控	更换热电偶或接好、或更换炉丝、或更换损坏元件

表 12-14 其他烟气参数监测系统常见故障分析

序号	故障现象	故障原因分析	故障排除办法
1	压力监测数据异常波动	压力取样装置（或压力变送器）异常振动	减少振动
2	压力异常偏大或偏小	压力取样管堵塞，或控制反吹电磁阀漏气	疏通取样管，处理或更换电磁阀
3	压力传感器漂移较大，或不稳定	传感器故障	更换传感器
4	湿度值为零或满量程	传感器电容腐蚀、或探杆腐蚀导致信号线短路或开路	需更换传感器、或更换探杆
5	温度值为零或满量程	传感器损坏、或探杆腐蚀导致信号线短路或开路	需更换传感器、或更换探杆
6	温度、湿度值漂移大，不稳定	传感器故障	更换传感器

表 12-15 设备维修记录

企业名称：

<table>
<tr><td>设备名称</td><td></td><td>规格型号</td><td></td><td>设备编号</td><td></td></tr>
<tr><td>维护管理单位</td><td></td><td>安装地点</td><td></td><td></td><td></td></tr>
<tr><td rowspan="2">故障情况及发生时间</td><td colspan="5"></td></tr>
<tr><td colspan="5">仪器设备管理员：　　　　年　月　日
维修人：　　　　年　月　日</td></tr>
<tr><td rowspan="2">修复后使用前校验时间、校验结果说明</td><td colspan="5"></td></tr>
<tr><td colspan="5">校验人：　　　　年　月　日</td></tr>
<tr><td rowspan="2">正常投入使用时间</td><td colspan="5"></td></tr>
<tr><td colspan="5">仪器设备管理员：　　　　年　月　日
负责人：　　　　年　月　日</td></tr>
</table>

第十三章
固定污染源烟气自动监测设备运行状况分析

固定污染源烟气自动监测设备运行状况的好坏，直接关系到监控平台采集数据的准确性和可靠性。影响 CEMS 运行状况的因数是多方面的，除了设备自身的质量外，还和现场的工况、设备仪器的设置校准以及日常的维护管理等都有关系。评价设备运行状况的好坏必须对相关的概念及仪器性能指标全面了解。

第一节　仪器参数设置和状态

一、主要参数的基本概念

1．大气压力

是地球表面空气层压在单位面积上的质量，用符号 Ba 表示，以 Pa 为单位。大气压力虽不属于烟气状态参数，但它与烟气压力密切相关，它的变化对烟气的物理性质将产生一定的影响。在 CEMS 中，通常采用大气压力传感器实时测量，或将当地大气压年平均值作为常数输入到烟气 CEMS 数据处理系统中，参与烟气排放污染物因子标准状态转换的计算。

2．烟气含湿量

是指烟气中水蒸气的含量，通常用 1kg 干空气中含有的水蒸气量（g）或湿空气中水蒸气含量的体积百分数（φ_{ws}）表示。在 CEMS 中的含湿量通常用烟气中的水蒸气含量的体积百分数来表示。在计算烟气污染物排放速率时，由于是执行的标准干烟气状态的计量标准，所以对于流量、颗粒物、SO_2、NO_x 等数据的排放速率都需要根据测量的烟气含湿量进行修正。含湿量的测量大都采用冷凝法、干湿球法手工测定，取平均值输入 CEMS 系统。或采用阻容传感器法、干湿氧法将探头装在烟道实施对烟气中水分含量的实时监测，通过标准公式参与软件中干烟气转换的计算。

3．烟道面积

CEMS 中流速检测仪测点处的烟道内空截面积。用来计算烟气的标况流量，测量设定不准将直接影响各污染物排放量的准确性。

4．过量空气系数

是指燃料完全燃烧实际所需空气量与理论完全燃烧所需空气量的比值。根据各现场的锅炉的类型，国家标准规定不同类型的锅炉有不同的标准过量空气系数，该取值将决定废气污染物因子的折算排放浓度，通常实测废气污染物因子的折算排放浓度应按 GB/T 16157 的规定，采用表 13-1 规定的过量空气系数进行折算。

表 13-1 锅炉过量空气系数折算

锅炉类型	折算项目	过量空气系数
燃煤锅炉	烟尘初始排放浓度	α=1.7
	烟尘、二氧化硫排放浓度	α=1.8
燃油、燃气锅炉	烟尘、二氧化硫、氮氧化物排放浓度	α=1.2

5．浓度单位换算系数

当各仪器单位和数据采集系统软件上单位不一致时，应根据各浓度单位的转换系数加以设定，以免造成数据传输不一致的现象。SO_2 浓度单位：1μmol/mol=64/22.4mg/m^3=2.86mg/m^3；NO 浓度单位：1μmol/mol=30/22.4mg/m^3=1.34mg/m^3；NO_2 浓度单位：1μmol/mol=46/22.4mg/m^3=2.05mg/m^3。

6．仪器零点

仪器测量不含有污染物成分时的显示值和输出值。

7．速度场系数

指参比方法测定断面烟气平均流速和同时段流速 CEMS 测定断面某一固定点或测定线上的烟气平均流速的比值。

8．速度场系数精密度

至少连续 7 天的速度场系数的标准偏差与速度场系数的日平均值的平均值比值百分数。它是用来衡量流速是否符合标准的一个指标。

9．斜率与截距

在对颗粒物 CEMS 的相关性技术指标检测时，以颗粒物 CEMS 的有效数据为 X 轴，参比方法采样数据为 Y 轴，建立一元线性方程，并根据标准上的斜率与截距公式计算出参数。将该线性方程的斜率与截距输入 CEMS 数据采集处理系统，可以将 CEMS 测定显示值校验到与手工采样参比方法测得的颗粒物浓度值一致。

10．折算浓度

废气污染物中的各污染因子实测标准状态下干烟气浓度转换为排放标准规定过量空气系数下的浓度，是符合环保计量要求和污染物排放限值考核的一个重要指标。

11．响应时间

在气态污染物完全抽取法 CEMS 线性误差检测时，从采样探头通入中浓度的标气，使标气与样品气通过同样的路径，用秒表记录仪器显示值从瞬时变化至达到 90%标准浓度的时间，取平均值。

12．空白分析

指对不含待测物质的样品用于实际样品的操作进行的试验，对应的样品为空白样品。常用来评价污染源现场颗粒物手工采样操作是否规范，所采集滤筒是否有效。

二、参数准确性对测量的影响

1．系统仪器的技术参数

仪器在调试期间，通常要对仪器的量程进行设定，对气态污染物 CEMS 的线性误差、响应时间、零点漂移、满点漂移；颗粒物 CEMS 的零、满点漂移，相关性及相对准确度；流速的速度场系数精密度、温湿度测量系统的绝对误差和相对误差等进行检测和必要的调整。这一系列仪器的技术参数的正确设定和调整直接关系到固定污染源烟气 CEMS 测量数据的准确性。

①各参数的量程设定。各仪表探头的测量量程应和数据采集系统上的各参数的电气信号量程一一对应。防止因量程设置不一致而影响系统仪器测量数据的准确性。如浓度单位不一致时，应根据各浓度单位的转换系数加以设定。

②气态污染物 CEMS 的调整参数。当系统仪器进行比对测试时，如相对准确度不能达到 HJ/T 76—2007 标准规定要求且原因不明时，可通过标准上公式计算出偏差调节系数 Eac 输入 CEMS 对测定数据进行调节。检查该系数设定是否正确，修改系数时必须先进行比对检测后计算得出。其次是在对系统仪器校准时应根据污染源的实际浓度选择适当的量程并合适的标气进行标定，因为标气的误差对测量结果会产生偏差。

③颗粒物 CEMS 的调整参数。调试时当通过手工采样所得粉尘的数据对与 CEMS 上同时段的数据对建立一元回归方程的相关性检验合格时，其斜率、截距等相关性曲线参数设入污染源 CEMS 后，手工采样数据将和 CEMS 数据建立一定的线性函数关系。与之相关的参数修改后，系统仪器的示值将按参数设定的曲线变化，因此，这些参数修改时必须通过手工比对校准后才能进行。相关参数的准确性修改将直接影响测量数据的准确性。

④校准。当速度场系数精密度不满足技术指标要求时，可进行手工采样参比方法与流速 CEMS 的相关系数的校准。通过调节三个不同的工况流速，每个工况流速至少建立三个有效数据对，以流速 CMS 数据为 X 轴，参比方法数据为 Y 轴，建立一元线性回归方程，并将斜率和截距输入到 CEMS 的数据采集系统，将流速 CMS 数据校准到手工参比采样方法所测定的流速值。

2．系统仪器的状态参数

固定污染源烟气 CEMS 运行时，监测系统是否正常的一些参数量。如湿度报警、制冷温低、采样头温低、流量报警、仪器故障等。这些参数是判断系统仪器是否正常工作，监测数据是否可信的保证。通常这些参数反映的是 CEMS 的工作状态，如果各状态参数有报警项，则系统不能正常运行或带故障运行，系统的监测数据无法保证其准确性。

3．系统现场参数

根据现场情况及锅炉的类型需要设定到 CEMS 数据采集系统中的一些固定参数：大气压力、烟道面积、标准过量空气系数、不同浓度单位转换系数等。以上参数设置正确与否将直接影响污染物因子的折算浓度、排放量等数据的准确性。

三、设备参数设置和状态参数记录

CEMS 设备的各参数的设置一定要正确，确保系统检测数据的准确有效；系统仪器的数据采集及控制系统协调整个系统运行时序的同时，记录采集的测定数据和仪器的运行状态参数，根据状态参数诊断仪器的运行状况并给予状态标记。当仪器运行不正常时给予报警提示，在现场可以直观地看到设备的运行状况，及时采取相应的处理措施，保证设备有效数据的采集率。

第二节 设备运转率及每季度有效数据捕集率

一、计算方法

设备运转率=仪器总运行时间/排放源总运行时间×100%。该指标用于 CEMS 性能测试的复检，在 90 天的运行时间内只有当设备运转率大于或等于 90%时才允许复检。

每季度有效数据捕集率=（该季度小时数－缺失数据小时数－无效数据小时数）/（该季度小时数－无效数据小时数）×100%

二、数据统计方法及判定

① 缺失数据时间段包括：烟气 CEMS 故障期间、维修期间、失控时段、参比方法替代时段以及有计划地维护保养、校准、校验等烟气 CEMS 缺失数据时间段；

② 无效数据时间段包括：固定污染源启停运（大修、中修、小修等）期间以及闷炉等时间段；

③ 根据环保标准规定烟气 CEMS 每季度有效数据捕集率应达到 75%。

第三节 数据传输率与数据超标率的计算

一、数据传输率计算方法

数据传输率=（季度传输数据小时数－缺失数据时间段－无效数据时间段）/（季度传输数据小时数－无效数据时间段）×100%

二、数据传输率统计方法及判定

① 现场机在线率为 90%以上；

② 正常情况下，掉线后 5min 之内重新上线；

③ 单台数据采集传输仪每日掉线次数 5 次以内；

④ 报文传输稳定性在 99%以上，数据正确率为 100%；

⑤ 系统稳定运行一个月，不出现通信稳定性、通信协议正确性、数据传输正确性以外的其他联网问题。

三、数据的计算

超标率=（数据超标时间段）/（季度小时数－无效数据时间段）×100%

第四节　总量计算

一、颗粒物和气态污染物排放率

颗粒物和气态污染物排放率按下式计算：

$$G=c'\times Q_{sn}\times 10^{-6}$$

式中：G——颗粒物或气态污染物排放率，kg/h；

Q_{sn}——标准状态下干排烟气量，m^3/h。

二、污染物排放总量

污染物排放总量按下式计算：

$$G_d=\sum_{i=1}^{24}G_{h_i}\times 10^{-3}\quad G_m=\sum_{i=1}^{31}G_{md_i}\quad G_y=\sum_{i=1}^{365}G_{yd_i}$$

式中：G_d——烟尘或气态污染物日排放量，t/d；

G_{h_i}——该天中第 i 小时烟尘或气态污染物排放量，kg/h；

G_m——烟尘或气态污染物月排放量，t/m；

G_{md_i}——该月中第 i 日烟尘或气态污染物排放量，t/d；

G_y——烟尘或气态污染物年排放量，t/a；

G_{yd_i}——该年中第 i 日烟尘或气态污染物排放量，t/d。

第五节　统计报表的检查

一、统计报表的记录格式及内容

固定污染源烟气 CEMS 应能监测、记录标准状态下烟气污染物的排放情况，自动生成日报表、月报表、年报表，表格形式应满足 HJ/T 76—2007 标准或当地环保主管部门要求。烟气 CEMS 自动生成的分钟报表至少有 45min 的有效数据、日报表至少 18h 的有效数据、月报表至少 22 天的有效数据，报表中应给出最大值、最小值、平均值、累计排放量以及参与统计的样本数，并定期将烟气 CEMS 监测数据上报。

日报，月报，年报的统计报表格式见表 13-2，表 13-3，表 13-4。

表 13-2 烟气排放连续监测小时平均值日报表

排放源名称：

排放源编号：　　　　　　　　　　　　　　　　　　　　监测日期：　　年　　月　　日

时间	颗粒物			SO_2			NO_x			标态流量/（m^3/h）	O_2/%	烟温/℃	含湿量/%	备注
	mg/m^3	折算 mg/m^3	kg/h	mg/m^3	折算 mg/m^3	kg/h	mg/m^3	折算 mg/m^3	kg/h					
00～01														
01～02														
02～03														
03～04														
04～05														
05～06														
06～07														
07～08														
08～09														
09～10														
10～11														
11～12														
12～13														
13～14														
14～15														
15～16														
16～17														
17～18														
18～19														
19～20														
20～21														
21～22														
22～23														
平均值														
最大值														
最小值														
样本数														
日排放量/t	—			—			—				—			

烟气日排放总量单位：$\times 10^4 m^3/d$

上报单位（盖章）：　　　　负责人：　　　　报告人：　　　　报告日期：　　年　　月　　日

表 13-3　烟气排放连续监测日平均值月报表

排放源名称：

排放源编号：　　　　　　　　　　　　　　　　　　　　　　　监测日期：　年　月　日

日期	颗粒物			SO_2			NO_x			标态流量/($\times10^4m^3/d$)	O_2/%	烟温/℃	含湿量/%	备注
	mg/m^3	折算 mg/m^3	t/d	mg/m^3	折算 mg/m^3	t/d	mg/m^3	折算 mg/m^3	t/d					
1 日														
2 日														
3 日														
4 日														
5 日														
6 日														
7 日														
8 日														
9 日														
10 日														
11 日														
12 日														
13 日														
14 日														
15 日														
16 日														
17 日														
18 日														
19 日														
20 日														
21 日														
22 日														
23 日														
24 日														
25 日														
26 日														
27 日														
28 日														
29 日														
30 日														
31 日														
平均值														
最大值														
最小值														
样本数														
月排放量/t	—			—			—				—			

烟气月排放总量单位：$\times10^4m^3/m$

上报单位（盖章）：　　　负责人：　　　报告人：　　　报告日期：　年　月　日

表 13-4　烟气排放连续监测月平均值年报表

排放源名称：

排放源编号：　　　　　　　　　　　　　　　　　　　　监测日期：　　年　　月　　日

时间	颗粒物			SO_2			NO_x			标态流量/ ($\times10^4m^3/m$)	O_2/%	烟温/℃	含湿量/%	备注
	mg/m^3	折算 mg/m^3	t/月	mg/m^3	折算 mg/m^3	t/月	mg/m^3	折算 mg/m^3	t/月					
1 月														
2 月														
3 月														
4 月														
5 月														
6 月														
7 月														
8 月														
9 月														
10 月														
11 月														
12 月														
平均值														
最大值														
最小值														
样本数														
年排放总量/t	—			—			—			—	—			

烟气年排放总量单位：$\times10^4m^3/a$

上报单位（盖章）：　　　　负责人：　　　　报告人：　　　　报告日期：　　年　　月　　日

二、缺失数据、异常数据的标记和处理

1．缺失数据的处理

①任一参数的自动监测数据缺失在 24h 以内（含 24h），缺失数据的弥补按缺失前 1h 该参数的有效小时均值和恢复后 1h 该参数的有效小时均值的算术平均值插入，见表 13-5。

②颗粒物、气态污染物参数的自动监测数据缺失超过 24h 时，所缺失数据除该因子的排放量需要弥补外，其浓度参数不须弥补。弥补按缺失前 720 有效小时均值中该污染物最大排放量进行替代插入。

③除颗粒物、气态污染物以外的其他参数的自动监测数据缺失超过 24h 时，所缺失数据的弥补按缺失前该参数 720 有效小时的参数均值的算术平均值进行替代插入。

表 13-5 缺失数据的处理的方法

中断时间 N/h	缺失参数	处理方法	
		方法	选取值
$N≤24$	所有参数	算术平均值	中断前一小时和中断后一小时有效小时均值
$N>24$	颗粒物、气态污染物	有效小时均值的排放量最大值	中断前 720 有效小时均值
	氧量和其他参数	算术平均值	

2．监督检查时数据的处理

当地环保主管技术部门用参比方法进行监督检查时，当烟气 CEMS 数据与参比方法监测数据不符合《固定污染源烟气排放连续监测技术规范（试行）》（HJ/T 75—2007）要求时，以参比方法监测数据为准进行替代，直至烟气 CEMS 数据调试到与参比方法监测数据符合《固定污染源烟气排放连续监测技术规范（试行）》（HJ/T 75—2007）要求时为止。

3．烟气 CEMS 维修时数据的处理

烟气 CEMS 因发生故障需停机进行维修时，其维修期间的数据插入按缺失数据处理；亦可以用符合 HJ/T 75 标准技术指标要求的备用的烟气 CEMS 在同时段施的监测数据替代或参比方法监测数据替代。

4．失控数据的修约

失控数据的修约方法见表 13-6。

表 13-6 失控数据的修约方法

失控时间段 N/h	失控参数	修约方法	
		方法	选取值
$N≤24$	所有参数	算术平均值	前一次校准/校验后第一个有效小时均值和本次校准/校验后第一个有效小时均值
$N>24$	颗粒物、气态污染物	有效小时均值的排放量最大值	前一次校准/校验前 720 有效小时
	氧量和其他参数	有效小时均值的算术平均值	

三、数据的逻辑性分析

固定污染源烟气 CEMS 上电运行后，由系统仪器的数据采集及控制系统控制整个系统的运转时序，记录下测定的数据和仪器的运行状态标记。根据仪器的各种运行状态标记可以判别数据的有效性。各种标记含义如下：

“P”表示系统电源故障；

“F”表示排放源停运；

“C”表示系统处于校准状态；

“M”表示系统处于维护状态；

“O”表示超标排放；

“Md”表示缺失数据；

“T”表示当前数据超系统测定上限；

“D”表示仪器故障。

根据系统运行状态标记情况，可以将有效数据与缺失数据和无效数据区分出来，便于对烟气 CEMS 系统的有效数据进行审核和故障判断。当系统测量数据处于有效状态时可通过各参数之间的逻辑关系结合锅炉工况进一步对数据的合理性进行分析，以判别数据是否真实有效。举例说明：

1．含氧量变化

锅炉燃烧要消耗氧气，各种类型的锅炉要保证正常工作时排放烟气的氧含量有高有低，所以先要弄清楚所检测锅炉正常工作时段的氧含量，否则会造成有效数据判断的失误。例如电厂排放烟气的含氧量通常会低于 8%，随着含氧量的升高，SO_2 的浓度应该降低，当氧浓度达到接近 21%时，SO_2 浓度应降低到接近零，但是如果锅炉某时间段的负荷及脱硫设备工况发生变化时也可能会出现数据波动很大，如锅炉正常工作氧为 8%，SO_2 为 200μmol/mol，某段时间氧为 10%而 SO_2 涨到 600μmol/mol，此时不能笼统地判断该时间段为无效数据，要根据烟气 CEMS 的温度、流速、系统的气密性等其他参数结合锅炉的工况来综合评价。

2．温度变化

一般情况电厂锅炉湿法脱硫前烟气温度在 100℃以上，湿法脱硫后烟气的温度在几十度。如果脱硫后的 CEMS 烟气温度升高，接近于脱硫前的温度，此时 SO_2 的浓度应与脱硫前相当，问题在于脱硫设施可能未正常投运，结合烟温，流速等其他参数的变化可以作出正确判断。

3．流速变化

通常情况流速为零时，如流速测量仪无故障，说明引风机停止运转，可能是锅炉停炉了，查看系统报表看各采集的参数变化趋势是逐渐下降，温度慢慢达到常温，其他参数趋近于零，可以判定是停炉了，此时 SO_2 浓度应很低趋近于零。锅炉启运风机开启后，流速很快达到正常值，此时其他各参数应随即升高至正常，否则应检查烟气 CEMS 设备是否故障或其他原因。

4．实测浓度、折算浓度

当污染物的实测浓度不变时，其折算浓度随含氧量的升高而升高。

5．排放量

各污染物排放量应随各实测浓度的变化而变化，如实测浓度发生变化而排放量未变化，应检查系统的设备或软件的数据计算。

6．数据异常

可以根据存储在数据采集上的历史报表结合温度、压力、流速等参数来综合判断。如果某段时间 CEMS 数据变化很大，而同时段温度、压力、流速等参数变化不大，则 CEMS 可能有故障。

第十四章
污染源自动监测数据有效性审核企业表格

第一节　水污染源自动监测数据有效性审核企业自查表

一、企业基本情况

<table>
<tr><td>企业名称</td><td colspan="5"></td></tr>
<tr><td>地址</td><td colspan="3"></td><td>邮政编码</td><td></td></tr>
<tr><td>联系人</td><td></td><td>固定电话</td><td></td><td>移动电话</td><td></td></tr>
<tr><td rowspan="3">主要产品情况</td><td colspan="2">产品</td><td colspan="2">设计生产能力</td><td>实际产量</td></tr>
<tr><td colspan="2"></td><td colspan="2"></td><td></td></tr>
<tr><td colspan="2"></td><td colspan="2"></td><td></td></tr>
<tr><td colspan="3">企业生产状况（季度正常运行天数）</td><td colspan="3"></td></tr>
<tr><td colspan="3">废水处理工艺</td><td colspan="3"></td></tr>
<tr><td colspan="3">设计处理能力/（t/d）</td><td colspan="3"></td></tr>
<tr><td colspan="3">实际处理能力/（t/d）</td><td colspan="3"></td></tr>
<tr><td colspan="3">废水排放去向</td><td colspan="3"></td></tr>
<tr><td colspan="3">纳污水体功能区类别</td><td colspan="3"></td></tr>
<tr><td colspan="3">环评批复对在线设备要求及文号</td><td colspan="3"></td></tr>
</table>

二、在线监测设备基本情况

企业名称：

监测项目	COD	氨氮	流量	其他
设备型号				
出厂编号				
生产商				
集成商				
生产许可证编号				
环保产品认证编号				
方法原理				
检出限/（mg/L）				
测定量程/（mg/L）				
运营单位				

三、现场安装情况

企业名称：

排污口位置	东经：　　度　　分　　秒；北纬：　　度　　分　　秒			
	与边界距离			
排污口规范化情况	形状		水面宽度	
	流量计类型		测流段长度	
	排污口处是否有环保图形标志			
监控站房情况	与排污口距离		面积及高度	
	是否有防漏、防尘、通风、消防、接地、避雷等措施			
	电源电压		供电功率	
	是否照明电源		是否有浪涌保护器	
	是否有总开关		是否独立控制仪器	
废液回收	是否回收		时间间隔	
	处理单位			

四、运行与维护情况

企业名称：

项目	评价内容	完成情况
站房、辅助设备	保持站房清洁，保证监测用房内的温度、湿度满足仪器正常运行的需求，辅助设备工作正常	
采水、排水及内部管路	定期维护和清洁，保证内部管路通畅，防止堵塞和泄漏，是否有记录	
在线监测设备	是否定期清洗、定期更换试剂、定期更换易耗品、定期校准仪器，是否有记录	
电路、仪器传输	保持电路、仪器传输系统是否正常工作	
日常维护及巡检	是否按 HJ/T 355—2007 中 4 的要求对系统进行日常维护并做好巡检记录，巡检记录应包含该系统运行状况、系统辅助设备运行状况、系统校准工作等必检项目和记录，以及仪器使用说明书中规定的其他检查项目和校准、维护保养、维修记录	
检修	是否按 HJ/T 355—2007 中 6 的要求进行在线监测设备的检修、停用、拆除或者更换并作记录	

五、质量保证和质量控制

企业名称：

项目	评价内容	完成情况
操作人员	操作人员是否按国家相关规定，经培训考核合格，持证上岗	
标准溶液	是否定期对标准溶液进行核查，结果符合要求并记录	
实际水样比对试验	是否定期每月进行实际水样比对实验，结果符合要求并记录	

六、通信稳定性

企业名称：

项目	评价内容	完成情况
通信稳定性	数据采集传输仪和上位机之间的通信是否稳定，不出现经常性的通信连接中断、报文丢失、报文不完整等通信问题	
	数据采集传输仪在线率	%
	数据传输稳定性	%

七、数据准确性

企业名称：

项目	评价内容			完成情况
数据传输正确性	在线监测仪器显示值、数据采集传输仪数据和上位机接收的数据这三个环节的实时数据是否保持一致			
在线监测设备验收	是否已经验收，并提供检测报告和验收报告			
实际水样比对	是否每月按照实验室标准方法进行实际水样比对试验			
	相对误差			
质控样试验	是否每月对在线监测设备进行质控样试验			
	质控样品浓度 1	mg/L	相对误差	%
	质控样品浓度 2	mg/L	相对误差	%

八、数据数量要求

企业名称：

项目	评价内容	完成情况
连续排放	是否满足每 2h 获得一个监测值的要求	
间歇排放	监测数据数是否不小于污水累计排放小时数。对 pH 值、温度和流量而言，监测数据数是否不小于污水累计排放小时数的 6 倍	

九、设备运转率

企业名称：

项目	评价内容	完成情况
运行时间	COD_{Cr} 平均无故障连续运行时间	h/次
	其余项目平均无故障连续运行时间	h/次
设备运转率	设备运转率%=（实际运行小时/企业排放小时数）×100%	%

十、仪器技术档案

企业名称：

项目	评价内容	说明
技术档案内容	是否有仪器的生产厂家、系统的安装单位和竣工验收记录	
	是否有监测仪器校准、零点和量程漂移、重复性、实际水样比对和质控样试验的例行记录	
	是否有监测（监控）仪器的运行调试报告、例行检查、维护保养记录	
	是否有检测机构的检定或校验记录	
	是否有仪器设备的检修、易耗品的定期更换记录	
	是否有各种仪器的操作、使用、维护规范	
技术档案基本要求	档案中的表格是否采用统一的标准表格	
	记录是否清晰、完整，是否有专业维护人员的签字	
	是否可从技术档案中查阅和了解仪器设备的使用、维修和性能检验等全部历史资料，以对运行的各台仪器设备做出正确评价	
	与仪器相关的记录是否放置在现场并妥善保存	

填表人：　　　　　　　　　　　　审核：　　　　　　　　　　　　批准：

第二节　烟气污染源自动监测数据有效性审核企业自查表

一、企业基本情况

企业名称					
地址				邮政编码	
联系人		固定电话		移动电话	
主要产品情况	产品		设计生产能力	实际产量	
企业生产状况					
企业脱硫设备运行情况					
除尘设备运行情况					
环评批复对在线设备要求及文号					

二、自动监测设备基本情况

企业名称：

检测项目	SO_2	烟尘	NO_x	氧量	烟气流速	烟气温度	其他
设备型号							
出厂编号							
生产商							
集成商							
生产许可证编号							
环保产品认证编号							
方法原理							
检出限							
测定量程							
运营单位							

三、现场安装情况

企业名称：

<table>
<tr><td rowspan="2">烟囱位置</td><td colspan="4">东经：　度　分　秒；北纬：　度　分　秒</td></tr>
<tr><td>与边界距离</td><td colspan="3"></td></tr>
<tr><td rowspan="3">烟囱规范化情况</td><td>烟囱材质</td><td></td><td>烟囱高度</td><td></td></tr>
<tr><td>平台高度</td><td></td><td>爬梯类型</td><td></td></tr>
<tr><td>平台防震及防雷情况</td><td></td><td></td><td></td></tr>
<tr><td rowspan="6">监测站房情况</td><td>站房与烟囱距离</td><td></td><td>面积及高度</td><td></td></tr>
<tr><td>站房震动情况</td><td colspan="3"></td></tr>
<tr><td>是否有防漏、防潮、防尘、通风、消防接地、避雷等措施</td><td colspan="3"></td></tr>
<tr><td>站房电源类型</td><td></td><td>供电功率</td><td></td></tr>
<tr><td>是否有总开关</td><td></td><td>是否有浪涌保护器</td><td></td></tr>
<tr><td>是否有稳压措施</td><td colspan="3"></td></tr>
</table>

四、运行及维护情况

企业名称：

项目	评价项目	完成情况
站房、辅助措施	保持站房清洁，保证监测用站房内的温度、湿度满足仪器正常运行的需要，辅助设备工作正常	
气路等管路	定期维护和清洗，保证气路畅通，防止堵塞、泄漏，是否有记录	
在线监测设备	是否定期清洗、更换耗材，定期校准仪器，是否有记录	
电路、仪器传输	保持电路、传输仪器是否正常工作	
日常维护及巡检	是否按 HJ/T 75—2007 中的规定要求对系统进行日常维护并做好巡检记录	
检修	是否按要求进行在线监测设备的检修、停用、拆除或者更换并做记录	

五、质量保证和质量控制

企业名称：

项目	评价内容	完成情况
操作人员	操作人员是否按国家相关规定，经培训考核合格，持证上岗	
标准气体	是否定期对标准气体进行核查，结果符合要求并记录	
定期校准	是否按 HJ/T 75—2007 的要求对在线设备定期进行校准，结果符合要求并记录	

六、通信稳定性

企业名称：

项目	评价内容	完成情况
通信稳定性	现场机在线率为 90%以上	
	正常情况下，掉线后，应在 5min 之内重新上线	
	单台数据采集传输仪每日掉线次数在 5 次以内	
	报文传输稳定性在 99%以上，当出现报文错误或丢失时，启动纠错逻辑，要求数据采集传输仪重新发送报文	

七、数据准确性

企业名称：

项目	评价内容	完成情况
数据传输正确性	在线监测仪器显示值、数据采集传输仪数据和上位机接受的数据这三个环节的实时数据是否保持一致	
在线监测设备验收	是否已经验收并提供监测报告和验收报告	
比对监测	当地环境保护技术主管部门按 HJ/T 75—2007 中 7.2 每年不定期地对烟气 CEMS 技术性能指标至少进行一次比对监测，但监测样品数量可相应减少，监测颗粒物、流速、烟温等样品数量至少 3 对（指代表整个烟道断面的平均值），抽检气态污染物样品数量至少 6 对，抽检结果应符合本标准 7.4	

八、设备运行率

企业名称：

项目	评价内容	完成情况
运行时间	主要设备平均无故障连续运行时间	
	其余辅助设备平均无故障运行时间	
设备运行率	设备运行率%=（实际运行小时/企业排放小时数）×100%	

九、仪器技术档案

企业名称：

项目	评价内容	说明
技术档案内容	是否有仪器的生产厂家、系统的安装单位和竣工验收记录	
	是否有监测仪器校准的例行记录	
	是否有监测仪器的运行调试报告、例行检查、维护保养记录	
	是否有检定机构的检定或校验记录	
	是否有仪器设备的检修、易耗品的定期更换记录	
	是否有各种仪器的操作、使用、维护规范	
技术档案基本要求	档案中的表格是否采用统一的标准格式	
	记录是否完成、清晰、是否有专业维修人员的签字	
	是否可从技术档案中查阅和了解仪器设备的使用、维修和性能检验等全部历史资料，以及对运行的各台仪器设备做出正确的评价	
	与仪器相关的记录是否在现场并妥善保存	

填表人：　　　　　　　　　　审核：　　　　　　　　　　批准：

第三节　自动监测设备运行与维护记录表

一、水污染源自动监测设备运营维护日常巡检表

企业名称：　　　　　　　　　　　　　　　　　　　　　　日期：

<table>
<tr><td colspan="2">设备名称：</td><td>规格型号：</td><td colspan="3">设备编号：</td></tr>
<tr><td colspan="2">维护管理单位：</td><td>安装地点：</td><td colspan="3">维护保养人：</td></tr>
<tr><td colspan="6">设备巡检内容、情况及处理情况说明</td></tr>
<tr><td rowspan="19">日常维护工作记录</td><td rowspan="2">（一）维护预备</td><td>查询日志</td><td colspan="3"></td></tr>
<tr><td>试剂、耗材准备</td><td colspan="3"></td></tr>
<tr><td rowspan="5">（二）系统检查</td><td>供电系统（稳压、UPS 等）</td><td colspan="3"></td></tr>
<tr><td>通信系统（本地通信、远程通信等）</td><td colspan="3"></td></tr>
<tr><td>控制系统（PLC、工控机等）</td><td colspan="3"></td></tr>
<tr><td>子站设施（泵、阀等）</td><td colspan="3"></td></tr>
<tr><td>采水系统</td><td colspan="3"></td></tr>
<tr><td rowspan="4">（三）仪器检查</td><td>仪器显示</td><td colspan="3"></td></tr>
<tr><td>故障报警</td><td colspan="3"></td></tr>
<tr><td>仪器管路</td><td colspan="3"></td></tr>
<tr><td>仪器校验</td><td colspan="3"></td></tr>
<tr><td rowspan="7">（四）周期维护</td><td>仪器清洗</td><td colspan="3"></td></tr>
<tr><td>集成管路清洗</td><td colspan="3"></td></tr>
<tr><td>废液处理</td><td colspan="3"></td></tr>
<tr><td>试剂更换</td><td colspan="3"></td></tr>
<tr><td>耗材更换</td><td colspan="3"></td></tr>
<tr><td>卫生打扫</td><td colspan="3"></td></tr>
<tr><td>站房记录</td><td colspan="3"></td></tr>
<tr><td>（五）其他情况</td><td></td><td colspan="3"></td></tr>
<tr><td>异常情况处理记录</td><td colspan="5"></td></tr>
<tr><td>更换耗材</td><td colspan="3"></td><td>备注</td><td></td></tr>
<tr><td>离站时间</td><td></td><td>服务耗时</td><td></td><td>维护人员</td><td></td></tr>
<tr><td>业主方代表</td><td colspan="3"></td><td>日期</td><td></td></tr>
</table>

二、水污染源自动监测仪校准记录表

<table>
<tr><td>站点名称</td><td colspan="2"></td><td>仪器类别</td><td></td><td>型号</td><td></td></tr>
<tr><td>月份</td><td colspan="2"></td><td>日期</td><td></td><td>时间</td><td>时到　　时</td></tr>
<tr><td rowspan="4">常规项</td><td>校准前各参数</td><td>是否正常</td><td>异常参数</td><td>校准后各参数</td><td>是否正常</td><td>异常参数</td></tr>
<tr><td></td><td></td><td></td><td></td><td></td><td></td></tr>
<tr><td></td><td></td><td></td><td></td><td></td><td></td></tr>
<tr><td></td><td></td><td></td><td></td><td></td><td></td></tr>
<tr><td rowspan="5">结果记录</td><td colspan="6">（异常情况描述）</td></tr>
<tr><td colspan="6">原因分析与采取措施：</td></tr>
<tr><td colspan="6">处理结果及器件更换：</td></tr>
<tr><td colspan="6">线性变动记录：
校验前：
校验后：</td></tr>
<tr><td colspan="3">实施人 1：</td><td colspan="3">实施人 2：</td></tr>
<tr><td>领导审批</td><td colspan="6">签字：
年　　月　　日</td></tr>
</table>

三、水污染源自动监测仪校验记录表

<table>
<tr><td>站点名称</td><td colspan="2"></td><td>仪器类别</td><td></td><td>型号</td><td></td></tr>
<tr><td>月次</td><td colspan="2">第　　月</td><td>日期</td><td></td><td>时间</td><td></td></tr>
<tr><td rowspan="12">校验</td><td>第一次</td><td>质控样 1</td><td>质控样 2</td><td>水样 1</td><td>水样 2</td><td>水样 3</td></tr>
<tr><td>标准值</td><td></td><td></td><td></td><td></td><td></td></tr>
<tr><td>仪器值</td><td></td><td></td><td></td><td></td><td></td></tr>
<tr><td>误差</td><td></td><td></td><td></td><td></td><td></td></tr>
<tr><td>结论</td><td></td><td></td><td></td><td></td><td></td></tr>
<tr><td colspan="6">线性变动过程记录：</td></tr>
<tr><td>第二次</td><td>质控样 1</td><td>质控样 2</td><td>水样 1</td><td>水样 2</td><td>水样 3</td></tr>
<tr><td>标准值</td><td></td><td></td><td></td><td></td><td></td></tr>
<tr><td>仪器值</td><td></td><td></td><td></td><td></td><td></td></tr>
<tr><td>误差</td><td></td><td></td><td></td><td></td><td></td></tr>
<tr><td>结论</td><td></td><td></td><td></td><td></td><td></td></tr>
<tr><td colspan="6">实施人：</td></tr>
<tr><td>领导审批</td><td colspan="6">签字：　　年　　月　　日</td></tr>
</table>

四、水污染源自动监测设备故障维修记录表

企业名称：

<table>
<tr><td>设备名称</td><td></td><td>规格型号</td><td></td><td>设备编号</td><td></td></tr>
<tr><td>维护管理单位</td><td></td><td>安装地点</td><td></td><td></td><td></td></tr>
<tr><td rowspan="2">故障情况及发生时间</td><td colspan="5"></td></tr>
<tr><td colspan="5">仪器设备管理员：　　　　年　月　日
维修人：　　　　年　月　日</td></tr>
<tr><td rowspan="2">修复后使用前校验时间、校验结果说明</td><td colspan="5"></td></tr>
<tr><td colspan="5">校验人：　　　　年　月　日</td></tr>
<tr><td rowspan="2">正常投入使用时间</td><td colspan="5"></td></tr>
<tr><td colspan="5">仪器设备管理员：　　　　年　月　日
负责人：　　　　年　月　日</td></tr>
</table>

五、标准溶液核查结果记录表

站点名称：　　　　　　　　　　　　　　　　　　　　　　　　　测定日期：　　年　　月　　日

序号	测试项目	单位	自动监测仪器测定结果	配置值（推荐值）	相对误差/%	备注

运营方代表：　　　　　　　　　　　　　　　　　　　　　　　　日期：　　年　　月　　日

业主方代表：　　　　　　　　　　　　　　　　　　　　　　　　日期：　　年　　月　　日

六、烟气自动监测设备日常巡检维护记录表

企业名称： 日期： 年 月 日

设备名称：	规格型号：	设备编号：
维护管理单位：	安装地点：	维护保养人：

设备巡检内容、情况及处理情况说明

序号	子系统	巡检部件及事项说明	巡检部件情况说明	处理情况	处理后结果说明
1	烟气监测系统	探头滤芯、采样管、伴热管是否堵塞			
		采样探头反吹是否正常，电磁阀、反吹气源是否正常			
		采样泵、致冷器、过滤器、采样流量是否正常			
		直接烟气分析仪的净化装置管路、风机、过滤器、风量			
		吸附剂、干燥剂是否过期			
		烟气监测数据是否正常，分析仪（直抽式）校准是否正常			
		标气的浓度、有效期时间、剩余压力			
2	烟尘监测系统	鼓风机、风管、空气过滤器等部件工作是否正常			
		穿法烟尘分析仪的光点是否偏移			
		烟尘监测数据是否正常			
3	流速监测系统	检查皮托管的反吹管路、控制阀等是否正常			
		超声波法：检查鼓风机、软管、过滤器等部件是否正常			
		监测流速值是否正常			
4	其他烟气监测参数	温度测量值是否正常			
		湿度测量值是否正常			
		氧量测量值是否正常			
5	数据采集传输装置	各通信线的连接是否松动			
		数据传输卡上的费用			
		分析仪、工控机、数据采集传输仪上的数据是否一致			
6	其他辅助设备	空气压缩系统是否正常 分水器、储气装置中的水是否放掉			
		室内的温度、湿度是否正常			
		分析站房的门窗是否密封			
		站房的清洁卫生			

本次巡检人： 本次巡检时间： 负责人：

七、烟气自动监测设备零点漂移、跨度漂移校准记录表

企业名称：

设备名称		规格型号		设备编号	
维护管理单位		安装地点		上次校准时间	
SO_2分析仪校准					
分析仪原理		分析仪量程		计量单位	
零点漂移校准	零气浓度值	校前测试值	零点漂移%	仪器校准是否正常	校准后测试值
跨度漂移校准	标气浓度值	校前测试值	跨度漂移%	仪器校准是否正常	校准后测试值
NO_x分析仪校准					
分析仪原理		分析仪量程		计量单位	
零点漂移校准	零气浓度值	校前测试值	零点漂移%	仪器校准是否正常	校准后测试值
跨度漂移校准	标气浓度值	校前测试值	跨度漂移%	仪器校准是否正常	校准后测试值
O_2分析仪校准					
分析仪原理		分析仪量程		计量单位	
零点漂移校准	零气浓度值	校前测试值	零点漂移%	仪器校准是否正常	校准后测试值
跨度漂移校准	标气浓度值	校前测试值	跨度漂移%	仪器校准是否正常	校准后测试值
流速仪校准					
分析仪原理		分析仪量程		计量单位	
零点漂移校准	零值	校前测试值	零点漂移%	仪器校准是否正常	校准后测试值
跨度漂移校准	校准用跨度值	校前测试值	跨度漂移%	仪器校准是否正常	校准后测试值
烟尘仪校准					
分析仪原理		分析仪量程		计量单位	
零点漂移校准	零值	校前测试值	零点漂移%	仪器校准是否正常	校准后测试值
跨度漂移校准	校准用跨度值	校前测试值	跨度漂移%	仪器校准是否正常	校准后测试值
本次校准人		本次校准时间		负责人（签章）	

八、烟气自动监测设备校验测试记录表

企业名称：

设备名称		规格型号		设备编号	
维护管理单位		安装地点		上次校验时间	
参比法对比测试仪	仪器名称	仪器型号	仪器供应商		
烟尘校验					
对比测试仪原理		CEMS 分析仪原理			
监测时间	参比方法测定值/（mg/m^3）	CEMS 测定值/（mg/m^3）	相对误差/%	评价标准	评价结果
				根据 HJ/T 75—2007	
	平均值：	平均值：			
SO_2 校验					
对比测试仪原理		CEMS 分析仪原理			
监测时间	参比方法测定值/（mg/m^3）	CEMS 测定值/（mg/m^3）	相对误差	评价标准	评价结果
				根据 HJ/T 75—2007	
	平均值：	平均值：			
NO_x 校验					
对比测试仪原理		CEMS 分析仪原理			
监测时间	参比方法测定值/（mg/m^3）	CEMS 测定值/（mg/m^3）	相对误差	评价标准	评价结果
				根据 HJ/T 75—2007	
	平均值：	平均值：			
O_2 校验					
对比测试仪原理		CEMS 分析仪原理			
监测时间	参比方法测定值/%	CEMS 测定值/%	相对误差	评价标准	评价结果
				根据 HJ/T 75—2007	
	平均值：	平均值：			
流速校验					
对比测试仪原理		CEMS 测试仪原理			
监测时间	参比方法测定值/（m/s）	CEMS 测定值/（m/s）	相对误差	评价标准	评价结果

				根据HJ/T 75—2007	
	平均值：	平均值：			
温度校验					
对比测试仪原理		CEMS 测试仪原理			
监测时间	参比方法测定值/℃	CEMS 测定值/℃	示值误差	评价标准	评价结果
				根据HJ/T 75—2007	
	平均值：	平均值：			
校验结论	如校验合格前对系统进行过处理、调整、参数修改，请说明：				
	如校验后，烟尘分析仪、流速仪的原校正系统改动，请说明：				
	总体校验是否合格：				
	校验人员：　　时间：　年　月　日 负责人：				

九、烟气自动监测设备维修记录表

站点名称		停机时间	
烟尘测试仪	检修情况描述		
	更换部件		
	更换部件		
烟气分析仪	检修情况描述		
	更换部件		
烟气参数测试仪	检修情况描述		
	更换部件		
加热采样装置（含自控温气体伴热管）	检修情况描述		
	更换部件		
气体制冷装置	检修情况描述		
	更换部件		

数据采集与处理控制部分	检修情况描述	
	更换部件	
空压机及反吹风机部分	检修情况描述	
	更换部件	
采样泵、蠕动泵、控制阀部分	检修情况描述	
	更换部件	
站房清理		
停机检修情况总结：		
备注：		
检修人：	离站时间：	

十、易耗品更换记录表

企业名称：

设备名称		规格型号		设备编号	
维护管理单位		安装地点		维护保养人	
序号	易耗品名称	规格型号	单位	数量	更换原因说明（备注）
维护保养人：		时间：	负责人：		时间：

十一、标准物质更换记录表

企业名称：

设备名称		规格型号		设备编号	
维护管理单位		安装地点		维护保养人	
序号	标准物质名称	规格型号	单位	数量	供应商
维护保养人：		时间：	负责人：		时间：

十二、比对试验结果记录表

站点名称：　　　　　　　　　　　　　　　　　　　测定日期：　　年　　月　　日

序号	测试项目	单位	自动监测仪器测定结果	比对方法测定结果		比对监测结果平均值	测定误差/%
				1	2		

运营方代表：　　　　　　　　　　　　　　　　　　　日期：　　年　　月　　日

业主方代表：　　　　　　　　　　　　　　　　　　　日期：　　年　　月　　日

附录一

主要污染物总量减排监测办法

（国发[2007]36 号）

第一条 为了准确核定污染源化学需氧量和二氧化硫的排放量，按照《中华人民共和国环境保护法》《排污费征收使用管理条例》（国令第 369 号）《国务院关于“十一五”期间全国主要污染物排放总量控制计划的批复》（国函[2006]70 号）《国务院关于落实科学发展观 加强环境保护的决定》（国发[2005]39 号）和《国务院关于印发节能减排综合性工作方案的通知》（国发[2007]15 号）的有关规定，制定本办法。

第二条 主要污染物减排监测是对污染源排放的主要污染物总量进行核定，并为国家确定的主要污染物减排工作提供数据的监测活动。监测工作采用污染源自动监测和污染源监督性监测（包括手工监测和实验室比对监测），主要是掌握污染源排放污染物的种类、浓度和数量。污染源化学需氧量和二氧化硫排放量的监测技术采用自动监测技术与污染源监督性监测技术相结合的方式。

第三条 污染源监督性监测工作原则上由县级政府环境保护主管部门负责。县级政府环境保护主管部门监测能力不足时，由市（地）级以上政府环境保护主管部门负责监测或由省级政府环境保护主管部门确定。

国控重点污染源是国家监控的占全国主要污染物工业排放负荷 65%以上的工业污染源和城市污水处理厂，国控重点污染源名单由国务院环境保护主管部门公布，每年动态调整。

国控重点污染源监督性监测工作由市（地）级政府环境保护主管部门负责，其中装机容量 30 万千瓦以上火电厂的污染源监督性监测工作由省级政府环境保护主管部门负责。国控重点污染源监督性监测数据共享使用，不重复监测。

第四条 以污染源监测数据为基础统一采集、核定、统计污染源排污量数据，根据污染物排放浓度和流量计算污染物排放量。

排污单位应当保证污染防治设施正常运行，对污染物排放状况和防治污染设施运行情况进行定期监测，建立污染源监测档案。排污单位应每月初向当地环境保护主管部门申报上月排放的化学需氧量和二氧化硫数量，并提供有关资料。

对于安装自动监测设备的污染源以自动监测数据为依据申报化学需氧量和二氧化硫的排放量。

对于未安装自动监测设备的污染源，由排污单位提供具备资质的监测单位出具的化学需氧量和二氧化硫监测数据，以此申报化学需氧量和二氧化硫排放量。

对于无法安装自动监测设备和不具备条件监测的污染源，化学需氧量和二氧化硫的排放量按环境统计方法计算，并向当地环境保护主管部门申报。

第五条 当地环境保护主管部门对排污单位每月申报的化学需氧量和二氧化硫排放量进行核定，并将核定结果告知排污单位。

对安装自动监测设备的排污单位，监测设备必须与环境保护主管部门直接联网，实时传输数据，环境保护主管部门据此数据进行核定。

对未安装自动监测设备或自动监测设备没有与环境保护主管部门联网的污染源，环境保护主管部门定期对其进行手工监测，其中国控污染源的监测频次不少于每季度一次，依此数据进行核定。

第六条 国控重点污染源必须在 2008 年底前完成污染源自动监测设备的安装和验收，污染源自动监测设备的建设由排污单位和地方财政负责，验收由地方政府环境保护主管部门负责，数据监测由企业负责，日常运行由有资质的运营单位负责。国控重点污染源自动监测设备的监测数据必须与省级政府环境保护主管部门联网，并直接传输上报国务院环境保护主管部门。

第七条 省级政府环境保护主管部门负责本辖区内的污染源监督性监测数据的质量管理工作。承担化学需氧量和二氧化硫排放量核定的环境保护主管部门具体负责污染源监督性监测数据的质量和排放量的准确性与可靠性。

环境保护主管部门负责对污染源自动监测系统的监测设备进行实验室比对监测和自动监测数据有效性审核。实验室比对监测与自动监测设备同步现场采样，监测频次为每季度一次。

实验室比对监测结果表明同步的自动监测的数据质量达不到规定时，则从本次实验室比对监测时间上推至上次实验室比对监测之间的时段按自动监测系统数据缺失处理。数据缺失时段的排放量按照相关技术规范的规定核算。

地方实验室比对监测结果与上级政府环境保护、主管部门的检查、抽查监测结果不一致时，由上级政府环境保护主管部门确认自动监测数据的有效性。

国务院环境保护主管部门定期组织对污染源监督性监测的统一质量控制考核，并组织跨省区的不定期抽查工作。

第八条 各级政府环境保护主管部门要建立完整的污染源基础信息档案，建立污染源监督性监测数据库。污染源监督性监测数据按季度逐级报送上级环境监测机构，用于监测质量管理工作。

第九条 地方各级人民政府要保证承担本辖区污染源监测工作的各级环境监测站的相关工作条件，在人员配置和培训、设备购买和更新、工作和实验用房供给、工作经费保障等方面制定切实可行的计划并予以落实，特别是要保证直接为减排统计、监测和考核服务的污染源监督性监测费用，补助国控重点污染源自动监控系统的建设和运行费用，将其纳入各级政府财政预算。承担监测任务的环境监测部门监测方法必须采用国家标准方法或环保行业标准方法，并按照国家和地方技术规范要求实行质量保证和质量控制。

第十条 本办法自发布之日起施行。

附录二

污染源自动监控管理办法

（环保总局令第 28 号）

第一章 总 则

第一条 为加强污染源监管，实施污染物排放总量控制与排污许可证制度和排污收费制度，预防污染事故，提高环境管理科学化、信息化水平，根据《水污染防治法》《大气污染防治法》《环境噪声污染防治法》《水污染防治法实施细则》《建设项目环境保护管理条例》和《排污费征收使用管理条例》等有关环境保护法律法规，制定本办法。

第二条 本办法适用于重点污染源自动监控系统的监督管理。

重点污染源水污染物、大气污染物和噪声排放自动监控系统的建设、管理和运行维护，必须遵守本办法。

第三条 本办法所称自动监控系统，由自动监控设备和监控中心组成。

自动监控设备是指在污染源现场安装的用于监控、监测污染物排放的仪器、流量（速）计、污染治理设施运行记录仪和数据采集传输仪等仪器、仪表，是污染防治设施的组成部分。

监控中心是指环境保护部门通过通信传输线路与自动监控设备连接用于对重点污染源实施自动监控的计算机软件和设备等。

第四条 自动监控系统经环境保护部门检查合格并正常运行的，其数据作为环境保护部门进行排污申报核定、排污许可证发放、总量控制、环境统计、排污费征收和现场环境执法等环境监督管理的依据，并按照有关规定向社会公开。

第五条 国家环境保护总局负责指导全国重点污染源自动监控工作，制定有关工作制度和技术规范。

地方环境保护部门根据国家环境保护总局的要求按照统筹规划、保证重点、兼顾一般、量力而行的原则，确定需要自动监控的重点污染源，制定工作计划。

第六条 环境监察机构负责以下工作：

（一）参与制定工作计划，并组织实施；

（二）核实自动监控设备的选用、安装、使用是否符合要求；

（三）对自动监控系统的建设、运行和维护等进行监督检查；

（四）本行政区域内重点污染源自动监控系统联网监控管理；

（五）核定自动监控数据，并向同级环境保护部门和上级环境监察机构等联网报送；

（六）对不按照规定建立或者擅自拆除、闲置、关闭及不正常使用自动监控系统的排污单位提出依法处罚的意见。

第七条 环境监测机构负责以下工作：

（一）指导自动监控设备的选用、安装和使用；

（二）对自动监控设备进行定期比对监测，提出自动监控数据有效性的意见。

第八条 环境信息机构负责以下工作：

（一）指导自动监控系统的软件开发；

（二）指导自动监控系统的联网，核实自动监控系统的联网是否符合国家环境保护总局制定的技术规范；

（三）协助环境监察机构对自动监控系统的联网运行进行维护管理。

第九条 任何单位和个人都有保护自动监控系统的义务，并有权对闲置、拆除、破坏以及擅自改动自动监控系统参数和数据等不正常使用自动监控系统的行为进行举报。

第二章 自动监控系统的建设

第十条 列入污染源自动监控计划的排污单位，应当按照规定的时限建设、安装自动监控设备及其配套设施，配合自动监控系统的联网。

第十一条 新建、改建、扩建和技术改造项目应当根据经批准的环境影响评价文件的要求建设、安装自动监控设备及其配套设施，作为环境保护设施的组成部分，与主体工程同时设计、同时施工、同时投入使用。

第十二条 建设自动监控系统必须符合下列要求：

（一）自动监控设备中的相关仪器应当选用经国家环境保护总局指定的环境监测仪器检测机构适用性检测合格的产品；

（二）数据采集和传输符合国家有关污染源在线自动监控（监测）系统数据传输和接口标准的技术规范；

（三）自动监控设备应安装在符合环境保护规范要求的排污口；

（四）按照国家有关环境监测技术规范，环境监测仪器的比对监测应当合格；

（五）自动监控设备与监控中心能够稳定联网；

（六）建立自动监控系统运行、使用、管理制度。

第十三条 自动监控设备的建设、运行和维护经费由排污单位自筹，环境保护部门可以给予补助；监控中心的建设和运行、维护经费由环境保护部门编报预算申请经费。

第三章 自动监控系统的运行、维护和管理

第十四条 自动监控系统的运行和维护，应当遵守以下规定：

（一）自动监控设备的操作人员应当按国家相关规定，经培训考核合格、持证上岗；

（二）自动监控设备的使用、运行、维护符合有关技术规范；

（三）定期进行比对监测；

（四）建立自动监控系统运行记录；

（五）自动监控设备因故障不能正常采集、传输数据时，应当及时检修并向环境监察机构报告，必要时应当采用人工监测方法报送数据。

自动监控系统由第三方运行和维护的，接受委托的第三方应当依据《环境污染治理设施运营资质许可管理办法》的规定，申请取得环境污染治理设施运营资质证书。

第十五条 自动监控设备需要维修、停用、拆除或者更换的，应当事先报经环境监察机构批准同意。

环境监察机构应当自收到排污单位的报告之日起 7 日内予以批复；逾期不批复的，视为同意。

第四章 罚 则

第十六条 违反本办法规定，现有排污单位未按规定的期限完成安装自动监控设备及其配套设施的，由县级以上环境保护部门责令限期改正，并可处 1 万元以下的罚款。

第十七条 违反本办法规定，新建、改建、扩建和技术改造的项目未安装自动监控设备及其配套设施，或者未经验收或者验收不合格的，主体工程即正式投入生产或者使用的，由审批该建设项目环境影响评价文件的环境保护部门依据《建设项目环境保护管理条例》责令停止主体工程生产或者使用，可以处 10 万元以下的罚款。

第十八条 违反本办法规定，有下列行为之一的，由县级以上地方环境保护部门按以下规定处理：

（一）故意不正常使用水污染物排放自动监控系统，或者未经环境保护部门批准，擅自拆除、闲置、破坏水污染物排放自动监控系统，排放污染物超过规定标准的；

（二）不正常使用大气污染物排放自动监控系统，或者未经环境保护部门批准，擅自拆除、闲置、破坏大气污染物排放自动监控系统的；

（三）未经环境保护部门批准，擅自拆除、闲置、破坏环境噪声排放自动监控系统，致使环境噪声排放超过规定标准的。

有前款第（一）项行为的，依据《水污染防治法》第四十八条和《水污染防治法实施细则》第四十一条的规定，责令恢复正常使用或者限期重新安装使用，并处 10 万元以下的罚款；有前款第（二）项行为的，依据《大气污染防治法》第四十六条的规定，责令停止违法行为，限期改正，给予警告或者处 5 万元以下罚款；有前款第（三）项行为的，依据《环境噪声污染防治法》第五十条的规定，责令改正，处 3 万元以下罚款。

第五章 附 则

第十九条 本办法自 2005 年 11 月 1 日起施行。

附录三

污染源自动监控设施运行管理办法

（环发[2008]6 号）

第一章　总　则

第一条　为加强对污染源自动监控设施运行的监督管理，保证污染源自动监控设施正常运行，加强对污染源的有效监管，根据《中华人民共和国环境保护法》《国务院对确需保留的行政审批项目设立行政许可的决定》（国务院令第 412 号）的规定，制定本办法。

第二条　本办法所称自动监控设施，是指在污染源现场安装的用于监控、监测污染排放的仪器、流量（速）计、污染治理设施运行记录仪和数据采集传输仪器、仪表，是污染防治设施的组成部分。

第三条　本办法所称自动监控设施的运行，是指从事自动监控设施操作、维护和管理，保证设施正常运行的活动，分为委托给有资质的专业化运行单位的社会化运行和排污单位自运行两种方式。

第四条　本办法适用于县级以上重点污染源（包括重点监控企业）自动监控设施的运行和管理活动。

其他污染源自动监控设施运行和管理活动参照本办法执行。

第五条　污染源自动监控设施运行费用由排污单位承担，有条件的地方政府可给予适当补贴。

第六条　国家支持鼓励设施社会化运行服务业的发展。

第七条　国务院环境保护行政主管部门负责制定污染源自动监控设施运行管理的规章制度、标准，地方环境保护行政主管部门负责本辖区污染源自动监控设施运行的监督管理。

第二章　设施运行要求

第八条　污染源自动监控设施的选型、安装、运行、审查、监测质量控制、数据采集和联网传输，应符合国家相关的标准。

第九条　污染源自动监控设施必须经县级以上环境保护行政主管部门验收合格后方可正式投入运行，并按照相关规定与环境保护行政主管部门联网。

第十条　从事污染源自动监控设施的社会化运行单位必须取得国务院环境保护行政主管部门核发的“环境污染治理设施运营资质证书”。

第十一条　所有从事污染源自动监控设施的操作和管理人员，应当经省级环境保护行政主管部门委托的中介机构进行岗位培训，能正确、熟练地掌握有关仪器设施的原理、操作、使用、调试、维修和更换等技能。

第十二条 污染源自动监控设施运行单位应按照县级以上环境保护行政主管部门的要求，每半年向其报送设施运行状况报告，并接受社会公众监督。

第十三条 污染源自动监控设施运行单位应按照国家或地方相关法律法规和标准要求，建立健全管理制度。主要包括：人员培训、操作规程、岗位责任、定期比对监测、定期校准维护记录、运行信息公开、设施故障预防和应急措施等制度。常年备有日常运行、维护所需的各种耗材、备用整机或关键部件。

第十四条 运行单位应当保持污染源自动监控设施正常运行。污染源自动监控设施因维修、更换、停用、拆除等原因将影响设施正常运行情况的，运行单位应当事先报告县级以上环境保护行政主管部门，说明原因、时段等情况，递交人工监测方法报送数据方案，并取得县级以上环境保护行政主管部门的批准；设施的维修、更换、停用、拆除等相关工作均须符合国家或地方相关的标准。

第十五条 污染源自动监控设施的维修、更换，必须在 48 小时内恢复自动监控设施正常运行，设施不能正常运行期间，要采取人工采样监测的方式报送数据，数据报送每天不少于 4 次，间隔不得超过 6 小时。

第十六条 在地方环境保护行政主管部门的监督指导下，污染源自动监控设施产权所有人可按照国家相关规定，采取公开招标的方式选择委托国务院环境保护行政主管部门核发的运营资质证书的运行单位，并签订运行服务合同。

运行合同正式签署或变更时，运行单位须将合同正式文本于 10 个工作日内，向县级以上环境保护行政主管部门备案。

第十七条 排污单位不得损坏设施或蓄意影响设施正常运行。

第十八条 污染源自动监控设施运行委托单位有以下权利和义务：

（一）对设施运行单位进行监督，提出改进服务的建议；

（二）应为设施运行单位提供通行、水、电、避雷等正常运行所需的基本条件。因客观原因不能正常提供时，需提前告知运行单位，同时向县级以上环境保护行政主管部门报告，配合做好相关的应急工作；

（三）举报设施运行单位的环境违法行为；

（四）不得以任何理由干扰运行单位的正常工作或污染源自动监控设施的正常运行；

（五）不得将应当承担的排污法定责任转嫁给运行单位。

第十九条 污染源自动监控设施社会化运行单位有以下权利和义务：

（一）按照规定程序和途径取得或放弃设施运行权；

（二）不受地域限制获得设施运行业务；

（三）严格执行有关管理制度，确保设施正常运行；

（四）举报排污单位的环境违法行为；

（五）对运行管理人员进行业务培训，提高运行水平。

第三章 监督管理

第二十条 县级以上环境保护行政主管部门对污染源自动监控设施运行情况行使以

下现场检查和日常监督权：

（一）社会化运行单位是否依法获得污染源自动监控设施运营资质证书，是否按照资质证书的规定，在有效期内从事运行活动；

（二）社会化运行单位是否与委托单位签订运行服务合同，合同有关内容是否符合环境保护要求并得到落实；

（三）运行单位岗位现场操作和管理人员是否经过岗位培训；

（四）运行单位是否按照要求建立自动监控设施运行的人员培训、操作规程、岗位责任、定期比对监测、定期校准维护记录、运行信息公开、事故预防和应急措施等管理制度以及这些制度是否得到有效实施；

（五）自动监控设施是否按照环境保护行政主管部门的相关要求联网，并准确及时地传输监控信息和数据；

（六）运行委托单位是否有影响运行单位正常工作和污染源自动监控设施正常运行的行为；

（七）运行委托单位和运行单位是否有其他环境违法行为。

第二十一条　运行委托单位对自动监控设施的监测数据提出异议时，县级以上环境监测机构应按照国家或地方相关的标准进行比对试验等监测工作，由县级以上环境监察机构确认责任单位，并由责任单位承担相关经济、法律责任。

第二十二条　县级以上环境保护行政主管部门组织对污染源自动监控设施的运行状况进行定期检查，出现检查不合格的情况，可责令其限期整改；对社会化运行单位可建议国务院环境保护行政主管部门对其运营资质进行降级、停用、吊销等处罚。

第二十三条　环境保护行政主管部门在行使运行监督管理权力时，应当遵守下列规定：

（一）严格按照本办法规定履行职责；

（二）不得无故干预运行单位的正常运行业务；

（三）为运行委托单位和运行单位保守技术秘密；

（四）不得收取任何费用及谋求个人和单位的利益；

（五）不得以任何形式指定污染源自动监控设施运行单位。

第二十四条　国家鼓励个人或组织参与对污染源自动监控设施运行活动的监督。

个人或组织发现污染源自动监控设施运行活动中有违法违规行为的，有权向环保部门举报，环境监察部门应当及时核实、处理。

第四章　附　则

第二十五条　县级以上重点污染源，是指列入国控、省控、市控及县控重点污染源名单的排污单位；重点监控企业是指城镇污水处理厂。

第二十六条　本办法所称运行单位包括社会化运行单位和自运行单位。

社会化运行是指已取得国务院环境保护行政主管部门核发的“环境污染治理设施运营资质证书”，具有独立法人资格的企业或企业化管理的事业单位，接受污染物产生单位委托，按照双方签订的合同，为其提供自动监控设施操作、维护和管理，保证设施正常运行，并承担相应环境责任的经营服务活动。

自运行是指污染物产生单位自行从事其自动监控设施操作、维护和管理，保证设施正常运行，并承担相应环境责任的活动。

第二十七条 县级以上环境保护行政主管部门对个人或组织如实举报设施运行违法违规行为的，可给予奖励，并有义务为举报者保密。

第二十八条 本办法由国务院环境保护行政主管部门负责解释。

第二十九条 本办法自 2008 年 5 月 1 日起施行。

附录四

国家重点监控企业污染源自动监测数据有效性审核办法

（环发[2009]88 号）

第一章 总 则

第一条 根据国务院转批的《主要污染物总量减排监测办法》和《污染源自动监控管理办法》（国家环保总局令第 28 号），为确保国家重点监控企业（以下简称“国控企业”）污染源自动监测设备提供的监测数据（以下简称“污染源自动监测数据”）的有效性，制定本办法。

第二条 国控企业污染源自动监测数据有效性审核是指环保部门对国控企业污染源自动监测设备定期进行监督考核，确定其自动监测设备正常运行。

国控企业污染源自动监测设备在正常运行状态下所提供的实时监测数据，即为通过有效性审核的污染源自动监测数据。

第三条 国控企业污染源自动监测设备验收合格后，其正常运行提供的监测数据在一定时段内认定为有效数据。

日常运行监督考核合格后至下次运行监督考核，该时段内自动监测设备正常运行提供的监测数据认定为有效数据。

验收不合格、日常运行监督考核不合格或不能正常运行的国控企业污染源自动监测设备，不得提供污染源自动监测数据。

第四条 有效的国控企业污染源自动监测数据是国控企业计算主要污染物排放数量和确定达标排放的依据，是环境保护主管部门总量考核、监督执法、排污申报核定等工作的基础。

第五条 国控企业污染源自动监测数据有效性审核工作由市（地）级环境保护部门（以下简称“市级责任环保部门”）负责。其中装机容量 30 万千瓦以上的火电厂（包括热电联产电厂）的污染源自动监测数据有效性审核工作由省级环境保护部门（以下简称“省级责任环保部门”）负责。

第二章 企业责任

第六条 国控企业废气污染源自动监测设备 1 个小时自动采样一次，废水污染源自动监测设备 2 个小时自动采样一次，并整小时实时传输污染源自动监测数据。

国控企业对安装的自动监测设备的正常运行负责。

第七条 国控企业依据《水污染源在线监测系统运行与考核技术规范（试行）》（HJ/T 355—2007）和《固定污染源烟气排放连续监测技术规范（试行）》（HJ/T 75—2007），

对污染源自动监测设备进行日常运行管理，建立健全相关制度和台账。

第八条 国控企业按照有关技术规范要求对污染源自动监测设备进行巡检、维护保养、定期校准和校验，对异常和缺失数据按规范进行标识和补充。

第九条 在国控企业污染源自动监测设备运行不正常或日常运行监督考核不合格期间，国控企业要采取人工监测的方法向责任环保部门报送数据，数据报送每天不少于 4 次，间隔不得超过 6 小时。

第十条 国控企业应当配合责任环保部门开展对污染源自动监测数据的有效性审核工作。

第十一条 国控企业每季度第一个月前 10 个工作日内应当向责任环保部门提交上个季度污染源自动监测设备日常运行自检报告。

自检报告包括污染源自动监测数据准确性分析、数据缺失和异常情况说明以及企业生产情况等。

第三章 监督考核

第十二条 责任环保部门依据《国家重点监控企业污染源自动监测设备监督考核规程》，对国控企业污染源自动监测设备日常运行每季度考核一次，并将考核结果通知国控企业。

对国控企业污染源新安装验收合格的自动监测设备，运行一个季度后，必须进行监督考核。

第十三条 国控企业污染源自动监测设备日常运行考核内容包括比对监测、制度执行情况以及设备运行情况检查等。

第十四条 国控企业污染源自动监测设备日常运行考核不合格的，国控企业应当严格按责任环保部门的要求限期整改。责任环保部门不接收整改期间的国控企业污染源自动监测数据。

第四章 监督管理

第十五条 对国控企业污染源自动监测数据造假、违规设定仪器参数、违规运行或其他影响正常运行的严重违规行为，责任环保部门按有关规定予以处罚。

第十六条 上级环保部门对下级环保部门国控企业污染源自动监测数据有效性审核工作进行监督检查。

第五章 附 则

第十七条 责任环保部门可结合实际情况制定具体实施办法。

第十八条 地方重点监控企业污染源自动监测数据有效性审核参考本办法执行。

第十九条 事业化管理的污水处理厂适用本办法。

第二十条 本办法自发布之日起施行。

附录五

国家重点监控企业污染源自动监测设备监督考核规程

（环发[2009]88 号）

为确保国家重点监控企业（以下简称“国控企业”）的污染源安装的自动监测设备提供的监测数据（以下简称“污染源自动监测数据”）的有效性，规范环境保护主管部门对国控企业安装的自动监测设备（以下简称“污染源自动监测设备”）日常运行监督考核程序，制定本规程。

一、监督考核依据

（一）《主要污染物总量减排监测办法》（国发[2007]36 号）

（二）《污染源自动监控管理办法》（国家环保总局令第 28 号）

（三）《污染源自动监控系统运行管理办法》（环发[2008]6 号）

（四）《国家重点监控企业污染源自动监测数据有效性审核办法》

（五）《水污染源在线监测系统安装技术规范（试行）》（HJ/T 353—2007）、《水污染源在线监测系统验收技术规范（试行）》（HJ/T 354—2007）、《水污染源在线监测系统运行与考核技术规范（试行）》（HJ/T 355—2007）、《水污染源在线监测系统数据有效性判别技术规范（试行）》（HJ/T 356—2007）

（六）《固定污染源烟气排放连续监测技术规范（试行）》（HJ/T 75—2007）、《固定污染源烟气排放连续监测系统技术要求及检测方法（试行）》（HJ/T 76—2007）

（七）《污染源在线自动监控（监测）系统数据传输标准》（HJ/T 212—2005）、《环境污染源自动监控信息传输、交换技术规范（试行）》（HJ/T 352—2007）

（八）《国控重点污染源自动监控能力建设项目污染源自动监控现场端建设规范（暂行）》（环发[2008]25 号）

二、监督考核内容

（一）比对监测

1. 废水污染物浓度及流量比对

2. 废气污染物浓度、氧量、流量和烟温比对

（二）现场核查

1. 制度执行情况

（1）设备操作、使用和维护保养记录

（2）运行、巡检记录

（3）定期校准、校验记录

（4）标准物质和易耗品的定期更换记录

（5）设备故障状况及处理记录

2．设备运行情况

（1）仪器参数设置

（2）设备运转率、数据传输率

（3）缺失、异常数据的标记和处理

（4）污染物的排放浓度、流量、排放总量的小时数据及统计报表（日报、月报、季报）

三、监督考核方式

通过比对监测和现场核查对国控企业污染源自动监测设备日常运行进行监督考核，填写监督考核表。

四、监督考核判定结果

（一）相关制度执行情况以及各类报表等不完善的，要求限期整改；

（二）比对监测结果不满足相关技术规范的，判定为监督考核不合格；

（三）擅自更改自动监测设备参数设定的，判定为监督考核不合格。

附录六

水污染源在线监测系统安装技术规范

（HJ/T 353—2007）

1 适用范围

1.1 本标准规定了水污染源在线监测系统中仪器设备的主要技术指标和安装技术要求，监测站房建设的技术要求，仪器设备的调试和试运行技术要求。

1.2 本标准适用于安装于水污染源的化学需氧量（COD_{Cr}）水质在线自动监测仪、总有机碳（TOC）水质自动分析仪、紫外（UV）吸收水质自动在线监测仪、氨氮水质自动分析仪、总磷水质自动分析仪、pH 水质自动分析仪、温度计、流量计、水质自动采样器、数据采集传输仪的设备选型、安装、调试、试运行和监测站房的建设。

2 规范性引用文件

本标准内容引用了下列文件中的条款。凡是不注日期的引用文件，其有效版本适用于本标准。

GB 11914 水质 化学需氧量的测定 重铬酸盐法

GB 50093 自动化仪表工程施工及验收规范

GB 50168 电气装置安装工程电缆线路施工及验收规范

HBC 6—2001 环境保护产品认定技术要求 化学需氧量（COD_{Cr}）水质在线自动监测仪

HJ/T 15 超声波明渠污水流量计

HJ/T 70 高氯废水 化学需氧量的测定 氯气校正法

HJ/T 96—2003 pH 水质自动分析仪技术要求

HJ/T 101—2003 氨氮水质自动分析仪技术要求

HJ/T 103—2003 总磷水质自动分析仪技术要求

HJ/T 104—2003 总有机碳（TOC）水质自动分析仪技术要求

HJ/T 191—2005 紫外（UV）吸收水质自动在线监测仪技术要求

HJ/T 212 污染源在线自动监控（监测）系统数据传输标准

JB/T 9248 电磁流量计

ZBY 120 工业自动化仪表工作条件 温度、湿度和大气压力

3 术语和定义

下列术语和定义适用于本标准。

3.1 水污染源在线监测仪器

指在污染源现场安装的用于监控、监测污染物排放的化学需氧量（COD_{Cr}）在线自动监测仪、总有机碳（TOC）水质自动分析仪、紫外（UV）吸收水质自动在线监测仪、pH水质自动分析仪、氨氮水质自动分析仪、总磷水质自动分析仪、超声波明渠污水流量计、电磁流量计、水质自动采样器和数据采集传输仪等仪器、仪表。

3.2 水污染源在线监测系统

本标准所称的水污染源在线监测系统由水污染源在线监测站房和水污染源在线监测仪器组成。

3.3 超声波明渠污水流量计

用于测量明渠出流及不充满管道的各类污水流量的设备，采用超声波发射波和反射波的时间差测量标准化计量堰（槽）内的水位，通过变送器用 ISO 流量标准计算法换算成流量。

3.4 电磁流量计

利用法拉第电磁感应定律制成的一种测量导电液体体积流量的仪表。

3.5 水质自动采样器

一种污水取样装置，具有智能控制器、采样泵、采样瓶和分样转臂，可以设定程序按照时间、流量或外部触发命令采集单独或混合样品。

3.6 数据采集传输仪

采集各种类型监控仪器仪表的数据、完成数据存储及与上位机数据通信传输功能的工控机、嵌入式计算机、嵌入式可编程自动控制器（PAC）或可编程控制器等。

3.7 平均无故障连续运行时间

指水污染源在线监测仪器在校验期间的总运行时间（h）与发生故障次数（次）的比值，单位：h/次。

3.8 零点漂移

采用零点校正液为试样连续测试，水污染源在线监测仪器的指示值在一定时间内变化的幅度。

3.9 量程漂移

采用量程校正液为试样连续测试，相对于水污染源在线监测仪器的测定量程，仪器指示值在一定时间内变化的幅度。

4 仪器设备主要技术指标

4.1 一般要求

4.1.1 工作电压和频率

工作电压为单相（220±20）V，频率为（50±0.5）Hz。

4.1.2 通信协议

支持 RS-232、RS-485 协议，具体要求按照 HJ/T 212 规定。

4.1.3 相关认证要求

应具有中华人民共和国计量器具型式批准证书或生产许可证。

应通过国家环境保护总局环境监测仪器质量监督检验中心适用性检测。

4.1.4 基本功能要求

应具有时间设定、校对、显示功能。

应具有自动零点、量程校正功能。

应具有测试数据显示、存储和输出功能。

意外断电且再度上电时，应能自动排出系统内残存的试样、试剂等，并自动清洗，自动复位到重新开始测定的状态。

应具有故障报警、显示和诊断功能，并具有自动保护功能，并且能够将故障报警信号输出到远程控制网。

应具有限值报警和报警信号输出功能。

应具有接收远程控制网的外部触发命令、启动分析等操作的功能。

对于总有机碳（TOC）水质自动分析仪，应具有将 TOC 数据自动换算成 COD_{Cr}，并显示和输出数据的功能。

对于紫外（UV）吸收水质自动在线监测仪，应具有将检测结果自动换算成 COD_{Cr}，并显示和输出数据的功能。

对于排放水质不稳定的水污染源，不宜使用总有机碳（TOC）水质自动分析仪或紫外（UV）吸收水质自动在线监测仪。

对于排放高氯废水（氯离子质量浓度大于 1 000mg/L）的水污染源，不宜使用化学需氧量（COD_{Cr}）水质在线自动监测仪。

4.2 化学需氧量（COD_{Cr}）水质在线自动监测仪

4.2.1 方法原理

在酸性条件下，将水样中有机物和无机还原性物质用重铬酸钾氧化的方法，检测方法有光度法、化学滴定法、库仑滴定法等。如果使用其他方法原理的化学需氧量（COD_{Cr}）水质在线自动监测仪，其各项性能指标应满足本标准的相关要求。

4.2.2 测定范围

20～2 000mg/L，可扩充。

4.2.3 性能要求

实际水样比对试验 80%相对误差值应满足表 1 的要求，其他各项性能指标应满足 HBC 6—2001 要求。

表 1 化学需氧量（COD_{Cr}）水质在线自动监测仪实际水样比对试验

COD_{Cr}值	相对误差
COD_{Cr}＜30mg/L	±10%（用接近实际水样质量浓度的低质量浓度质控样替代实际水样进行试验）
30mg/L≤COD_{Cr}＜60mg/L	±30%
60mg/L≤COD_{Cr}＜100mg/L	±20%
COD_{Cr}≥100mg/L	±15%

4.3 总有机碳（TOC）水质自动分析仪

4 3.1 方法原理

干式氧化原理：填充铂系、钴系等催化剂的燃烧管保持在 680～1 000℃，将由载气导入的试样中的 TOC 燃烧氧化。干式氧化反应器常采用的方式有两种， 种是将载气连续通入燃烧管，另一种是将燃烧管关闭一定时间，在停止通入载气的状态下，将试样中的 TOC 燃烧氧化。

湿式氧化原理：指向试样中加入过硫酸钾等氧化剂，采用紫外线照射等方式施加外部能量将试样中的 TOC 氧化。

4 3.2 检测方法

非分散红外吸收法。

4.3 3 测定范围

2～1 000mg/L，可扩充。

4.3.4 性能要求

实际水样比对试验按 HBC 6—2001 的 8.4.5 条试验方法，以总有机碳（TOC）水质自动分析仪与 GB 11914 方法（高氯废水采用 HJ/T 70 方法）做实际水样比对试验，总有机碳（TOC）水质自动分析仪测定结果换算得到的 COD_{Cr} 质量浓度值与 GB 11914（或 HJ/T 70）方法测得的 COD_{Cr} 质量浓度值间的 80%相对误差值应满足表 1 的要求。

其他各项性能指标应满足 HJ/T 104 要求。

4.4 紫外（UV）吸收水质自动在线监测仪

4.4 1 方法原理

单波长 UV 仪：以单波长 254nm 作为检测光直接透过水样进行检测的 UV 仪。

多波长 UV 仪：在紫外光谱区内以多个紫外波长作为检测光源的 UV 仪。

扫描型 UV 仪：对水样进行可见和紫外区域扫描的 UV 仪。

4.4.2 测定范围

标准溶液浓度与换算成 1m 光程的吸光度呈线性的范围。最小测定范围为 0～20m^{-1}，最高测定范围可达 0～250m^{-1} 或更高。

4.4.3 性能要求

实际水样比对试验按 HBC 6—2001 的 8.4.5 条试验方法，以紫外（UV）吸收水质自动在线监测仪与 GB 11914 方法（高氯废水采用 HJ/T 70 方法）做实际水样比对试验，紫外（UV）吸收水质自动在线监测仪测定结果换算得到的 COD_{Cr} 质量浓度值与按 GB 11914（或 HJ/T 70）方法测得的 COD_{Cr} 质量浓度值间的 80%相对误差值应满足表 1 的要求。

其他各项性能指标应满足 HJ/T 191 要求。

4.5 氨氮水质自动分析仪

4.5.1 方法原理（气敏电极法、光度法）

气敏电极法：采用氨气敏复合电极，在碱性条件下，水中氨气通过电极膜后对电极内液体 pH 值的变化进行测量，以标准电流信号输出。

光度法：在水样中加入能与氨离子产生显色反应的化学试剂，利用分光光度计分析得出氨氮质量浓度。

使用其他方法原理的氨氮水质自动分析仪，其各项性能指标也应满足本标准的相关要求。

4.5.2 测定范围

测量最小范围：（1）电极法为 0.05～100mg/L；（2）光度法为 0.05～50mg/L。

4.5.3 性能要求

光度法零点漂移应不大于±5%，电极法和光度法的实际水样比对试验 80%相对误差值应不大于±15%，其他各项性能指标应满足 HJ/T 101 要求。

4.6 总磷水质自动分析仪

4.6.1 方法原理

将水样用过硫酸钾氧化分解后，用钼锑抗分光光度法测定。氧化分解方式主要有三种：水样在 120℃，加热分解 30min；水样在 120℃以下紫外分解；水样在 100℃以下氧化电分解。

使用其他方法原理的总磷水质自动分析仪，其各项性能指标也应满足本标准的相关要求。

4.6.2 测定范围

测定最小范围：0～50mg/L。

4.6.3 性能要求

实际水样比对试验 80%相对误差值应不大于±15%，其他各项性能指标应满足 HJ/T 103 要求。

4.7 pH 水质自动分析仪

4.7.1 测定原理

玻璃电极法。

4.7.2 测量范围

测量最小范围：pH 2～12（0～40℃）。

4.7.3 性能要求

实际水样比对试验 80%绝对误差值应不大于±0.5pH，其他各项性能指标应满足 HJ/T 96 要求。

4.8 温度计

4.8.1 方法原理

铂电阻或热电偶测量法。

4.8.2 测量范围

0～100℃，精度 0.1℃。

4.8.3 安装方式

插入式。

4.9 流量计

4.9.1 流量计是指用于测定污水排放流量的仪器，一般宜采用超声波明渠污水流量计或管道式电磁流量计。使用其他测量方式的流量计，其各项性能指标也应满足本标准的相关要求。

4.9.2 超声波明渠污水流量计

4.9.2.1 方法原理

用超声波发射波和反射波的时间差测量标准化计量堰（槽）内的水位，通过变送器用 ISO 流量标准计算法换算成流量。

4.9.2.2 性能要求

各项性能指标应满足 HJ/T 15 规定的要求。

4.9.3 管道式电磁流量计

4.9.3.1 方法原理

与管道连接，根据法拉第电磁感应原理测得流速。

4.9.3.2 性能要求

各项性能指标应满足 JB/T 9248 规定的要求。

4.10 水质自动采样器

4.10.1 采样方式：蠕动泵法、真空泵法。

4.10.2 工作温度：－10～60℃。

4.10.3 基本功能要求

吸水高度应大于 5m。

外壳防护应达到 IP67。

采样量重复性应不大于±5ml 或平均容积的±5%。

应具备采样管空气反吹及采样前预置换功能。

应具备控制器自诊断功能，能自动测试随机存储器、只读存储器、泵、显示面板和分配器。

应具备可按时间、流量、外接信号设置触发采样的功能。

应具备泵管更换指示报警功能。

应具有样品低温保存功能。

4.11 数据采集传输仪

4.11.1 通信协议

应符合 HJ/T 212 规定的要求。

4.11.2 工作温度和湿度

0～50℃，0%～95%相对湿度（不结露）。

4.11.3 备用电源

应配置备用电源（如不间断电源 UPS 或电池），在断电时数据采集传输仪可继续工作 6h 以上。

4.11.4 数据存储

采集数据的存储格式应为常用的格式，如 TXT 文件、CSV 文件或数据库等格式，如果使用加密文件的专用格式，应公开其格式并提供读取数据的方法和软件。

在存储水质测定数据时，应包括该数据的采集时间和对应的样品采集时间，同时存储该数据的标记、标注信息（如电源故障、校准、设备维护、仪器故障、正常等），并向上位机发送上述三类数据。

数据储存容量大小应满足：当所有的数据输入端口全部使用时保存不少于 12 个月（按每分钟记录一组数据计算）的历史数据（包括监测数据和报警等信息），并且不小于 64 兆 bytes。

数据采集传输仪存储的数据可以在需要时方便地提取，并可以在通用的计算机中读出。

4.11.5 模拟量输入

电流输入：4～20mA，光电隔离，输入阻抗≤250Ω。

电压输入：0～10V，光电隔离，输入阻抗＞10MΩ。

模拟量输入通道数应为 8 路及以上，A/D 转换分辨率应至少为 12 位或以上。

4.11.6 数字量输入

数字量输入通道数应为 8 路及以上，光电隔离。

4.11.7 继电器输出：通道数应为 4 路及以上，触点容量为 AC250V、1A。

4.11.8 上述输入、输出端口应各有不少于 2 路冗余作为备用端口。

4.11.9 通信串行接口：1 路 RS-485 和 2 路及以上 RS-232，并有 1 路 RS-485 和 2 路 RS-232 备用。

4.11.10 内部时钟

应有独立电池供电。

走时误差优于±0.5s/24h。

4.11.11 通信波特率

300/600/1200/2400/4800/9600/19200 bps，可用软件调节设置。

4.11.12 人机界面

宜达到或优于以下要求：

25.4cm（10in）及以上 TFT 液晶显示器；

具有键盘输入功能（当使用触摸屏时，可省去）。

4.11.13 数据采集传输仪平均无故障连续运行时间应不小于 17 000h。

4.11.14 基本功能要求

4.11.14.1 能实时采集水污染源在线监测仪器及辅助设备的输出数据。

4.11.14.2 能对采集的数据进行处理、存储和显示，适合模拟信号、数字信号等多种信号输入方式，兼容多种水污染源在线监测仪器的通信协议。

4.11.14.3 应能够设置三级系统登录密码及相应的操作权限。

4.11.14.4 能对所存储数据进行分析、统计和检索，并以图表的方式表示出来。

4.11.14.5 应具有数据处理参数远程设置功能，例如：可以通过上位机设定或修改采样数据的量程，监测参数报警值的上、下限等。

4.11.14.6 应具有数据打包和远程通信功能。

4.11.14.7 应具有多种远程通信方式，例如：定时通信方式、随机通信方式、实时通信方式、直接通信方式等。

4.11.14.8 低功耗和交直流两用。

4.11.14.9 应具有自检和故障自动恢复功能。

4.11.14.10 上位机可通过数据采集传输仪进行远程遥控，启动现场水污染源在线监测仪器按照要求进行工作。

4.11.14.11 能运行相应程序，控制水污染源在线监测仪器及辅助设备按预定要求进行工作。

4.11.14.12 瞬时流量采集精度（用引用误差表示）应优于±0.1%，采集的累积流量数据应与流量计中的累积流量数据一致。

4.11.14.13 在恶劣的工作环境条件下，如当监测站房内有腐蚀性气体存在、房内气温较高时等，数据采集传输仪仍可稳定运行。

4.11.14.14 具有断电数据保护功能。

4.11.14.15 实时监视水污染源在线监测仪器工作状况，当其出现故障时，重启该仪器，重启失败时即时报告故障信息。

4.11.14.16 当水质参数超标时，在发出报警的同时启动水质自动采样器采集超标水样。

5 监测站房与仪器设备安装技术要求

5.1 企业排放口设置

5.1.1 排放口应满足环境保护部门规定的排放口规范化设置要求。

5.1.2 排放口的设置应能满足安装污水水量自动计量装置、采样取水系统的要求。

5.1.3 排放口的采样点应能设置水质自动采样器。

5.2 监测站房

5.2.1 新建监测站房面积应不小于 $7m^2$。监测站房应尽量靠近采样点，与采样点的距离不宜大于 50m。监测站房应做到专室专用。

5.2.2 监测站房应密闭，安装空调，保证室内清洁，环境温度、相对湿度和大气压等应符合 ZBY 120 的要求。

5.2.3 监测站房内应有安全合格的配电设备，能提供足够的电力负荷，不小于 5kW。站房内应配置稳压电源。

5.2.4 监测站房内应有合格的给、排水设施，应使用自来水清洗仪器及有关装置。

5.2.5 监测站房应有完善规范的接地装置和避雷措施、防盗和防止人为破坏的设施。

5.2.6 监测站房如采用彩钢夹芯板搭建，应符合相关临时性建（构）筑物设计和建造要求。

5.2.7 监测站房内应配备灭火器箱、手提式二氧化碳灭火器、干粉灭火器或沙桶等。

5.2.8 监测站房不能位于通信盲区。

5.2.9 监测站房的设置应避免对企业安全生产和环境造成影响。

5.3 采样取水系统安装要求

5.3.1 采样取水系统应保证采集有代表性的水样，并保证将水样无变质地输送至监测站房供水质自动分析仪取样分析或采样器采样保存。

5.3.2 采样取水系统应尽量设在废水排放堰槽取水口头部的流路中央，采水的前端设在水流下游的方向，减少采水部前端的堵塞。测量合流排水时，在合流后充分混合的场所采水。采样取水系统宜设置成可随水面的涨落而上下移动的形式。应同时设置人工采样口，以便进行比对试验。

5.3.3 采样取水系统的构造应有必要的防冻和防腐设施。

5.3.4 采样取水管材料应对所监测项目没有干扰，并且耐腐蚀。取水管应能保证水质自动分析仪所需的流量。采样管路应采用优质的硬质 PVC 或 PPR 管材，严禁使用软管做采样管。

5.3.5 采样泵应根据采样流量、采样取水系统的水头损失及水位差合理选择。取水采样泵应对水质参数没有影响，并且使用寿命长、易维护。采样取水系统的安装应便于采样泵的安置及维护。

5.3.6 采样取水系统宜设有过滤设施，防止杂物和粗颗粒悬浮物损坏采样泵。

5.3.7 氨氮水质自动分析仪采样取水系统的管路设计应具有自动清洗功能，宜采用加臭氧、二氧化氯或加氯等冲洗方式。应尽量缩短采样取水系统与氨氮水质自动分析仪之间输送管路的长度。

5.4 现场水质自动分析仪安装要求

5.4.1 现场水质自动分析仪应落地或壁挂式安装，有必要的防震措施，保证设备安装牢固稳定。在仪器周围应留有足够空间，方便仪器维护。此处未提及的要求参照仪器相应说明书内容，现场水质自动分析仪的安装还应满足 GB 50093 的相关要求。

5.4.2 安装高温加热装置的现场水质自动分析仪，应避开可燃物和严禁烟火的场所。

5.4.3 现场水质自动分析仪与数据采集传输仪的电缆连接应可靠稳定，并尽量缩短信号传输距离，减少信号损失。

5.4.4 各种电缆和管路应加保护管铺于地下或空中架设，空中架设的电缆应附着在牢固的桥架上，并在电缆和管路以及电缆和管路的两端做上明显标识。电缆线路的施工还应满足 GB 50168 的相关要求。

5.4.5 现场水质自动分析仪工作所必需的高压气体钢瓶，应稳固固定在监测站房的墙上，防止钢瓶跌倒。

5.4.6 必要时（如南方的雷电多发区），仪器和电源也应设置防雷设施。

6 调试

6.1 在现场完成水污染源在线监测仪器的安装、初试后，对在线监测仪器进行调试，调试连续运行时间不少于 72h。

6.2 每天进行零点校准和量程校准检查，当累积漂移超过规定指标时，应对在线监测仪器进行调整。

6.3 因排放源故障或在线监测系统故障造成调试中断，在排放源或在线监测系统恢复正常后，重新开始调试，调试连续运行时间不少于 72h。

6.4 编制水污染源在线监测仪器调试期间的零点漂移和量程漂移测试报告。

7 试运行

7.1 试运行期间水污染源在线监测仪器应连续正常运行 60d。

7.2 可设定任一时间（时间间隔为 24h），由水污染源在线监测系统自动调节零点和校准量程值。

7.3 因排放源故障或在线监测系统故障等造成运行中断，在排放源或在线监测系统恢复正常后，重新开始试运行。

7.4 如果使用总有机碳（TOC）水质自动分析仪或紫外（UV）吸收水质自动在线监测仪，试运行期间应完成总有机碳（TOC）水质自动分析仪或紫外（UV）吸收水质自动在线监测仪与 COD_{Cr} 转换系数的校准。

7.5 水污染源在线监测仪器的平均无故障连续运行时间应满足：化学需氧量（COD_{Cr}）水质在线自动监测仪不小于 360h/次；总有机碳（TOC）水质自动分析仪、紫外（UV）吸收水质自动在线监测仪、pH 水质自动分析仪、氨氮水质自动分析仪和总磷水质自动分析仪不小于 720h/次。

7.6 数据采集传输仪已经和水污染源在线监测仪器正确连接，并开始向上位机发送数据。

7.7 编制化学需氧量（COD_{Cr}）水质在线自动监测仪、总有机碳（TOC）水质自动分析仪、紫外（UV）吸收水质自动在线监测仪、pH 水质自动分析仪、氨氮水质自动分析仪和总磷水质自动分析仪等水污染源在线监测仪器的零点漂移、量程漂移和重复性的测试报告，以及 COD_{Cr} 转换系数的校准报告。

水污染源在线监测仪器的零点漂移、量程漂移、重复性和平均无故障连续运行时间等性能指标与试验方法见表 2。

表 2 水污染源在线监测仪器零点漂移、量程漂移、重复性和平均无故障连续运行时间性能指标

仪器类型		项目	性能指标	试验方法
化学需氧量（COD_{Cr}）水质在线自动监测仪		重复性	±10%	HBC 6—2001，第 8.4.1 条
		零点漂移	±5mg/L	HBC 6—2001，第 8.4.2 条
		量程漂移	±10%	HBC 6—2001，第 8.4.3 条
		平均无故障连续运行时间	≥360h/次	HBC 6—2001，第 8.4.6 条
总有机碳（TOC）水质自动分析仪		重复性	±5%	HJ/T 104—2003，第 9.4.1 条
		零点漂移	±5%	HJ/T 104—2003，第 9.4.2 条
		量程漂移	±5%	HJ/T 104—2003，第 9.4.3 条
		平均无故障连续运行时间	≥720h/次	HJ/T 104—2003，第 9.4.6 条
紫外（UV）吸收水质自动在线监测仪		重复性	量程的±2%以内	HJ/T 191—2005，第 7.4.1 条
		零点漂移	量程的±2%以内	HJ/T 191—2005，第 7.4.2 条
		量程漂移	量程的±2%以内	HJ/T 191—2005，第 7.4.3 条
		平均无故障连续运行时间	≥720h/次	HJ/T 191—2005，第 7.4.5 条
氨氮水质自动分析仪	电极法	重现性	±5%	HJ/T 101—2003，第 8.4.1 条
		零点漂移	±5%	HJ/T 101—2003，第 8.4.2 条
		量程漂移	±5%	HJ/T 101—2003，第 8.4.3 条
		平均无故障连续运行时间	≥720h/次	HJ/T 101—2003，第 8.4.6 条
	光度法	重现性	±10%	HJ/T 101—2003，第 8.5.1 条
		零点漂移	±5%	HJ/T 101—2003，第 8.5.2 条
		量程漂移	±10%	HJ/T 101—2003，第 8.5.3 条
		平均无故障连续运行时间	≥720h/次	HJ/T 101—2003，第 8.5.6 条
总磷水质自动分析仪		重现性	±10%	HJ/T 103—2003，第 8.4.1 条
		零点漂移	±5%	HJ/T 103—2003，第 8.4.2 条
		量程漂移	±10%	HJ/T 103—2003，第 8.4.3 条
		平均无故障连续运行时间	≥720h/次	HJ/T 103—2003，第 8.4.5 条
pH 水质自动分析仪		重现性	±0.1pH	HJ/T 96—2003，第 8.3.1 条
		漂移	±0.1pH	HJ/T 96—2003，第 8.3.1 条，第 8.3.2 条，第 8.3.3 条
		平均无故障连续运行时间	≥720h/次	HJ/T 96—2003，第 8.3.7 条

附录七

水污染源在线监测系统验收技术规范

（HJ/T 354—2007）

1 适用范围

1.1 本标准规定了水污染源在线监测系统的验收方法和验收技术指标。

1.2 本标准适用于已安装于水污染源的化学需氧量（COD_{Cr}）在线自动监测仪、总有机碳（TOC）水质自动分析仪、紫外（UV）吸收水质自动在线监测仪、pH 水质自动分析仪、氨氮水质自动分析仪、总磷水质自动分析仪、超声波明渠污水流量计、电磁流量计、水质自动采样器、数据采集传输仪等仪器的验收监测。

2 规范性引用文件

本标准内容引用了下列文件中的条款。凡是不注日期的引用文件，其有效版本适用于本标准。

GB 6920 水质 pH 值的测定 玻璃电极法
GB 7479 水质 铵的测定 纳氏试剂比色法
GB 7481 水质 铵的测定 水杨酸分光光度法
GB 11893 水质 总磷的测定 钼酸铵分光光度法
GB 11914 水质 化学需氧量的测定 重铬酸盐法
GB 50093—2002 自动化仪表工程施工及验收规范
GB 50168—2006 电气装置安装工程电缆线路施工及验收规范
HBC 6—2001 环境保护产品认定技术要求 化学需氧量（COD_{Cr}）在线自动监测仪
HJ/T 15—1996 超声波明渠污水流量计
HJ/T 70 高氯废水 化学需氧量的测定 氯气校正法
HJ/T 96—2003 pH 水质自动分析仪技术要求
HJ/T 101—2003 氨氮水质自动分析仪技术要求
HJ/T 103—2003 总磷水质自动分析仪技术要求
HJ/T 104—2003 总有机碳（TOC）水质自动分析仪技术要求
HJ/T 191—2005 紫外（UV）吸收水质自动在线监测仪技术要求
HJ/T 212—2005 污染源在线自动监控（监测）系统数据传输标准
JB/T 9248—1999 电磁流量计
ZBY 120 工业自动化仪表工作条件 温度、湿度和大气压力

3 术语和定义

下列术语和定义适用于本标准。

3.1 水污染源在线监测仪器

指在污染源现场安装的用于监控、监测污染物排放的化学需氧量（COD_{Cr}）在线自动监测仪、总有机碳（TOC）水质自动分析仪、紫外（UV）吸收水质自动在线监测仪、pH水质自动分析仪、氨氮水质自动分析仪、总磷水质自动分析仪、超声波明渠污水流量计、电磁流量计、水质自动采样器和数据采集传输仪等仪器、仪表。

3.2 水污染源在线监测系统

本标准所称的水污染源在线监测系统由水污染源在线监测站房和水污染源在线监测仪器组成。

3.3 超声波明渠污水流量计

用于测量明渠出流及不充满管道的各类污水流量的设备，采用超声波发射波和反射波的时间差测量标准化计量堰（槽）内的水位，通过变送器用 ISO 流量标准计算法换算成流量。

3.4 电磁流量计

利用法拉第电磁感应定律制成的一种测量导电液体体积流量的仪表。

3.5 水质自动采样器

一种污水取样装置，具有智能控制器、采样泵、采样瓶和分样转臂，可以设定程序按照时间、流量或外部触发命令采集单独或混合样品。

3.6 数据采集传输仪

采集各种类型监控仪器仪表的数据、完成数据存储及与上位机数据通信传输功能的工控机、嵌入式计算机、嵌入式可编程自动控制器（PAC）或可编程控制器等。

3.7 平均无故障连续运行时间

指自动分析仪在检验期间的总运行时间（h）与发生故障次数（次）的比值，单位：h/次。

3.8 零点漂移

采用零点校正液为试样连续测试，水污染源在线监测仪器的指示值在一定时间内变化的幅度。

3.9 量程漂移

采用量程校正液为试样连续测试，相对于水污染源在线监测仪器的测定量程，仪器指示值在一定时间内变化的幅度。

3.10 pH 标准液

用基准试剂配制的 pH 标准溶液，有如下 3 种：

邻苯二甲酸氢盐 pH 标准液（pH=4.008，25℃）。

中性磷酸盐 pH 标准液（pH=6.865，25℃）。

四硼酸钠 pH 标准液（pH=9.180，25℃）。

4 水污染源在线监测系统的验收

4.1 验收条件

4.1.1 水污染源在线监测系统已进行了调试与试运行，并提供调试与试运行报告。

4.1.2 化学需氧量（COD_{Cr}）在线自动监测仪、总有机碳（TOC）水质自动分析仪、紫外（UV）吸收水质自动在线监测仪、pH 水质自动分析仪、氨氮水质自动分析仪和总磷水质自动分析仪等水污染源在线监测仪器进行了零点漂移、量程漂移、重现性检测，满足表 1 中的性能要求并提供检测报告。

表 1　水污染源在线监测仪器零点漂移、量程漂移、重复性和平均无故障连续运行时间性能指标

仪器类型		项目	性能指标
化学需氧量（COD_{Cr}）在线自动监测仪		重复性	±10%
		零点漂移	±5mg/L
		量程漂移	±10%
		平均无故障连续运行时间	≥360h/次
总有机碳（TOC）水质自动分析仪		重复性	±5%
		零点漂移	±5%
		量程漂移	±5%
		平均无故障连续运行时间	≥720h/次
紫外（UV）吸收水质自动在线监测仪		重复性	量程的±2%以内
		零点漂移	量程的±2%以内
		量程漂移	量程的±2%以内
		平均无故障连续运行时间	≥720h/次
氨氮水质自动分析仪	电极法	重现性	±5%
		零点漂移	±5%
		量程漂移	±5%
		平均无故障连续运行时间	≥720h/次
	光度法	重现性	±10%
		零点漂移	±5%
		量程漂移	±10%
		平均无故障连续运行时间	≥720h/次
总磷水质自动分析仪		重现性	±10%
		零点漂移	±5%
		量程漂移	±10%
		平均无故障连续运行时间	≥720h/次
pH 水质自动分析仪		重现性	±0.1pH
		漂移	±0.1pH
		平均无故障连续运行时间	≥720h/次

4.1.3 如果使用总有机碳（TOC）水质自动分析仪或紫外（UV）吸收水质自动在线监测仪，应完成总有机碳（TOC）水质自动分析仪或紫外（UV）吸收水质自动在线监测仪与 COD_{Cr} 转换系数的校准，提供校准报告。

4.1.4 提供水污染源在线监测系统的选型、工程设计、施工、安装调试及性能等相关技术资料。

4.1.5 水污染源在线监测系统所采用基础通信网络和基础通信协议应符合 HJ/T 212—2005 的相关要求，对通信规范的各项内容作出响应，并提供相关的自检报告。

4.1.6 数据采集传输仪已稳定运行一个月，向上位机发送数据准确、及时。

4.2 监测站房的验收

4.2.1 监测站房应做到专室专用。站房应密闭，安装空调，保证室内清洁，环境温度、相对湿度和大气压等应符合 ZBY 120 的要求。

4.2.2 监测用房内应有合格的给、排水设施，应使用自来水清洗仪器及有关装置。

4.2.3 监测用房应有完善、规范的接地装置和避雷措施，防盗和防止人为破坏的设施。

4.2.4 各种电缆和管路应加保护管铺于地下或空中架设，空中架设电缆应附着在牢固的桥架上，并在电缆和管路以及两端做上明显标识。电缆线路的验收还应按 GB 50168—2006 执行。

4.2.5 水污染源在线监测仪器可选择落地安装或壁挂式安装，并有必要的防震措施，保证设备安装牢固稳定。在仪器周围应留有足够的空间，以方便仪器的维护。此处未提及的要求参照仪器相应说明书内容，水污染源在线监测仪器的安装还应满足 GB 50093—2002 的相关要求。

4.3 水污染源在线监测仪器的验收

4.3.1 验收期间不允许对水污染源在线监测仪器进行零点和量程校准、维护、检修和调节。

4.3.2 依据本标准第 5 章“水污染源在线监测仪器验收方法”的要求，对水污染源在线监测仪器进行验收监测。所有的水污染源在线监测仪器均应进行验收监测。

4.3.3 对化学需氧量（COD_{Cr}）在线自动监测仪、总有机碳（TOC）水质自动分析仪、紫外（UV）吸收水质自动在线监测仪、pH 水质自动分析仪、氨氮水质自动分析仪和总磷水质自动分析仪进行实际废水比对试验，应满足本标准第 5 章“水污染源在线监测仪器验收方法”的要求。

4.3.4 对化学需氧量（COD_{Cr}）在线自动监测仪、总有机碳（TOC）水质自动分析仪、紫外（UV）吸收水质自动在线监测仪、pH 水质自动分析仪、氨氮水质自动分析仪和总磷水质自动分析仪进行质控样考核，应满足本标准第 5 章“水污染源在线监测仪器验收方法”的要求。

4.3.5 超声波明渠污水流量计的性能指标满足 HJ/T 15—1996 中的相关要求。

4.3.6 自动采样器性能满足本标准 5.8 条的要求。

4.3.7 数据采集传输仪的验收满足本标准 5.9 条的相关要求。

4.4 联网验收

4.4.1 通信稳定性

数据采集传输仪和上位机之间的通信稳定，不出现经常性的通信连接中断、报文丢失、报文不完整等通信问题。

数据采集传输仪在线率为 90%以上，正常情况下，掉线后，应在 5min 之内重新上线。单台现场机（数据采集传输仪）每日掉线次数在 5 次以内。数据传输稳定，报文传输稳定性在 99%以上，当出现报文错误或丢失时，启动纠错逻辑，要求数据采集传输仪重新发送报文。

4.4.2 数据传输安全性

为了保证监测数据在公共数据网上传输的安全性，所采用的数据采集传输仪，在需要时可以按照 HJ/T 212—2005 中规定的加密方法进行加密处理传输，保证数据传输的安全性。一端请求连接另一端应进行身份验证。

4.4.3 通信协议正确性

采用的通信协议应完全符合 HJ/T 212—2005 的相关要求。

4.4.4 数据传输正确性

系统稳定运行一个月后，任取其中不少于连续 7d 的数据进行检查，要求上位机接收的数据和数据采集传输仪采集和存储的数据完全一致；同时检查水污染源在线监测仪器显示的测定值、数据采集传输仪所采集并存储的数据和上位机接收的数据，这三个环节的实时数据应保持一致。

4.4.5 联网稳定性

在连续一个月内，系统能稳定运行，不出现除通信稳定性、通信协议正确性、数据传输正确性以外的其他联网问题。

4.4.6 现场故障模拟恢复试验

在水污染源在线监测系统现场验收过程中，人为模拟现场断电、断水和断气等故障，在恢复供电等外部条件后，水污染源在线监测系统应能正常自启动和远程控制启动。在数据采集传输仪中保存故障前完整分析的分析结果，并在故障过程中不被丢失。数据采集传输仪完整记录所有故障信息。

5 水污染源在线监测仪器验收方法

5.1 化学需氧量（COD_{Cr}）在线自动监测仪

5.1.1 仪器类型

重铬酸钾消解法：重铬酸钾、硫酸银、浓硫酸等在消解池中消解氧化水中的有机物和还原性物质，以比色法或氧化还原电位滴定法测定剩余的氧化剂，计算得出 COD_{Cr} 值。

5.1.2 验收监测方法

5.1.2.1 实际水样比对试验

采集实际废水样品，以水污染源在线监测仪器与 GB/T 11914 方法进行实际水样比对试验，比对试验过程中应保证水污染源在线监测仪器与国家标准方法测量结果组成一个数据对，至少获得 6 个测定数据对，计算实际水样比对试验相对误差。80%相对误差值应达到本标准实际水样比对试验验收指标。

$$A=\frac{X_n-B_n}{B_n}\times 100\%$$

式中：A——实际水样比对试验相对误差；

X_n——第 n 次测量值；

B_n——标准方法的测定值。

实际水样比对试验验收指标见表 2。

表 2 水污染源在线监测仪器实际水样比对试验验收指标

仪器类型		实际水样比对试验验收指标	试验方法
化学需氧量（COD_{Cr}）在线自动监测仪		±10%（COD_{Cr}<30mg/L）	用接近实际水样浓度的低浓度质控样替代
		±30%（30mg/L≤COD_{Cr}<60mg/L）	本标准 5.1.2.1 条
		±20%（60mg/L≤COD_{Cr}<100mg/L）	
		±15%（COD_{Cr}≥100mg/L）	
总有机碳（TOC）水质自动分析仪		±10%（COD_{Cr}<30mg/L）	用接近实际水样浓度的低浓度质控样替代
		±30%（30mg/L≤COD_{Cr}<60mg/L）	本标准 5.2.2.1 条
		±20%（60mg/L≤COD_{Cr}<100mg/L）	
		±15%（COD_{Cr}≥100mg/L）	
紫外（UV）吸收水质自动在线监测仪		±10%（COD_{Cr}<30mg/L）	用接近实际水样浓度的低浓度质控样替代
		±30%（30mg/L≤COD_{Cr}<60mg/L）	本标准 5.3.2.1 条
		±20%（60mg/L≤COD_{Cr}<100mg/L）	
		±15%（COD_{Cr}≥100mg/L）	
氨氮水质自动分析仪	电极法	±15%	本标准 5.4.2.1 条
	光度法	±15%	本标准 5.4.2.2 条
总磷水质自动分析仪		±15%	本标准 5.5.1.1 条
pH 水质自动分析仪		±0.5pH	本标准 5.6.1.1 条

5.1.2.2 质控样考核

采用国家认可的质控样，分别用两种浓度的质控样进行考核，一种为接近实际废水浓度的样品，另一种为超过相应排放标准浓度的样品，每种样品至少测定 2 次，质控样测定的相对误差不大于标准值的±10%。

5.2 总有机碳（TOC）水质自动分析仪

5.2.1 仪器类型

干式氧化法。指填充铂系、氧化铝系、钴系等催化剂的燃烧管保持在 680～1 000℃，将由载气导入的试样中 TOC 燃烧氧化。干式氧化反应器主要采用两种方式，一种是将载气连续通入燃烧管，另一种是将燃烧管关闭一定时间，在停止通入载气的状态下，将试样中的 TOC 燃烧氧化。

5.2.2 验收监测方法

5.2.2.1 实际水样比对试验

同本标准 5.1.2.1 条。

当废水样品为高氯废水（氯离子质量浓度大于 1 000mg/L）时，采用 HJ/T 70 方法与总有机碳（TOC）水质自动分析仪进行比对。

实际水样比对试验验收指标见表 2。

5.2.2.2 质控样考核

同本标准 5.1.2.2 条。

5.3 紫外（UV）吸收水质自动在线监测仪

5.3.1 仪器类型

紫外（UV）吸收：普通 UV 可见光吸收法为通过水中有机污染物对 200～400nm 的吸收强度与标准方法的相关关系换算，具有光谱扫描功能的 UV 可见光可根据谱图选择最佳吸收波长。

5.3.2 验收监测方法

5.3.2.1 实际水样比对试验

同本标准 5.1.2.1 条。

当废水样品为高氯废水（氯离子质量浓度大于 1 000mg/L）时，采用 HJ/T 70 方法与紫外（UV）吸收水质自动在线监测仪进行比对。

实际水样比对试验验收指标见表 2。

5.3.2.2 质控样考核

同本标准 5.1.2.2 条。

5.4 氨氮水质自动分析仪

5.4.1 仪器类型

a. 气敏电极法：采用氨气敏复合电极，在碱性条件下，水中氨气通过电极膜后对电极内液体 pH 值的变化进行测量，以标准电流信号输出。

b. 光度法：在污水水样中加入能与氨离子产生显色反应的化学试剂利用分光光度计分析得出氨氮浓度的方法。

5.4.2 验收监测方法

5.4.2.1 电极法性能验收方法

5.4.2.1.1 实际水样比对试验

采集实际废水样品，以水污染源在线监测仪器与国家标准方法（GB 7479 或 GB 7481）对废水氨氮值进行比对试验，比对试验过程中应保证水污染源在线监测仪器与国家标准方法测量结果组成一个数据对，至少获得 6 个测定数据对，计算实际水样比对试验相对误差。80%的相对误差值应达到本标准实际水样比对试验验收指标。

计算方法见本标准 5.1.2.1 条。

实际水样比对试验验收指标见表 2。

5.4.2.1.2 质控样考核

同本标准 5.1.2.2 条。

5.4.2.2 光度法性能验收方法

5.4.2.2.1 实际废水样品比对试验

同本标准 5.4.2.1.1 条。

实际水样比对试验验收指标见表 2。

5.4.2.2.2 质控样考核

同本标准 5.1.2.2 条。

5.5 总磷水质自动分析仪

5.5.1 实际水样比对试验

采集实际废水样品，以自动监测仪器与国家标准方法（GB 11893）进行实际水样比对试验，比对试验过程中应保证水污染源在线监测仪器与国家标准方法测量结果组成一个数据对，至少获得6个测定数据对，计算实际水样比对试验相对误差。80%相对误差值应达到本标准实际水样比对试验验收指标。

计算方法见本标准5.1.2.1条。

实际水样比对试验验收指标见表2。

5.5.2 质控样考核

同本标准5.1.2.2条。

5.6 pH水质自动分析仪

5.6.1 实际水样比对试验

采集实际废水样品，以自动监测仪器与国家标准方法（GB 6920）对废水pH值进行比对试验，比对试验过程中应保证水污染源在线监测仪器与国家标准方法测量结果组成一个数据对，至少获得6个测定数据对，计算两种测量结果的绝对误差。80%绝对误差值应达到本标准实际水样比对试验验收指标。

实际水样比对试验验收指标见表2。

5.6.2 质控样考核

同本标准5.1.2.2条。

5.7 超声波明渠污水流量计

超声波明渠污水流量计的检测验收方法、指标和要求，参照HJ/T 15—1996中第4章“检测与试验方法”执行。

5.8 水质自动采样器

自动采样器能按技术说明书上的要求工作。采样量重复性，采用测量6次采样的体积方式，单次采样量与平均值之差不大于±5 ml或平均容积的±5%。

5.9 数据采集传输仪

5.9.1 适应性检查

只修改数据采集传输仪的系统设置和建立相应的测试模板，就可以适应新的水污染源在线监测仪器，修改其系统设置可以改变监测对象，采集通道类型可自由设定，登录时应可设置3个及以上安全级别，以确保数据的安全性和保密性。

5.9.2 接口与显示检查

5.9.2.1 数据采集传输仪应具备模拟量、数字量、标准串行口（RS-485/RS-232）接口、继电器输出接口等，可以通过RS-485或RS-232接口，向上位机发送数据，以便实时监控污水排放状况。

5.9.2.2 数据采集传输仪接口应具有扩展功能、模块化结构设计，可根据使用要求，增加输入、输出通道的数量，以满足用户的各项监控功能要求。

5.9.2.3 数据采集传输仪应能实时显示水污染源在线监测仪器和辅助设备的工作状态和报警信息，可以用图表方式，实时显示污染物排放状况和环境参数。

5.9.3 诊断检查

数据采集传输仪对水污染源在线监测仪器应具备故障判断功能（传感器故障报警、超标报警、通信故障报警、断电记录等）。

5.9.4 独立性检查

当数据采集传输仪与上位机通信中断时，数据采集传输仪能独立工作，仍具有数据采集、控制水污染源在线监测仪器和辅助设备运行等各种功能。

5.9.5 管理安全检查

应具备安全管理功能，操作人员需登录账号和密码后，才能进入控制界面，对所有的操作均自动记录、保存。

登录时应具备不少于 3 级以上操作管理权限。

5.9.6 数据处理与检索检查

5.9.6.1 数据处理检查

数据采集传输仪可存储 12 个月及以上的原始数据，记录水质测定数据和各类仪器运行状态数据，自动生成运行状况报告、水质测定数据报告、掉电记录报告、操作记录报告和仪器校准报告。

5.9.6.1.1 水质测定数据和各类仪器运行状态数据

a. 水质测定数据；

b. 有效数据个数；

c. 电源故障状态数据；

d. 污染处理设施运行状态数据；

e. 零点和量程校准数据；

f. 操作和维护数据；

g. 超标准排放数据；

h. 超过水污染源在线监测仪器测定上限和下限的数据；

i. 仪器故障数据。

5.9.6.1.2 掉电记录报告

当数据采集传输仪外部电源掉电又恢复供电时，系统应能自动启动，自动恢复运行状态并记录出现掉电的时间和恢复运行的时间。

5.9.6.1.3 操作记录报告

对运行参数设置的修改等操作，数据采集传输仪应自动记录，可对这些记录随时调用。

5.9.6.2 数据检索检查

能检索不同日期的历史数据，并进行报表统计和图形曲线分析；自动生成日报、月报、年报。

5.9.7 远程通信和校正检查

5.9.7.1 校时检查

上位机可发送时钟命令并校准数据采集传输仪的时钟，数据采集传输仪同时发送时钟命令校准水污染源在线监测仪器的时钟。

5.9.7.2 校正控制检查

5.9.7.2.1 校正检查

通过数据采集传输仪，上位机可发送零点和量程校准命令，来校准水污染源在线监测仪器的零点和量程。

5.9.7.2.2 控制检查

对不连续监测的项目（如 TOC、COD_{Cr} 等），上位机可通过数据采集传输仪设置水污染源在线监测仪器的测量时间，也可以发送强制进行水质测定的命令。

5.9.8 现场故障模拟恢复试验

在水污染源在线监测系统现场验收过程中，人为模拟现场断电、断水和断气等故障，在恢复供电等外部条件后，水污染源在线监测系统应能正常自启动和远程控制启动。在数据采集传输仪中保存故障前完整分析的分析结果，并在故障过程中不被丢失。数据采集传输仪完整记录所有故障信息。

附录八

水污染源在线监测系统运行与考核技术规范

（HJ/T 355—2007）

1 适用范围

1.1 本标准规定了运行单位为保障水污染源在线监测设备稳定运行所要达到的日常维护、校验、仪器检修、质量保证与质量控制、仪器档案管理等方面的要求，规定了运行的监督核查和技术考核的具体内容。

1.2 本标准适用于水污染源在线监测系统中的化学需氧量（COD_{Cr}）水质在线自动监测仪、总有机碳（TOC）水质自动分析仪、氨氮水质自动分析仪、总磷水质自动分析仪、紫外（UV）吸收水质自动在线监测仪、pH 水质自动分析仪、温度计、流量计等仪器设备运行和考核的技术要求。

2 规范性引用文件

本标准内容引用了下列文件中的条款。凡是不注日期的引用文件，其有效版本适用于本标准。

GB 6920 水质 pH 值的测定 玻璃电极法

GB 7479 水质 铵的测定 纳氏试剂比色法

GB 7481 水质 铵的测定 水杨酸分光光度法

GB 11914 水质 化学需氧量的测定 重铬酸盐法

GB 11893 水质 总磷的测定 钼酸铵分光光度法

GB 13195 水质 水温的测定 温度计或颠倒温度计测定法

HBC 6—2001 环境保护产品认定技术要求 化学需氧量（COD_{Cr}）水质在线自动监测仪

HJ/T 70 高氯废水 化学需氧量的测定 氯气校正法

HJ/T 91—2002 地表水和污水技术规范

HJ/T 96—2003 pH 水质自动分析仪技术要求

HJ/T 101—2003 氨氮水质自动分析仪技术要求

HJ/T 103—2003 总磷水质自动分析仪技术要求

HJ/T 104—2003 总有机碳（TOC）水质自动分析仪技术要求

HJ/T 191—2005 紫外（UV）吸收水质自动在线监测仪技术要求

HJ/T 355—2007 水污染源在线监测系统数据有效性判别技术规范（试行）

3 术语和定义

下列术语和定义适用于本标准。

3.1 水污染源在线监测系统

本标准所称的水污染源在线监测系统由水污染源在线监测站房和水污染源在线监测仪器组成。

3.2 自动分析仪

指化学需氧量（COD_{Cr}）在线自动监测仪、总有机碳（TOC）水质自动分析仪、紫外（UV）吸收水质自动在线监测仪、pH 水质自动分析仪、氨氮水质自动分析仪、总磷水质自动分析仪等自动分析仪器。

3.3 校正液

为了获得与试样浓度相同的指示值所配制的校正液。有零点校正液和量程校正液。零点校正液指在校正仪器零点时所用的溶液，除 pH 值外，其余参数用蒸馏水作零点校正液。量程校正液指在校正仪器量程时所用的标准溶液，不同的方法采用不同的标准溶液。

3.4 零点漂移

指采用本标准中规定的零点校正液为试样连续测试，自动分析仪的指示值在一定时间内变化的大小。

3.5 量程漂移

指采用本标准中规定的量程校正液为试样连续测试，相对于自动分析仪的测定量程，仪器指示值在一定时间内变化的大小。

3.6 平均无故障连续运行时间

指自动分析仪在检验期间的总运行时间（h）与发生故障次数（次）的比值，单位：h/次。

4 运行与日常维护

4.1 每日上午、下午远程检查仪器运行状态，检查数据传输系统是否正常，如发现数据有持续异常情况，应立即前往站点进行检查。

4.2 每 48h 自动进行总有机碳（TOC）、氨氮、总磷水质自动分析仪及化学需氧量（COD_{Cr}）水质在线自动监测仪、紫外（UV）吸收水质自动在线监测仪的零点和量程校正。

4.3 每周一至二次对监测系统进行现场维护，现场维护内容包括：

4.3.1 检查各台自动分析仪及辅助设备的运行状态和主要技术参数，判断运行是否正常。

4.3.2 检查自来水供应、泵取水情况，检查内部管路是否通畅，仪器自动清洗装置是否运行正常，检查各自动分析仪的进样水管和排水管是否清洁，必要时进行清洗。定期清洗水泵和过滤网。

4.3.3 检查站房内电路系统、通信系统是否正常。

4.3.4 对于用电极法测量的仪器，检查标准溶液和电极填充液，进行电极探头的清洗。

4.3.5 若部分站点使用气体钢瓶，应检查载气气路系统是否密封，气压是否满足使用要求。

4.3.6 检查各仪器标准溶液和试剂是否在有效使用期内，按相关要求定期更换标准溶液和分析试剂。

4.3.7 观察数据采集传输仪运行情况，并检查连接处有无损坏，对数据进行抽样检查，对比自动分析仪、数据采集传输仪及上位机接收到的数据是否一致。

4.4 每月现场维护内容包括：

4.4.1 总有机碳（TOC）水质自动分析仪：检查 TOC-COD_{Cr} 转换系数是否适用，必要时进行修正。对 TOC 水质自动分析仪载气气路的密封性、加热炉温度等进行一次检查，检查试剂余量（必要时进行添加或更换），检查卤素洗涤器、冷凝器水封容器、增湿器，必要时加蒸馏水。

4.4.2 pH 水质自动分析仪：用酸液清洗一次电极，检查 pH 电极是否钝化，必要时进行更换，对采样系统进行一次维护。

4.4.3 化学需氧量（COD_{Cr}）水质在线自动监测仪：检查内部试管是否污染，必要时进行清洗。

4.4.4 流量计：检查超声波流量计高度是否发生变化。

4.4.5 紫外（UV）吸收水质自动在线监测仪：检验 UV-COD_{Cr} 转换曲线是否适用。必要时进行修正。

4.4.6 氨氮水质自动分析仪：检查气敏电极表面是否清洁，仪器管路进行保养、清洁。

4.4.7 总磷水质自动分析仪：检查采样部分、计量单元、反应器单元、加热器单元、检测器单元的工作情况，对反应系统进行清洗。

4.4.8 水温：进行现场水温比对试验。

4.4.9 每月的现场维护内容还包括对在线监测仪器进行一次保养，对水泵和取水管路、配水和进水系统、仪器分析系统进行维护。对数据存储/控制系统工作状态进行一次检查，对自动分析仪进行一次日常校验（见第 5 章）。检查监测仪器接地情况，检查监测用房防雷措施。

4.5 至少每 3 个月对总有机碳（TOC）水质自动分析仪试样计量阀等进行一次清洗。检查化学需氧量（COD_{Cr}）水质在线自动监测仪水样导管、排水导管、活塞和密封圈，必要时进行更换，检查氨氮水质自动分析仪气敏电极膜，必要时进行更换。

4.6 根据实际情况更换化学需氧量（COD_{Cr}）水质在线自动监测仪水样导管、排水导管、活塞和密封圈，每年至少更换一次总有机碳（TOC）水质自动分析仪注射器活塞、燃烧管、CO_2 吸收器。

4.7 其他预防性维护

4.7.1 保持机房、实验室、监测用房（监控箱）的清洁，保持设备的清洁，避免仪器振动，保证监测用房内的温度、湿度满足仪器正常运行的需求。

4.7.2 保持各仪器管路通畅，出水正常，无漏液。

4.7.3 对电源控制器、空调等辅助设备要进行经常性检查。

4.7.4 此处未提及的维护内容，按相关仪器说明书的要求进行仪器维护保养、易耗品的定期更换工作。

4.8 操作人员在对系统进行日常维护时，应做好巡检记录，巡检记录应包含该系统运行状况、系统辅助设备运行状况、系统校准工作等必检项目和记录，以及仪器使用说明书中规定的其他检查项目和校准、维护保养、维修记录。

4.9 仪器废液应送相关单位妥善处理。

5 校验

每月至少进行一次实际水样比对试验和质控样试验，进行一次现场校验，可自动校准或手工校准。实际水样比对试验、质控样试验方法和要求详见 HJ/T 356—2007 第 4 章。实际水样比对试验结果应满足表 1 中规定的性能指标要求，质控样测定的相对误差不大于标准值的±10%，实际水样比对试验或校验的结果不满足表 1 中规定的性能指标要求时，应立即重新进行第 2 次比对试验或校验，连续三次结果不符合要求，应采用备用仪器或手工方法监测。备用仪器在正常使用和运行之前应对仪器进行校验和比对试验。

每季进行重复性、零点漂移和量程漂移试验，试验方法见 HJ/T 356—2007 第 5 章。

总有机碳（TOC）水质自动分析仪、紫外（UV）吸收水质自动在线监测仪每月应进行 COD_{Cr} 转换系数的验证。当废水组分或工况发生较大变化时，应及时进行转换系数的确认。

表 1　性能指标要求

<table>
<tr><th colspan="2">仪器名称</th><th>响应时间/min</th><th>零点漂移</th><th>量程漂移</th><th>重复性误　差</th><th>实际水样比对试验相对误差</th></tr>
<tr><td colspan="2">pH 水质自动分析仪</td><td>0.5</td><td></td><td>±0.1pH</td><td>±0.1pH</td><td>±0.5pH</td></tr>
<tr><td colspan="2">温度计</td><td></td><td></td><td></td><td></td><td>±0.5℃</td></tr>
<tr><td colspan="2">总有机碳（TOC）水质自动分析仪</td><td>参照仪器说明书</td><td>±5%</td><td>±5%</td><td>±5%</td><td>按 COD_{Cr} 实际水样比对试验相对误差要求考核</td></tr>
<tr><td colspan="2" rowspan="4">化学需氧量（COD_{Cr}）水质在线自动监测仪</td><td rowspan="4">—</td><td rowspan="4">±5mg/L</td><td rowspan="4">±10%</td><td rowspan="4">±10%</td><td>±10%以接近于实际水样的低浓度质控样替代实际水样进行试验（COD_{Cr}<30mg/L）</td></tr>
<tr><td>±30%（30mg/L≤COD_{Cr}<60mg/L）</td></tr>
<tr><td>±20%（60mg/L≤COD_{Cr}<100mg/L）</td></tr>
<tr><td>±15%（COD_{Cr}≥100mg/L）</td></tr>
<tr><td colspan="2">总磷水质自动分析仪</td><td>参照仪器说明书</td><td>±5%</td><td>±10%</td><td>±10%</td><td>±15%</td></tr>
<tr><td colspan="2">紫外（UV）吸收水质自动在线监测仪</td><td>参照仪器说明书</td><td>±2%</td><td>±4%</td><td>±4%</td><td>按 COD_{Cr} 实际水样比对试验相对误差要求考试</td></tr>
<tr><td rowspan="2">氨氮水质自动分析仪</td><td>电极法</td><td>5min 内</td><td>±5%</td><td>±5%</td><td>±5%</td><td>±15%</td></tr>
<tr><td>光度法</td><td>参照仪器说明书</td><td>±5%</td><td>±10%</td><td>±10%</td><td>±15%</td></tr>
<tr><td colspan="7">注：实际水样比对试验相对误差计算方法见 HJ/T 356—2007 第 4 章。</td></tr>
</table>

6 仪器的检修

6.1 在线监测设备需要停用、拆除或者更换的，应当事先报经环境保护有关部门批准。

6.2 运行单位发现故障或接到故障通知，应在 24h 内赶到现场进行处理。

6.3 对于一些容易诊断的故障，如电磁阀控制失灵、膜裂损、气路堵塞、数据仪死机等，可携带工具或者备件到现场进行针对性维修，此类故障维修时间不应超过 8h，对不易诊断和维修的仪器故障，若 72h 内无法排除，应安装备用仪器。

6.4 仪器经过维修后，在正常使用和运行之前应确保维修内容全部完成，性能通过检测程序，按国家有关技术规定对仪器进行校准检查。若监测仪器进行了更换，在正常使用和运行之前应对仪器进行一次校验和比对实验，校验和比对试验方法详见 HJ/T 356—2007 第 4 章、第 5 章。

6.5 若数据存储/控制仪发生故障，应在 12h 内修复或更换，并保证已采集的数据不丢失。

6.6 第三方运行的机构，应备有足够的备品备件及备用仪器，对其使用情况进行定期清点，并根据实际需要进行增购，以不断调整和补充各种备品备件及备用仪器的存储数量。

6.7 在线监测设备因故障不能正常采集、传输数据时，应及时向环境保护有关部门报告，必要时采用人工方法进行监测，人工监测的周期不低于每两周一次，监测技术要求参照 HJ/T 91—2002 执行。

7 质量保证与质量控制

7.1 操作人员按国家相关规定，经培训考核合格，持证上岗。

7.2 在线监测仪器应通过检定或校验，在有效使用期内，应具备运行过程中定期自动标定和人工标定功能，以保证在线监测系统监测结果的可靠性和准确性。

7.3 建议采用有证标准样品，若考虑到运行成本采用自配标样，应用有证标准样品对自配标样进行验证，验证结果应在标准值不确定度范围内。标样浓度应与被测废水浓度相匹配。每周用国家认可的质控样（或按规定方法配制的标准溶液）对自动分析仪进行一次标样溶液核查，质控样（或标准溶液）测定的相对误差不大于标准值的±10%，若不符合，应重新绘制校准曲线，并记录结果。样品的测定值应在校准曲线的浓度范围内。

7.4 按照国家规定的监测分析方法进行实际水样比对试验，比对试验时，实验室质量控制按照有关规定执行，比对试验实验室监测分析方法详见表 2，比对试验相对误差值应满足表 1 中规定的性能指标要求。

表 2 比对实验规定监测分析方法

序号	项目	测定方法	方法来源
1	pH 值	水质 pH 值的测定 玻璃电极法	GB 6920
2	水温	水质 水温的测定 温度计或颠倒温度计法	GB 13195
3	COD_{Cr}	化学需氧量的测定 重铬酸盐法	GB 11914
		高氯废水 化学需氧量的测定 氯气校正法	HJ/T 70
4	TP	水质 总磷的测定 钼酸铵分光光度法	GB 11893
5	NH_3-N	水质 铵的测定 纳氏试剂分光光度法	GB 7479
		水质 铵的测定 水杨酸分光光度法	GB 7481

7.5 样品采集和保存严格执行 HJ/T 91—2002 的有关规定，实施全过程质量控制和质

量保证。

8 技术要求

8.1 在线监测仪器的各项性能指标应在表 1 中规定的性能指标范围内。

8.2 COD_{Cr} 平均无故障连续运行时间不小于 360h/次，其余项目平均无故障连续运行时间不小于 720h/次。

8.3 监测数据应满足 HJ/T 355—2007 第 4 章的数据质量要求。

8.4 监测值的数量要求

8.4.1 连续排放

在连续排放情况下，化学需氧量（COD_{Cr}）水质在线自动监测仪、总磷水质自动分析仪、总有机碳（TOC）水质自动分析仪、紫外（UV）吸收水质自动在线监测仪和氨氮水质自动分析仪等至少每小时获得一个监测值，每天保证有 24 个测试数据；pH 值、温度和流量至少每 10min 获得一个监测值。

8.4.2 间歇排放

间隙排放期间，根据厂家的实际排水时间确定应获得的监测值。

对化学需氧量（COD_{Cr}）水质在线自动监测仪、总磷水质自动分析仪、总有机碳（TOC）水质自动分析仪、紫外（UV）吸收水质自动在线监测仪和氨氮水质自动分析仪而言，监测数据个数不小于污水累计排放小时数。

对 pH 值、温度和流量而言，监测数据个数不小于污水累计排放小时数的 6 倍。

8.5 设备运转率

设备运转率应达到 90%，以保证监测数据的数量要求。设备运转率公式如下：

$$设备运转率=\frac{实际运行天数}{企业排放天数}\times 100\%$$

9 监督核查

9.1 环境保护有关部门对运行单位管理的水污染源在线监测设备定期进行抽检及校验，每年一至二次。平时对各仪器进行不定期抽查校验，校验工作由有资质的监测机构承担。

9.2 定期校验主要包括按环境监测技术规范进行现场比对试验、质控样试验，对运行数据和日常运行记录审核检查等，比对试验、质控样试验方法详见 HJ/T 356—2007 第 4 章。

9.3 环境保护有关部门监督检查运行单位管理的水污染源在线监测设备日常运行记录、日常维护记录、维修记录及仪器检定证书、校正记录和设备台账，定期审核运行单位上报的水污染源在线监测系统的监测数据。

10 技术档案

10.1 技术档案内容

10.1.1 仪器的说明书、系统的安装记录和竣工验收记录。

10.1.2 监测仪器校准、零点和量程漂移、重复性、实际水样比对和质控样试验的例行记录。

10.1.3 监测（监控）仪器的运行调试报告、例行检查、维护保养记录。

10.1.4 检测机构的检定或校验记录。

10.1.5 仪器设备的检修、易耗品的定期更换记录。

10.1.6 各种仪器的操作、使用、维护规范。

10.2 技术档案基本要求

10.2.1 档案中的表格应采用统一的标准表格。

10.2.2 记录应清晰、完整，现场记录应在现场及时填写，有专业维护人员的签字。

10.2.3 可从技术档案中查阅和了解仪器设备的使用、维修和性能检验等全部历史资料，以对运行的各台仪器设备做出正确评价。

10.2.4 与仪器相关的记录可放置在现场，所有记录均应妥善保存。

11 技术考核

技术考核从运行与日常维护、校验、检修、质量保证和质量控制、数据准确性、数据数量要求、设备运转率、仪器技术档案几个方面来考核，运行工作技术考核方法详见表 3。技术考核成绩作为评定运行单位工作质量的重要依据。

表 3 运行工作技术考试

<table>
<tr><th colspan="2">考核内容</th><th>考核要求</th><th>备注</th></tr>
<tr><td rowspan="5">运行与日常维护</td><td>站房、辅助设备</td><td>保持站房清洁，保证监测用房内的温度、湿度满足仪器正常运行的需求，辅助设备工作正常</td><td></td></tr>
<tr><td>采水、排水及内部管路</td><td>定期维护和清洁，保证内部管路通畅，防止堵塞和泄漏</td><td></td></tr>
<tr><td>自动分析仪</td><td>定期清洗、定期更换试剂、定期更换易耗品、定期校准仪器</td><td></td></tr>
<tr><td>电路、仪器传输</td><td>保持电路、仪器传输系统正常工作</td><td></td></tr>
<tr><td>维护工作量</td><td>按本标准“运行与日常维护”要求定时远程监控及对自动监测仪器设备进行现场维护</td><td></td></tr>
<tr><td>校验</td><td></td><td>按本标准第 5 章进行校验，结果满足要求</td><td></td></tr>
<tr><td>检修</td><td></td><td>按本标准第 6 章要求，对系统进行检修，在更换新的仪器或仪器修复后在运行之前按规定进行必要的检测和校准，各项指标达到要求</td><td></td></tr>
<tr><td rowspan="3">质量保证和质量控制</td><td>操作人员</td><td>操作人员培训考核合格，持证上岗</td><td></td></tr>
<tr><td>标准溶液</td><td>定期对标准溶液进行核查，结果符合相关要求</td><td></td></tr>
<tr><td>实际水样比对实验</td><td>定期进行实际水样比对实验，结果符合相关要求</td><td></td></tr>
<tr><td rowspan="2">数据准确性</td><td>仪器技术指标</td><td>仪器各项技术指标在本标准 8.1 规定的范围内</td><td></td></tr>
<tr><td>平均无故障连续运行时间</td><td>平均无故障连续运行时间在本标准 8.2 规定的范围内</td><td></td></tr>
<tr><td>数据数量要求</td><td></td><td>满足本标准 8.4 监测数据数量要求</td><td></td></tr>
<tr><td>设备运转率</td><td></td><td>满足本标准 8.5 要求</td><td></td></tr>
<tr><td rowspan="2">仪器技术档案</td><td>仪器操作使用说明或维护技术要求</td><td>有仪器操作使用说明及维护规程，记录清晰、完整，符合本标准第 10 章技术档案要求</td><td></td></tr>
<tr><td>例行检查记录、运行调试报告、校验记录、仪器设备的检修记录、运行记录</td><td>运行维护记录、校验、检修、保养等记录清晰、完整，符合本标准第 10 章技术档案要求</td><td></td></tr>
</table>

附录九

水污染源在线监测系统数据有效性判别技术规范（试行）

（HJ/T 356—2007）

1 适用范围

1.1 本标准规定了水污染源排水中化学需氧量（COD_{Cr}）、氨氮（NH_3-N）、总磷（TP）、pH 值、温度和流量等监测数据的质量要求，数据有效性判别方法和缺失数据的处理方法。

1.2 本标准适用于水污染源排水中化学需氧量（COD_{Cr}）、氨氮（NH_3-N）、总磷（TP）、pH 值、温度和流量等监测数据的有效性判别。

2 规范性引用文件

本标准内容引用了下列文件中的条款。凡是不注日期的引用文件，其有效版本适用于本标准。

GB 6920 水质　pH 值的测定　玻璃电极法

GB 7479 水质　铵的测定　纳氏试剂比色法

GB 7481 水质　铵的测定　水杨酸分光光度法

GB 11893 水质　总磷的测定　钼酸铵分光光度法

GB 11914 水质　化学需氧量的测定　重铬酸盐法

GB 13195 水质　水温的测定　温度计或颠倒温度计测定法

HBC 6—2001　环境保护产品认定技术要求　化学需氧量（COD_{Cr}）水质在线自动监测仪

HJ/T 70 高氯废水　化学需氧量的测定　氯气校正法

HJ/T 96—2003 pH 水质自动分析仪技术要求

HJ/T 101—2003 氨氮水质自动分析仪技术要求

HJ/T 103—2003 总磷水质自动分析仪技术要求

HJ/T 104—2003 总有机碳（TOC）水质自动分析仪技术要求

HJ/T 191—2005 紫外（UV）吸收水质自动在线监测仪技术要求

HJ/T 355—2007　水污染源在线监测系统运行与考核技术规范（试行）

3 术语和定义

下列术语和定义适用于本标准。

3.1 数据有效性

指从在线监测系统中所获得的数据经审核符合质量保证和质量控制要求，在质量上能与标准方法比对。

3.2 自动分析仪

指化学需氧量（COD_{Cr}）在线自动监测仪、总有机碳（TOC）水质自动分析仪、紫外（UV）吸收水质自动在线监测仪、pH 水质自动分析仪、氨氮水质自动分析仪、总磷水质自动分析仪等自动分析仪器。

4 数据质量要求

4.1 与标准方法比对

除流量外，运行维护人员每月应对每个站点所有自动分析仪至少进行 1 次自动监测方法与实验室标准方法的比对试验，试验结果应满足本标准的要求。

4.1.1 化学需氧量（COD_{Cr}）水质在线自动监测仪

以化学需氧量（COD_{Cr}）水质在线自动监测方法与实验室标准方法 GB 11914 进行现场 COD_{Cr} 实际水样比对试验，比对过程中应尽可能保证比对样品均匀一致。比对试验总数应不少于 3 对，其中 2 对实际水样比对试验相对误差（A）应满足 HJ/T 355—2007 表 1 规定的要求。实际水样比对试验相对误差（A）公式如下：

$$A=\frac{X_n-B_n}{B_n}\times 100\%$$

式中：A——实际水样比对试验相对误差；

X_n——第 n 次测量值；

B_n——实验室标准方法的测定值；

n——比对次数。

4.1.2 总有机碳（TOC）水质自动分析仪

若将 TOC 水质自动分析仪的监测值转换为 COD_{Cr} 时，用 COD_{Cr} 的实验室标准方法 GB 11914 进行实际水样比对试验。对于排放高氯废水（氯离子质量浓度在 1 000 mg/L 以上）的水污染源，实验室化学需氧量分析方法采用 HJ/T 70。比对过程中应尽可能保证比对样品均匀一致。比对试验总数应不少于 3 对，其中 2 对实际水样比对试验相对误差（A）应满足 HJ/T 355—2007 表 1 规定的要求。实际水样比对试验相对误差（A）公式如下：

$$A=\frac{X_n-B_n}{B_n}\times 100\%$$

式中：A——实际水样比对试验相对误差；

X_n——第 n 次测量值；

B_n——实验室标准方法的测定值；

n——比对次数。

4.1.3 紫外（UV）吸收水质自动在线监测仪

若将紫外（UV）吸收水质自动在线监测仪的监测值转换为 COD_{Cr} 时，用 COD_{Cr} 的实验室标准方法 GB 11914 进行实际水样比对试验。对于排放高氯废水（氯离子质量浓度在 1 000 mg/L 以上）的水污染源，实验室化学需氧量分析方法采用 HJ/T 70。比对过程中应尽可能保证比对样品均匀一致。比对试验总数应不少于 3 对，其中 2 对实际水样比对试验相对误差（A）应满足 HJ/T 355—2007 表 1 规定的要求。实际水样比对试验相对误差（A）

公式如下：

$$A=\frac{X_n-B_n}{B_n}\times 100\%$$

式中：A——实际水样比对试验相对误差；

X_n——第 n 次测量值；

B_n——实验室标准方法的测定值；

n——比对次数。

4.1.4 氨氮水质自动分析仪

分别以氨氮水质自动分析方法与实验室标准方法 GB 7479 或 GB 7481 进行实际水样比对试验，比对过程中应尽可能保证比对样品均匀一致。比对试验总数应不少于 3 对，其中 2 对实际水样比对试验相对误差（A）应满足 HJ/T 355—2007 表 1 规定的要求。实际水样比对试验相对误差（A）公式如下：

$$A=\frac{X_n-B_n}{B_n}\times 100\%$$

式中：A——实际水样比对试验相对误差；

X_n——第 n 次测量值；

B_n——实验室标准方法的测定值；

n——比对次数。

4.1.5 总磷水质自动分析仪

以总磷水质自动分析方法与实验室标准方法 GB 11893 进行实际水样比对试验，比对过程中应尽可能保证比对样品均匀一致。比对试验总数应不少于 3 对，其中 2 对实际水样比对试验相对误差（A）应满足 HJ/T 355—2007 表 1 规定的要求。实际水样比对试验相对误差（A）公式如下：

$$A=\frac{X_n-B_n}{B_n}\times 100\%$$

式中：A——实际水样比对试验相对误差；

X_n——第 n 次测量值；

B_n——实验室标准方法的测定值；

n——比对次数。

4.1.6 pH 水质自动分析仪

pH 水质自动分析方法与标准方法 GB 6920 分别测定实际水样的 pH 值，实际水样比对试验 pH 值绝对误差控制在±0.5pH。

4.1.7 温度

进行现场水温比对试验，以在线监测方法与标准方法 GB 13195 分别测定温度，变化幅度控制在±0.5℃。

4.2 质控样试验

运行维护人员每月应对每个站点所有自动分析仪至少进行 1 次质控样试验，采用国家认可的两种浓度的质控样进行试验，一种为接近实际废水浓度的质控样品，另一种为超过相应排放标准浓度的质控样品，每种样品至少测定 2 次，质控样测定的相对误差不大于标准值的±10%。

5 校验

5.1 日常校验

每月除进行 4.1 条、4.2 条规定的实际水样比对试验和质控样试验外，每季还应进行现场校验，现场校验可采用自动校准或手工校准。现场校验内容还包括重复性试验、零点漂移和量程漂移试验。

5.1.1 pH 值水质自动分析仪校验方法详见 HJ/T 96—2003 第 8 章。

5.1.2 化学需氧量（COD_{Cr}）水质在线自动监测仪校验方法详见 HBC 6—2001。

5.1.3 总有机碳（TOC）水质自动分析仪校验方法详见 HJ/T 104—2003 第 9 章。

5.1.4 氨氮水质自动分析仪校验方法详见 HJ/T 101—2003 第 8 章。

5.1.5 总磷水质自动分析仪校验方法详见 HJ/T 103—2003 第 8 章。

5.1.6 紫外（UV）吸收水质自动在线监测仪校验方法详见 HJ/T 191—2005 第 7 章。

5.1.7 当仪器发生严重故障，经维修后，在正常使用和运行之前亦应对仪器进行一次校验。

5.1.8 校验的结果应满足 HJ/T 355—2007 表 1 中规定的性能指标要求。

5.1.9 在测试期间保持设备相对稳定，做好测试记录和调整、校验、维护记录。

5.1.10 此处未提及的校验内容，参照相关仪器说明书要求执行。

5.2 重复性试验

除流量外，运行维护人员每季应对每个站点所有自动分析仪至少进行 1 次重复性检查，结果应满足本标准要求。

化学需氧量（COD_{Cr}）水质在线自动监测仪、总磷水质自动分析仪和氨氮水质自动分析仪的光度法 6 次量程测定值相对标准偏差控制在±10%。总有机碳（TOC）水质自动分析仪和氨氮水质自动分析仪的电极法 6 次量程测定值的相对标准偏差控制在±5%。紫外（UV）吸收水质自动在线监测仪 6 次量程测定值的相对标准偏差控制在±4%。pH 水质自动分析仪测定 pH＝4.00、pH＝6.86 和 pH＝9.86 标准液 6 次，仪器所示的 pH 值变化幅度控制在±0.1 以内。

6 数据有效性

6.1 未通过数据有效性审核的自动监测数据无效，不得作为总量核定、环境管理和监督执法的依据。

6.2 当流量为零时，所得的监测值为无效数据，应予以剔除。

6.3 监测值为负值无任何物理意义，可视为无效数据，予以剔除。

6.4 在自动监测仪校零、校标和质控样试验期间的数据做无效数据处理，不参加统计，但对该时段数据做标记，作为监测仪器检查和校准的依据予以保留。

6.5 自动分析仪、数据采集传输仪及上位机接收到的数据误差大于 1%时，上位机接收到的数据为无效数据。

6.6 监测值如出现急剧升高、急剧下降或连续不变时，该数据进行统计时不能随意剔除，需要通过现场检查、质控等手段来识别，再做处理。

6.7 具备自动校准功能的自动监测仪在校零和校标期间，发现仪器零点飘移或量程飘移超出规定范围，应从上次零点漂移和量程漂移合格到本次零点漂移和量程漂移不合格期间的监测数据作为无效数据处理，按本标准第 7 章缺失数据处理。

6.8 从上次比对试验或校验合格到此次比对试验或校验不合格期间的在线监测数据作为无效数据，按本标准第 7 章缺失数据处理。

6.9 有效日均值

有效日均值是对应于以每日为一个监测周期内获得的某个污染物（COD_{Cr}、NH_3-N、TP）的多个有效监测数据的平均值。在同时监测污水排放流量的情况下，有效日均值是以流量为权的某个污染物的有效监测数据的加权平均值；在未监测污水排放流量的情况下，有效日均值是某个污染物的有效监测数据的算术平均值。

有效日均值的加权平均值计算公式如下：

$$日均值=\frac{\sum_{i=1}^{n}\rho_i Q_i}{\sum_{i=1}^{n}Q_i}$$

式中：ρ_i——某污染物的有效监测数据，mg/L；

Q_i——ρ_i 和 ρ_{i+1} 两次有效监测数据中间时段的累积流量，m^3。

7 缺失数据的处理

7.1 缺失水质自动分析仪监测值

缺失 COD_{Cr}、NH_3-N、TP 监测值以缺失时间段上推至与缺失时间段相同长度的前一时间段监测值的算术均值替代，缺失 pH 值以缺失时间段上推至与缺失时间段相同长度的前一时间段 pH 值中位值替代。如前一时间段有数据缺失，再依次往前类推。

7.2 缺失流量值

缺失瞬时流量值以缺失时间段上推至与缺失时间段相同长度的前一时间段瞬时流量值算术均值替代，累计流量值以推算出的算术均值乘以缺失时间段内的排水时间获得。如前一时间段有数据缺失，再依次往前类推。

缺失时间段的排水量也可通过企业在缺失时间段的用水量乘以排水系数计算获得。

7.3 缺失自动分析仪监测值和流量值

同时缺失水质自动分析仪监测值和流量值时，分别以上述两种方法处理。

附录十

固定污染源烟气排放连续监测技术规范（试行）

（HJ/T 75—2007）

1 适用范围

1.1 本标准规定了固定污染源烟气排放连续监测系统（Continuous Emissions Monitoring Systems，CEMS）中的颗粒物 CEMS、气态污染物（含 SO_2、NO_x 等）CEMS 和有关排气参数（含氧量等）连续监测系统（Continuous Monitoring Systems，CMS）的主要技术指标、检测项目、安装位置、调试检测方法、验收方法、日常运行管理、日常运行质量保证、数据审核和上报数据的格式。

1.2 本标准适用于以固体、液体为燃料或原料的火电厂锅炉、工业/民用锅炉以及工业炉窑等固定污染源的烟气 CEMS。

1.3 生活垃圾焚烧炉、危险废物焚烧炉及以气体为燃料或原料的固定污染源 CEMS 可参照本标准执行。

2 规范性引用文件

本标准内容引用了下列文件中的条款。凡是不注日期的引用文件，其有效版本适用于本标准。

GB/T 16157 固定污染源排气中颗粒物测定与气态污染物采样方法

GB 3095 环境空气质量标准

HJ/T 193 环境空气质量自动监测技术规范

HJ/T 212 污染源在线自动监控（监测）系统数据传输标准

HJ/T 42 固定污染源排气中氮氧化物的测定　紫外分光光度法

HJ/T 43 固定污染源排气中氮氧化物的测定　盐酸萘乙二胺分光光度法

HJ/T 47 烟气采样器技术条件

HJ/T 48 烟尘采样器技术条件

HJ/T 56 固定污染源排气中二氧化硫的测定　碘量法

HJ/T 57 固定污染源排气中二氧化硫的测定　定电位电解法

3 术语和定义

3.1 烟气排放连续监测 Continuous Emission Monitoring

对固定污染源排放的污染物进行连续地、实时地跟踪测定；每个固定污染源的总测定小时数不得小于锅炉、炉窑总运行小时数的 75%；每小时的测定时间不得低于 45min。

3.2 固定污染源 CEMS 的正常运行 Normal Operation of CEMS of Stationary Source

符合本标准的技术指标要求，在规定有效期内的运行，但不包括检测器污染、仪器故障、系统校准、校验或系统未经定期校准、未经定期校验等期间的运行。

3.3 有效数据 Valid Data

符合本标准的技术指标要求，经验收合格的 CEMS，在固定污染源排放烟气条件下，CEMS 正常运行所测得的数据。

3.4 有效小时均值 Valid Hourly Average

整点 1h 内不少于 45min 的有效数据的算术平均值。

3.5 有效日均值 Valid Daily Average

1d 内不少于锅炉、炉窑运行时间（按小时计）的 75%的有效小时均值的算术平均值。

3.6 有效月均值 Valid Monthly Average

1 月内不少于锅炉、炉窑运行时间（按小时计）的 75%的有效小时均值的算术平均值。

3.7 参比方法 Reference Method

发布的国家或行业标准方法。

3.8 校准 Calibration

用标准装置或标准物质对 CEMS 进行校零/跨、线性误差和响应时间等的检测。

3.9 校验 Checkout/Verification

用参比方法在烟道内对 CEMS（含取样系统、分析系统）检测结果进行相对准确 度、相关系数、置信区间、允许区间、相对误差、绝对误差等的比对检测。

3.10 调试检测 Testing

CEMS 安装、初调和至少正常连续运行 168h 后，于技术验收前对 CEMS 进行的校准和校验。

3.11 技术验收 Technical Check and Acceptance

由有资质的第三方用参比方法对 CEMS 检测结果进行相对准确度、相对误差、绝对误差的比对检测和联网验收。

3.12 比对监测 Comparision Testing

用参比方法对日常运行的 CEMS 技术性能指标进行不定期的抽检。

3.13 固定污染源 CEMS 数据审核和处理

固定污染源 CEMS 数据审核和处理是指经验收合格后的 CEMS 数据传输到固定污染源监控系统后，对数据的有效性进行判断并对缺失数据进行处理、对失控数据进行修约的规定。

4 固定污染源 CEMS 的组成

固定污染源 CEMS 由颗粒物监测子系统、气态污染物监测子系统、烟气排放参数测量子系统、数据采集、传输与处理子系统等组成。通过采样和非采样方式，测定烟气中颗粒物浓度、气态污染物浓度，同时测量烟气温度、烟气压力、烟气流速或流量、烟气含湿量（或输入烟气含湿量）、烟气氧量（或二氧化碳含量）等参数；计算烟气中污染物浓度和排放量；显示和打印各种参数、图表并通过数据、图文传输系统传输至固定污染源监控系统。

5 固定污染源 CEMS 技术性能要求

固定污染源 CEMS 技术性能参照 HJ/T 76—2007 中第 5 章的技术要求规定，当本标准下文中的部分技术指标与 HJ/T 76—2007 所规定的技术指标不同时，以本标准的规定为准。

6 固定污染源 CEMS 安装位置要求

固定污染源 CEMS 应安装在能准确可靠地连续监测固定污染源烟气排放状况的有代表性的位置上。

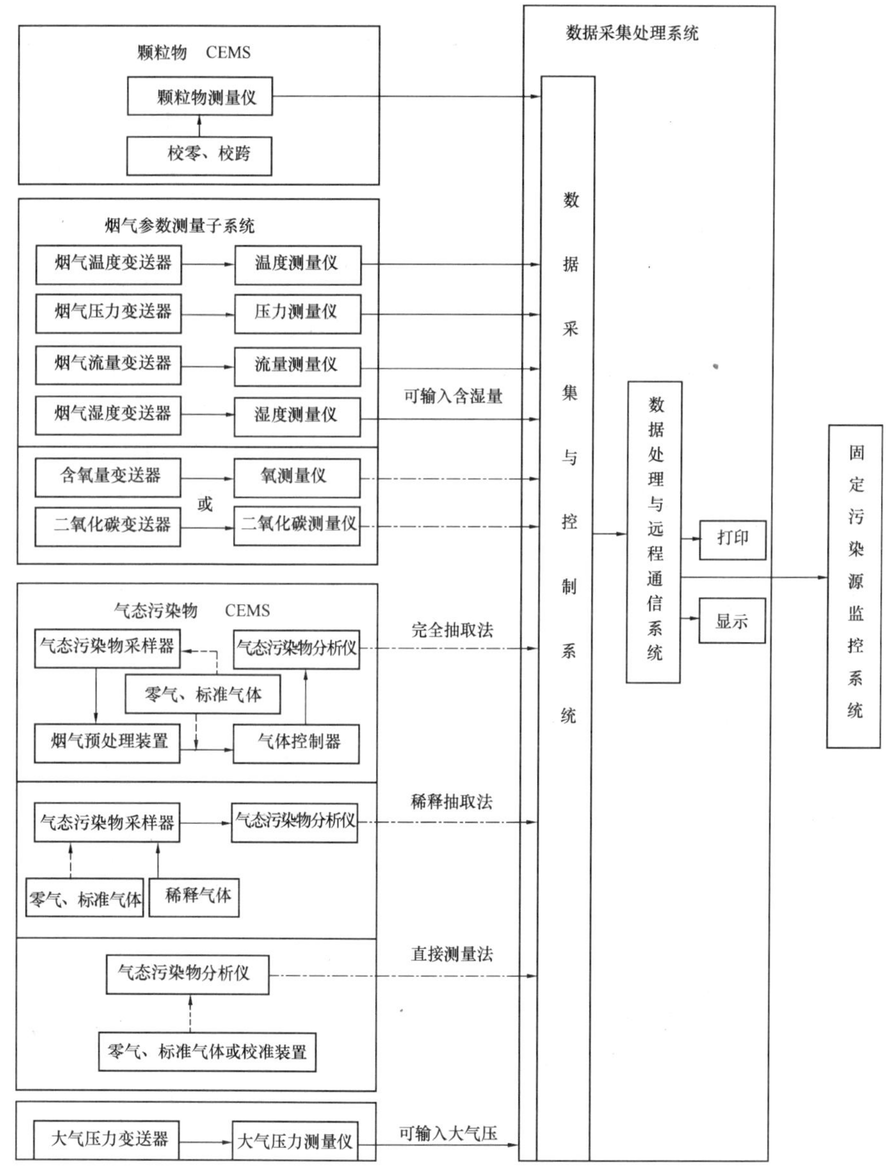

-·-·-·-·-·- 表示任选一种气体参数测量仪和气态污染物 CEMS

图 1　CEMS 示意图

6.1 一般要求

6.1.1 位于固定污染源排放控制设备的下游。

6.1.2 不受环境光线和电磁辐射的影响。

6.1.3 烟道振动幅度尽可能小。

6.1.4 安装位置应避免烟气中水滴和水雾的干扰。

6.1.5 安装位置不漏风。

6.1.6 安装 CEMS 的工作区域必须提供永久性的电源，以保障 CEMS 的正常运行。

6.1.7 采样或监测平台易于人员到达，有足够的空间，便于日常维护和比对监测。当采样平台设置在离地面高度≥5m 的位置时，应有通往平台的 Z 字梯/旋梯/升降梯。

6.1.8 为室外的 CEMS 装置提供掩蔽所，以便在任何天气条件下不影响 CEMS 的运行和不损害维修人员的健康，能够安全地进行维护。安装在高空位置的 CEMS 要采取措施防止发生雷击事故，做好接地，以保证人身安全和仪器的运行安全。

6.2 具体要求

6.2.1 应优先选择在垂直管段和烟道负压区域。

6.2.2 测定位置应避开烟道弯头和断面急剧变化的部位。对于颗粒物 CEMS，应设置在距弯头、阀门、变径管下游方向不小于 4 倍烟道直径，以及距上述部件上游方向不小于 2 倍烟道直径处；对于气态污染物 CEMS，应设置在距弯头、阀门、变径管下游方向不小于 2 倍烟道直径，以及距上述部件上游方向不小于 0.5 倍烟道直径处。对矩形烟道，其当量直径 $D=2AB/(A+B)$，式中 A、B 为边长。当安装位置不能满足上述要求时，应尽可能选择在气流稳定的断面，但安装位置前直管段的长度必须大于安装位置后直管段的长度。

在 CEMS 监测断面下游应预留参比方法采样孔，采样孔数目及采样平台等按《固定污染源排气中颗粒物测定与气态污染物采样方法》（GB/T 16157）要求确定，以供参比方法测试使用。在互不影响测量的前提下，应尽可能靠近。

6.2.3 为了便于颗粒物和流速参比方法的校验和比对监测，CEMS 不宜安装在烟道内烟气流速小于 5m/s 的位置。

6.2.4 每台固定污染源排放设备应安装一套 CEMS。

6.2.5 若一个固定污染源排气先通过多个烟道后进入该固定污染源的总排气管时，应尽可能将 CEMS 安装在该固定污染源的总排气管上，但要便于用参比方法校验颗粒物 CEMS 和流速 CMS。不得只在其中的一个烟道上安装一套 CEMS，将测定值的倍数作为整个源的排放结果，但允许在每个烟道上安装相同的 CEMS，测定值汇总后作为该源的排放结果。

6.2.6 火电厂湿法脱硫装置后未安装烟气 GGH（气-气换热器）的烟道内，由于水分的干扰，颗粒物 CEMS 无法准确测定其浓度，颗粒物 CEMS 可安装在脱硫装置前的管段中，其实际排放浓度值的计算见本标准附录 C.5。

6.2.7 固定污染源烟气净化设备设置有旁路烟道时，应在旁路烟道内安装烟气流量连续计量装置。

6.2.8 当 CEMS 安装在矩形烟道时，若烟道截面的高度大于 4m，则不宜在烟道顶层开设参比方法采样孔；若烟道截面的宽度大于 4m，则应在烟道两侧开设参比方法采样孔，并设置多层采样平台。

6.2.9 点测量 CEMS 的测量点位应符合下列条件之一：

a. 颗粒物 CEMS 的测量点位离烟道壁的距离不小于烟道直径的 30%，气态污染物 CEMS、氧气 CMS 以及流速 CMS 的测量点位离烟道壁距离不小于 1m；

b. 位于或接近烟道断面的矩心区。

6.2.10 线测量 CEMS 的测量点位应符合下列条件之一：

a. 颗粒物 CEMS 的测量点位所在区域离烟道壁的距离不小于烟道直径的 30%，气态污染物 CEMS、氧气 CMS 以及流速 CMS 的测量点位离烟道壁距离不小于 1m；

b. 中心位于或接近烟道断面的矩心区；

c. 测量线长度大于或等于烟道断面直径或矩形烟道的边长。

7 固定污染源 CEMS 技术验收

固定污染源 CEMS 技术验收由参比方法验收和联网验收两部分组成。

7.1 技术验收条件

固定污染源 CEMS 在完成安装、调试检测（见本标准附录 A）并符合下列要求后，可组织实施技术验收工作。

a. 排污口安装的固定污染源 CEMS 相关仪器（颗粒物、SO_2、NO_x、流速等）应具有国家环境保护总局环境监测仪器质量监督检验中心出具的适用性检测合格报告，型号与报告内容相符合。

b. 排污口安装的固定污染源 CEMS 的安装位置及手工采样位置应符合本标准第 6 章的要求。

c. 数据采集和传输以及通信协议均应符合 HJ/T 212 的要求，并提供一个月内数据采集和传输自检报告，报告应对数据传输标准的各项内容作出响应。

d. 根据本标准附录 A 的要求进行了 72h 的调试检测，并提供调试检测合格报告。

7.2 参比方法验收内容

7.2.1 验收时间可采用事先通知的形式或不通知的抽检形式进行，现场验收应尽可能控制在 1d 内完成。

7.2.2 现场验收期间，生产设备应正常且稳定运行，可通过调节固定污染源烟气净化设备从而达到某一排放状况，该状况在测试期间应保持稳定。用参比方法进行验收时，颗粒物、流速、烟温至少获取 5 个该测试断面的平均值，气态污染物和氧量至少获取 9 个数据，并取测试平均值与同时段 CEMS 的分钟平均值进行准确度计算。

a. 颗粒物相对误差计算：

$$R_{ep}=(\rho_{CEMS}-\rho_i)/\rho_i\times100\% \quad (1)$$

式中：R_{ep}——颗粒物相对误差，%；

ρ_i——参比方法测定的颗粒物平均质量浓度，mg/m^3；

ρ_{CEMS}——颗粒物 CEMS 与参比方法同时段测定的颗粒物平均质量浓度，mg/m^3。

b. 流速相对误差计算：

$$R_{ev}=(V_{CEMS}-V_i)/V_i\times100\% \quad (2)$$

式中：R_{ev}——流速相对误差，%；

V_i——参比方法测定的测试断面的烟气平均流速，m/s（可与颗粒物测定同时进行）；

V_{CEMS}——流速 CMS 与参比方法同时段测定的烟气平均流速，m/s。

c. 烟温绝对误差计算：

$$\Delta T = t_2 - t_1 \tag{3}$$

式中：ΔT——烟温绝对误差，℃；

t_1——参比方法测定的平均烟温，℃（可与颗粒物测定同时进行）；

t_2——烟温 CMS 与参比方法同时段测定的平均烟温，℃。

d. 气态污染物（含氧量）准确度计算：

同本标准附录 A 公式（21）～公式（26）。

7.2.3 验收测试结果按附录 D 中的表 D.5 和表 D.8 表格形式记录。

7.3 参比方法验收测试报告格式

报告应包括以下信息（可参照附录 D 中的表 D.9）：

a. 报告的标识-编号；

b. 检测日期和编制报告的日期；

c. CEMS 标识-制造单位、型号和系列编号；

d. 安装 CEMS 的企业名称和安装位置所在的相关污染源名称；

e. 参比方法引用的标准；

f. 所用可溯源到国家标准的标准气体；

g. 参比方法所用的主要设备，仪器等；

h. 检测结果和结论；

i. 测试单位；

j. 备注（技术验收单位认为与评估 CEMS 的性能相关的其他信息）。

7.4 参比方法验收技术指标要求

验收检测项目		考核指标
颗粒物	准确度	当参比方法测定烟气中颗粒物排放质量浓度： ≤50mg/ m³ 时，绝对误差不超过±15mg/ m³； ＞50mg/m³～≤100mg/ m³ 时，相对误差不超过±25%； ＞100mg/ m³～≤200mg/ m³ 时，相对误差不超过±20%； ＞200mg/ m³ 时，相对误差不超过±15%
气态污染物	准确度	当参比方法测定烟气中二氧化硫、氮氧化物排放浓度： ≤20μmol/mol 时，绝对误差不超过±6μmol/mol； ＞20μmol/mol～≤250μmol/mol 时，相对误差不超过±20%； ＞250μmol/mol 时，相对准确度≤15%
		当参比方法测定烟气中其他气态污染物排放浓度： 相对准确度≤15%
流速	相对误差	流速＞10m/s 时，不超过±10%； 流速≤10m/s 时，不超过±12%
烟温	绝对误差	不超过±3℃
氧量	相对准确度	≤15%

7.5 联网验收内容

联网验收由通信及数据传输验收、现场数据比对验收和联网稳定性验收三部分组成。

7.5.1 通信及数据传输验收

按照 HJ/T 212 的规定检查通信协议的正确性。数据采集和处理子系统与固定污染源监控系统之间的通信应稳定，不出现经常性的通信连接中断、报文丢失、报文不完整等通信问题。为保证监测数据在公共数据网上传输的安全性，所采用的数据采集和处理子系统应进行加密传输。

7.5.2 现场数据比对验收

数据采集和处理子系统稳定运行一个星期后，对数据进行抽样检查，并对比上位机接收到的数据和现场机存储的数据是否一致，检验数据传输的正确性。

7.5.3 联网稳定性验收

在连续一个月内，子系统能稳定运行，不出现除通信稳定性、通信协议正确性、数据传输正确性以外的其他联网问题。

7.6 联网验收技术指标要求

验收检测项目	考核指标
通信稳定性	1. 现场机在线率为 90%以上； 2. 正常情况下，掉线后，应在 5min 之内重新上线； 3. 单台数据采集传输仪每日掉线次数在 5 次以内； 4. 报文传输稳定性在 99%以上，当出现报文错误或丢失时，启动纠错逻辑，要求数据采集传输仪重新发送报文
数据传输安全性	1. 对所传输的数据应按照 HJ/T 212 中规定的加密方法进行加密处理传输，保证数据传输的安全性； 2. 服务器端对请求连接的客户端进行身份验证
通信协议正确性	现场机和上位机的通信协议应符合 HJ/T 212 中的规定，正确率 100%
数据传输正确性	系统稳定运行一星期后，对一星期的数据进行检查，对比接收的数据和现场的数据完全一致，抽查数据正确率 100%
联网稳定性	系统稳定运行一个月，不出现除通信稳定性、通信协议正确性、数据传输正确性以外的其他联网问题

7.7 验收结果

符合本标准 7.4 和 7.6 验收技术指标要求的固定污染源 CEMS，可纳入固定污染源监控系统。

8 固定污染源 CEMS 日常运行管理要求

从事固定污染源 CEMS 日常运行管理的单位和部门应根据 CEMS 使用说明书和本标准的要求编制仪器运行管理规程，以此确定系统运行操作人员和管理维护人员的工作职责，人员经培训合格后持证上岗。

仪器运行管理规程应包括以下方面：

8.1 日常巡检

日常巡检间隔不超过 7d，巡检记录应包括检查项目、检查日期、被检项目的运行状态等内容，每次巡检应记录并归档。日常巡检规程应包括该系统的运行状况、CEMS 工作状况、系统辅助设备的运行状况、系统校准工作等必检项目和记录，以及仪器使用说明书中规定的其他检查项目和记录。

8.2 日常维护保养

日常维护保养应根据 CEMS 说明书的要求对保养内容、保养周期或耗材更换周期等作出明确规定，每次保养情况应记录并归档。每次进行备件或材料更换时，更换的备件或材料的品名、规格、数量等应记录并归档。如更换标准物质还需记录新标准物质的来源、有效期和浓度等信息。

对日常巡检或维护保养中发现的故障或问题，系统管理维护人员应及时处理并记录。对于一些容易诊断的故障，如电磁阀控制失灵、泵膜裂损、气路堵塞、数据采集器死机、通信和电源故障等，应在 24h 内及时解决；对不易维修的仪器故障，若 72h 内无法排除，应安装相应的备用仪器。备用仪器或主要关键部件（如光源、分析单元）经调换后应根据本标准中规定的方法对系统重新调试经检测合格后方可投入运行。

8.3 CEMS 的校准和校验

CEMS 的校准和校验应根据本标准中规定的方法和第 9 章质量保证规定的周期制订系统的日常校准和校验操作规程，并对校准和校验应记录的内容作出明确的规定，校准和校验记录应及时归档。

9 固定污染源 CEMS 日常运行质量保证

固定污染源 CEMS 日常运行质量保证是保障 CEMS 正常稳定运行、持续提供有质量保证监测数据的必要手段。当 CEMS 不能满足技术指标而失控时，应及时采取纠正措施，并应缩短下一次校准、维护和校验的间隔时间。

不应采用与 CEMS 测试原理相同的参比方法校验 CEMS。

9.1 定期校准

固定污染源 CEMS 运行过程中的定期校准应做到：

a. 具有自动校准功能的颗粒物 CEMS 和气态污染物 CEMS 每 24h 至少自动校准一次仪器零点和跨度；具有自动校准功能的流速 CMS 每 24h 至少自动校准一次仪器的零点或/和跨度；

b. 无自动校准功能的颗粒物 CEMS 每 3 个月至少用校准装置校准一次仪器的零点和跨度；

c. 直接测量法气态污染物 CEMS 每 30d 至少用校准装置通入零气和接近烟气中污染物浓度的标准气体校准一次仪器的零点和工作点；

d.无自动校准功能的气态污染物 CEMS 每 15d 至少用零气和接近烟气中污染物浓度的标准气体或校准装置校准一次仪器零点和工作点；

e. 无自动校准功能的流速 CMS 每 3 个月至少校准一次仪器的零点或/和跨度；

f. 抽取式气态污染物 CEMS 每 3 个月至少进行一次全系统的校准，要求零气和标准气体与样品气体通过的路径（如采样探头、过滤器、洗涤器、调节器）一致，进行零点和跨度、线性误差和响应时间的检测。对直接测量法气态污染物 CEMS 用参比方法检测准确度是否符合本标准 7.4 的要求。

9.2 定期维护

固定污染源 CEMS 运行过程中的定期维护是日常巡检的一项重要工作，定期维护应做到：

a. 污染源停炉到开炉前应及时到现场清洁光学镜面；

b. 每 30 天至少清洗一次隔离烟气与光学探头的玻璃视窗，检查一次仪器光路的准直情况；对清吹空气保护装置进行一次维护，检查空气压缩机或鼓风机、软管、过滤器等部件；

c. 每 3 个月至少检查一次气态污染物 CEMS 的过滤器、采样探头和管路的结灰和冷凝水情况、气体冷却部件、转换器、泵膜老化状态；

d. 每 3 个月至少检查一次流速探头的积灰和腐蚀情况、反吹泵和管路的工作状态。

9.3 定期校验

固定污染源 CEMS 投入使用后，燃料、除尘效率的变化、水分的影响、安装点的振动等都会造成光路的偏移和干扰。定期校验应做到：

a. 每 6 个月至少做一次校验；校验用参比方法和 CEMS 同时段数据进行比对，按本标准 7.2.2 进行；

b. 当校验结果不符合本标准 7.4 的规定时，则应扩展为对颗粒物 CEMS 方法的相关系数的校正或/和评估气态污染物 CEMS 的相对准确度或/和流速 CMS 的速度场系数（或相关性）的校正，直至 CEMS 达到本标准 7.4 要求，所取样品数不少于 9 对，方法见本标准附录 A。

9.4 CEMS 失控数据的判别

CEMS 在定期校准、校验期间数据失控的判别标准见表 9-1。

表 9-1 CEMS 失控数据的判别

<table>
<tr><th>项目</th><th colspan="2">CEMS 类型</th><th>校准功能</th><th>校准周期</th><th>水平</th><th>技术指标要求</th><th>失控指标</th><th>样品数（对）</th><th>执行者</th></tr>
<tr><td rowspan="12">定期校准</td><td colspan="2" rowspan="4">颗粒物 CEMS</td><td rowspan="2">自动</td><td rowspan="2">24h</td><td>零点漂移</td><td>不超过±2.0%F.S.</td><td>超过±8.0%F.S.</td><td rowspan="10">—</td><td rowspan="15">用户或/和运营者</td></tr>
<tr><td>跨度漂移</td><td>不超过±2.0%F.S.</td><td>超过±8.0%F.S.</td></tr>
<tr><td rowspan="2">手动</td><td rowspan="2">90d</td><td>零点漂移</td><td>不超过±2.0%F.S.</td><td>超过±8.0%F.S.</td></tr>
<tr><td>跨度漂移</td><td>不超过±2.0%F.S.</td><td>超过±8.0%F.S.</td></tr>
<tr><td rowspan="6">气态污染物 CEMS</td><td rowspan="2">抽取测量/直接测量</td><td rowspan="2">自动</td><td rowspan="2">24h</td><td>零点漂移</td><td>不超过±2.5%F.S.</td><td>超过±5.0%F.S.</td></tr>
<tr><td>跨度漂移</td><td>不超过±2.5%F.S.</td><td>超过±10.0%F.S.</td></tr>
<tr><td rowspan="2">抽取测量</td><td rowspan="2">手动</td><td rowspan="2">15d</td><td>零点漂移</td><td>不超过±2.5%F.S.</td><td>超过±5.0%F.S.</td></tr>
<tr><td>跨度漂移</td><td>不超过±2.5%F.S.</td><td>超过±10.0%F.S.</td></tr>
<tr><td rowspan="2">直接测量</td><td rowspan="2">手动</td><td rowspan="2">30d</td><td>零点漂移</td><td>不超过±2.5%F.S.</td><td>超过±5.0%F.S.</td></tr>
<tr><td>跨度漂移</td><td>不超过±2.5%F.S.</td><td>超过±10.0%F.S.</td></tr>
<tr><td colspan="2" rowspan="2">流速 CMS</td><td>自动</td><td>24h</td><td>零点漂移</td><td>不超过±3.0%F.S.或绝对误差不超过±0.9m/s</td><td>超过±8.0%F.S.或绝对误差超过±1.8m/s</td><td>—</td></tr>
<tr><td>手动</td><td>90d</td><td>零点漂移</td><td>不超过±3.0%F.S.或绝对误差不超过±0.9m/s</td><td>超过±8.0%F.S.或绝对误差超过±1.8m/s</td><td>—</td></tr>
<tr><td rowspan="3">定期校验</td><td colspan="3">颗粒物 CEMS</td><td rowspan="3">至少180d</td><td rowspan="3">准确度</td><td>满足本标准 7.4</td><td rowspan="3">不满足前列技术指标要求</td><td>至少 3</td></tr>
<tr><td colspan="3">气态污染物 CEMS</td><td>满足本标准 7.4</td><td>至少 9</td></tr>
<tr><td colspan="3">流速 CMS</td><td>满足本标准 7.4</td><td>至少 3</td></tr>
</table>

注：F.S.为仪器的满量程值。

当发现任一参数数据失控时，应及时采取纠正措施直至满足技术指标要求为止，记录失控时段（即从发现失控数据起到满足技术指标要求后止的时间段）及失控参数，并按本标准表 10-2 进行数据修约。

9.5 比对监测

当地环境保护技术主管部门按本标准 7.2 每年不定期地对 CEMS 技术性能指标至少进行一次比对监测，但监测样品数量可相应减少，监测颗粒物、流速、烟温等样品数量至少 3 对（指代表整个烟道断面的平均值），抽检气态污染物样品数量至少 6 对，抽检结果应符合本标准 7.4。

10 固定污染源 CEMS 数据审核和处理

10.1 数据审核

10.1.1 CEMS 故障期间、维修期间、失控时段、参比方法替代时段，以及有计划（质量保证/质量控制）地维护保养、校准、校验等时间段均为 CEMS 缺失数据时间段。其中失控时段的数据处理应按本标准表 10-2 进行数据修约。

10.1.2 固定污染源启、停运（大修、中修、小修等）以及闷炉等时间段均为 CEMS 无效数据时间段。

10.1.3 CEMS 有效数据捕集率每季度应达到 75%。

每季度有效数据捕集率%=（该季度小时数－缺失数据小时数－无效数据小时数）/（该季度小时数－无效数据小时数）。

10.2 缺失数据的处理

10.2.1 任一参数的 CEMS 数据缺失在 24h 以内（含 24h），缺失数据按该参数缺失前 1h 的有效小时均值和恢复后 1h 的有效小时均值的算术平均值进行补遗，见表 10-1。

10.2.2 颗粒物 CEMS、气态污染物 CEMS 数据缺失超过 24h 时，缺失的小时排放量按该参数缺失前 720 有效小时均值中最大小时排放量进行补遗，其浓度值不需补遗。

10.2.3 除颗粒物、气态污染物以外的其他参数的 CEMS 数据缺失超过 24h 时，缺失数据按该参数缺失前 720 有效小时均值的算术平均值进行补遗。

表 10-1 缺失数据的处理方法

中断时间 N/h	缺失参数	处理方法	
		方法	选取值
$N \leqslant 24$	所有参数	算术平均值	中断前 1h 和中断后 1h 的有效小时均值
$N > 24$	颗粒物、气态污染物	排放量最大值	中断前 720 有效小时均值
	氧量和其他参数	算术平均值	

10.3 比对监测时数据的处理

当地环境保护技术主管部门用参比方法进行比对监测时，当 CEMS 数据与参比方法监测数据不符合本标准 7.4 时，以参比方法监测数据为准进行替代，直至 CEMS 数据调试到符合本标准 7.4 时为止。

10.4 CEMS 维修时数据的处理

CEMS 因发生故障需停机进行维修时，其维修期间的数据替代按本标准 10.2 处理；亦可以用符合本标准 7.4 的备用 CEMS 所测得的数据替代或用参比方法监测的数据替代。

10.5 失控数据的修约

表 10-2 失控数据的修约方法

<table>
<tr><th rowspan="2">失控时间段 N/h</th><th rowspan="2">失控参数</th><th colspan="2">修约方法</th></tr>
<tr><th>方法</th><th>选取值</th></tr>
<tr><td>N≤24</td><td>所有参数</td><td>算术平均值</td><td>前一次校准/校验后第一小时和本次校准/校验后第一个小时的有效小时均值</td></tr>
<tr><td rowspan="2">N>24</td><td>颗粒物、气态污染物</td><td>排放量最大值</td><td rowspan="2">前一次校准/校验前 720 有效小时均值</td></tr>
<tr><td>氧量和其他参数</td><td>算术平均值</td></tr>
</table>

11 数据记录与报表

11.1 记录

按本标准附录 D 的表格形式记录监测结果。

11.2 报表

按本标准附录 D（表 D.10、表 D.11、表 D.12、表 D.13）的表格形式定期将 CEMS 监测数据上报，报表中应给出最大值、最小值、平均值、排放累计量以及参与统计的样本数。

附录 A（规范性附录）

固定污染源 CEMS 主要技术指标调试检测方法

固定污染源 CEMS 在现场安装运行以后，在接受验收前，应进行技术性能指标的调试，该调试可由①CEMS 的制造者、供应者；②用户；③受委托的有检测能力的部门承担。调试检测方法按下面要求进行：

A.1 一般要求

A.1.1 现场完成 CEMS 安装、初调后，CEMS 连续运行时间应不少于 168h。

A.1.2 CEMS 连续运行 168h 后，可进入调试检测阶段，调试检测周期为 72h，在调试检测期间，不允许计划外的检修和调节仪器。

A.1.3 如果因 CEMS 故障、固定污染源故障、断电等原因造成调试检测中断，在上述因素恢复正常后，应重新开始进行为期 72h 的调试检测。

A.1.4 对于完全抽取式和稀释抽取式气态污染物 CEMS，当进行零点和跨度校准、线性误差和响应时间的检测时，要求零气和标准气体与样品气体通过的路径（如采样探头、过滤器、洗涤器、调节器）一致。

A.1.5 调试检测后应编制调试检测报告。

A.2 零点漂移、跨度漂移技术指标的调试检测

A.2.1 颗粒物 CEMS 零点漂移、跨度漂移技术指标的调试检测

在检测期间开始时，人工或自动校准仪器零点和跨度，记录最初的模拟零点和跨度读数。每隔 24h 测定（人工或自动）和记录一次零点、跨度读数，随后校准仪器零点和跨度。连续操作 3d，按式（1）～式（4）计算零点漂移、跨度漂移。

a. 零点漂移：

$$\Delta Z=Z_i-Z_0 \tag{1}$$

$$Z_d=\Delta Z_{max}/R\times100\% \tag{2}$$

式中：Z_0——零点读数初始值；

Z_i——第 i 次零点读数值；

Z_d——零点漂移；

ΔZ——零点漂移绝对误差；

ΔZ_{max}——零点漂移绝对误差最大值；

R——仪器满量程值。

b. 跨度漂移：

$$\Delta S=S_i-S_0 \tag{3}$$

$$S_d=\Delta S_{max}/R\times100\% \tag{4}$$

式中：S_0——跨度读数初始值；

S_i——第 i 次跨度读数；

S_d——跨度漂移；

ΔS——跨度漂移绝对误差；

ΔS_{max}——跨度漂移绝对误差最大值。

颗粒物 CEMS 零点和跨度漂移检测结果按本标准附录 D 表 D.1 的表格形式记录。

A.2.2 气态污染物 CEMS 零点漂移、跨度漂移技术指标的调试检测

a. 零点漂移：

仪器通入零气（经过滤的不含颗粒物、待测气体的清洁干空气或高纯氮气），校准仪器至零点，记录 Z_0。24h 后，再通入零气，待读数稳定后记录零点读数 Z_i，按调零键，仪器调零。连续操作 3d，按式（1）和式（2）计算零点漂移 Z_d。

b. 跨度漂移：

仪器通入 50%～100%满量程标准气体，校准仪器至该标准气体的浓度值 S_0。24h 后，再通入同一标准气体，待读数稳定后记录标准气体读数 S_i，按校准键，校准仪器。连续操作 3d，按式（3）和式（4）计算跨度漂移 S_d。

气态污染物 CEMS 零点和跨度漂移检测结果按本标准附录 D 表 D.3 的表格形式记录。

A.3 颗粒物 CEMS 相关校准技术指标的调试检测

A.3.1 检测期间，通过调节颗粒物控制装置，使颗粒物 CEMS 在高、中、低不同排放浓度条件下进行测试。每个排放浓度至少有 5 个参比数据。

A.3.2 参比方法与颗粒物 CEMS 监测同时段进行，颗粒物 CEMS 每分钟记录一次仪表显示值，取与参比方法同时段显示值的平均值与参比方法测定的断面浓度平均值组成一个数据对，至少获得 15 个有效数据对。但应报告所有的数据，包括舍去的数据对。

A.3.3 将由参比方法测定的标准状态下颗粒物断面浓度平均值转换为实际烟气状况下颗粒物断面浓度平均值。

$$Y = Y_s \times \frac{273}{273+t} \times \frac{p_a + p_s}{101\,325} \times (1 - X_{sw}) \tag{5}$$

式中：Y——实际烟气状况下颗粒物断面质量浓度平均值，mg/m^3；

Y_s——标准状态下颗粒物断面质量浓度平均值，mg/m^3；

t——测定断面平均烟温，℃；

p_a——测定期间的大气压，Pa

p_s——测定断面烟气静压，Pa；

X_{sw}——测定断面烟气平均含湿量，%。

A.3.4 以颗粒物 CEMS 显示值为横坐标（X），参比方法测定的已转换为实际烟气状况下的颗粒物断面浓度为纵坐标（Y），由最小二乘法建立两变量之间的关系。

一元线性回归方程：

$$\hat{Y} = b_0 + b_1 X \tag{6}$$

式中：$\hat{Y}$——预测颗粒物浓度，mg/m^3；

b_0——线性相关校准曲线截距，计算见式（7）；

b_1——线性相关校准曲线斜率，计算见式（9）；

X——颗粒物 CEMS 显示值，量纲一。

截距计算公式：

$$b_0=\overline{Y}-b_1\overline{X} \tag{7}$$

式中：$\overline{X}$——颗粒物 CEMS 显示值的平均值，计算见式（8）；

$\overline{Y}$——实际烟气状况下参比方法颗粒物断面质量浓度平均值，mg/m³，计算见式（8）。

$$\overline{X}=\frac{1}{n}\sum_{i=1}^{n}X_i \qquad \overline{Y}=\frac{1}{n}\sum_{i=1}^{n}Y_i \tag{8}$$

式中：X_i——第 i 个数据，颗粒物 CEMS 的显示值，量纲一；

Y_i——第 i 个数据，实际烟气状况下参比方法颗粒物断面浓度平均值，mg/m³；

n——数据对数目。

斜率计算公式：

$$b_1=\frac{S_{xy}}{S_{xx}} \tag{9}$$

式中：

$$S_{xx}=\sum_{i=1}^{n}(X_i-\overline{X})^2 \qquad S_{xy}=\sum_{i=1}^{n}(X_i-\overline{X})(Y_i-\overline{Y}) \tag{10}$$

A.3.5 置信区间的计算，见公式（11），颗粒物 CEMS 测定的一批显示值，要求有 95%的把握认为此批显示值的每一个值均应落在由距上述校准曲线为该排放源排放限值的±15%的两条直线组成的区间内。

$$CI=t_{df,1-a/2}S_E\sqrt{\frac{1}{n}} \tag{11}$$

式中：CI——在平均值 X 处的 95%置信区间半宽；

$t_{df,\ 1-a/2}$——对于 $df=n-2$ 见表 A.1 中提供的 student 统计 t 值；

S_E——相关校准曲线的分散性或偏差性（回归线精密度），计算见式（12）：

$$S_E=\sqrt{\frac{1}{n-2}\sum_{i=1}^{n}(\hat{Y}_i-Y_i)^2} \tag{12}$$

在平均值 X 处，作为排放限值百分比的置信区间半宽计算见式（13）：

$$CI\%=\frac{CI}{EL}\times 100\% \tag{13}$$

式中：EL——转换为实际烟气状况下的颗粒物排放限值，计算见式（14）。

$$EL=EL_s\times\frac{273}{273+t}\times\frac{p_a+p_s}{101\,325}\times(1-X_{sw})\times\frac{21\%-\varphi(O_2)}{21\%-\varphi(O_2)_s} \tag{14}$$

式中：EL_s——该污染源的排放标准（国标或地标），mg/m³；

$\varphi(O_2)_s$——排放标准中所确定的氧量，%；

$\varphi(O_2)$——测定烟道中的实际平均氧量，%。

A.3.6 允许区间的计算，见式（15），颗粒物 CEMS 测定的一批显示值，要求有 95%的把握认为该批数据中有 75%的数据应落在由距上述校准曲线为该排放源限值的±30%的两条直线组成的区间内。

$$TI=k_tS_E \tag{15}$$

式中：TI——在平均值 X 处允许区间半宽；

k_t——计算见式（16）；

S_E——计算见式（12）。

$$k_t=u_{n'}V_{df} \tag{16}$$

式中：$u_{n'}$——由表 A.1 提供，75%允许因子（在平均值 X 处，$n'=n$）；

V_{df}——对于 $df=n-2$ 见表 A.1。

在平均值 X 处，作为排放限值百分比的允许区间半宽计算见式（17）：

$$TI\%=\frac{TI}{EL}\times 100\% \tag{17}$$

A.3.7 线性相关系数计算见式（18）：

$$r=\frac{S_{xy}}{\sqrt{S_{xx}S_{yy}}} \tag{18}$$

式中：r——线性相关系数；

S_{yy}——计算见式（19）：

$$S_{yy}=\sum_{i=1}^{n}(Y_i-\overline{Y})^2 \tag{19}$$

当一元线性回归方程无法满足相关系数的指标要求时，可选用其他校验方法（如多元线性方程式、对数指数方程式、幂指数方程式、K 系数等）进行调试。参比方法校准颗粒物 CEMS 的一元线性回归方程原始记录表见本标准附录 D 表 D.2。

表 A.1 计算置信区间和允许区间参数表

f	t_f	V_f	n'	u_n'（75）
7	2.356	1.797 2	7	1.233
8	2.306	1.711 0	8	1.233
9	2.262	1.645 2	9	1.214
10	2.228	1.593 1	10	1.208
11	2.201	1.550 6	11	1.203
12	2.179	1.515 3	12	1.199
13	2.160	1.485 4	13	1.195
14	2.145	1.459 7	14	1.192
15	2.131	1.437 3	15	1.189
16	2.120	1.417 6	16	1.187
17	2.110	1.400 1	17	1.185
18	2.101	1.384 5	18	1.183

f	t_f	V_f	n'	u_n' (75)
19	2.093	1.370 4	19	1.181
20	2.086	1.357 6	20	1.179
21	2.080	1.346 0	21	1.178
22	2.074	1.335 3	22	1.177
23	2.069	1.325 5	23	1.175
24	2.064	1.316 5	24	1.174
25	2.060	1.308 1	25	1.173
30	2.042	1.273 7	30	1.170
35	2.030	1.248 2	35	1.167
40	2.021	1.228 4	40	1.165
45	2.014	1.212 5	45	1.163
50	2.009	1.199 3	50	1.162

注：$f=n-1$。

A.3.8 校验颗粒物 CEMS

将建立的手工采样参比方法测定结果与颗粒物 CEMS 测定的专一经验式的斜率和截距输入到烟气 CEMS 的数据采集处理系统，将颗粒物 CEMS 的测定显示值校验到与手工采样参比方法一致的颗粒物浓度（mg/m^3）。

手工采样断面排气流速应大于等于 5m/s，当不能满足要求时：

a. 在 2.5～5m/s 之间时，取实测平均流速计算采样流量进行恒流采样，校验方法仍采用一元线性回归方程。

b. 低于 2.5m/s 时，取 2.5m/s 流速计算采样流量进行恒流采样。至少取 9 个有效数据对计算 *K* 系数，即手工方法平均值/CMES 显示值平均值，然后将 *K* 系数输入到 CEMS 的数据采集处理系统，校验后的颗粒物浓度=$K \cdot \text{CEMS}_{颗粒物显示值}$。

c. 当无法调节颗粒物控制装置或燃烧清洁能源时，亦可采用 *K* 系数的方法。

A.4 气态污染物（含氧量）CEMS 线性误差、响应时间技术指标的调试检测

A.4.1 气态污染物 CEMS 线性误差技术指标的调试检测

a. 仪器通入零气，调节仪器零点。

b. 通入高浓度标准气体（80%～100%的满量程值），调整仪器显示浓度值与标准气体浓度值一致。

c. 仪器经上述校准后，交替通入零气和高、中（50%～60%的满量程值）、低（20%～30%的满量程值）浓度标准气体，待显示浓度值稳定后读取测定结果。重复测定 3 次，取平均值。按式（20）计算线性误差：

$$L_{ei} = \frac{\overline{\rho}_{di} - \rho_{si}}{\rho_{si}} \times 100\% \tag{20}$$

式中：L_{ei}——标准气体的线性误差；

$\overline{\rho}_{di}$——测定第 i 种标准气体浓度平均值；

ρ_{si}——第 i 种标准气体浓度值。

线性误差检测结果按本标准附录 D 表 D.4 的表格形式记录。

A.4.2 气态污染物 CEMS 响应时间技术指标的调试检测

在线性误差检测通入中浓度标准气体时，用秒表记录显示值从瞬时变化至达到 90% 标准浓度的时间，取平均值作为响应时间。

响应时间检测结果按本标准附录 D 表 D.4 的表格形式记录。

A.5 气态污染物（含氧量）CEMS 准确度技术指标的调试检测

A.5.1 气态污染物（含氧量）CEMS 与参比方法同步测定，由数据采集器每分钟记录 1 个累积平均值，连续记录至参比方法测试结束，取与参比方法同时段的平均值。

A.5.2 取参比方法与 CEMS 同时段测定值组成一个数据对，每天至少取 9 对有效数据用于相对准确度计算，但应报告所有的数据，包括舍去的数据对，连续进行 3d。

$$RA = \frac{\left|\overline{d}\right| + \left|cc\right|}{\overline{RM}} \times 100\% \quad (21)$$

式中：RA——相对准确度；

$$\overline{RM} = \frac{1}{n}\sum_{i=1}^{n} RM_i \quad (22)$$

式中：n——数据对的个数；

RM_i——第 i 个数据对中的参比方法测定值。

$$\overline{d} = \frac{1}{n}\sum_{i=1}^{n} d_i \quad (23)$$

$$d_i = RM_i - \mathrm{CEMS}_i \quad (24)$$

式中：d_i——每个数据对之差；

CEMS_i——第 i 个数据对中的 CEMS 测定值。

[注：在计算数据对差的和时，保留差值的正、负号]

$$cc = \pm t_{f,0.95} \frac{S_{\mathrm{d}}}{\sqrt{n}} \quad (25)$$

其中置信系数（cc）由 t 值表查得的统计值和数据对差的标准偏差表示：

t 值表（95%置信水平）

5	6	7	8	9	10	11	12	13	14	15	16
2.571	2.447	2.365	2.306	2.262	2.228	2.201	1.179	2.160	2.145	2.131	2.120

$t_{f,0.95}$——由 t 表查得，$f=n-1$；

$$S_{\mathrm{d}} = \sqrt{\frac{\sum_{i=1}^{n}(d_i - \overline{d})^2}{n-1}} \quad (26)$$

式中：S_{d}——参比方法与 CEMS 测定值数据对的差的标准偏差。

参比方法评估气态污染物 CEMS 准确度结果按本标准附录 D 表 D.5 的表格形式记录。

A.5.3 校准气态污染物 CEMS

气态污染物 CEMS 相对准确度达不到技术指标的要求时，将偏差调节系数输入 CEMS 的数据采集处理系统，按式（27）和式（28）对 CEMS 测定数据进行调节，经调节仍不能达到要求时，应选择有代表性的位置安装气态污染物 CEMS，重新进行检测。

$$CEMS_{adi}=CEMS_i \times E_{ac} \tag{27}$$

式中：$CEMS_{adi}$——CEMS 在 i 时间调节后的数据；

$CEMS_i$——CEMS 在 i 时间测得的数据；

E_{ac}——偏差调节系数。

$$E_{ac}=\frac{1+\overline{d}}{\overline{CEMS_i}} \tag{28}$$

式中：$\overline{d}$——式（23）和式（24）计算的数据对差的平均值；

$\overline{CEMS_i}$——第 i 个数据对中的 CEMS 测定数据的平均值。

A.6 流速 CMS 速度场系数技术指标的调试检测

由参比方法测定断面烟气平均流速和同时段流速 CMS 测定断面某一固定点或测定线上的烟气平均流速，按式（29）计算速度场系数：

$$K_V=\frac{F_s}{F_p}\times\frac{\overline{V_s}}{\overline{\overline{V_p}}} \tag{29}$$

式中：K_V——速度场系数；

F_s——参比方法测定断面面积，m^2；

F_p——固定点或测定线所在测定断面的面积，m^2；

$\overline{V}_s$——参比方法测定断面的平均流速，m/s；

$\overline{V}_p$——流速 CMS 在固定点或测定线所在断面的测定流速，m/s。

A.7 流速 CMS 速度场系数精密度技术指标的调试检测

A.7.1 每天至少获得 3 个有效速度场系数，计算速度场系数日平均值。但应报告所有的数据，包括舍去的数据。至少连续获得 3 d 的日平均值，并按式（30）和式（31）计算速度场系数精密度：

$$CV=\frac{S}{\overline{\overline{K}}_v}\times 100\% \tag{30}$$

$$S=\frac{\sqrt{\sum_{i=1}^{n}(\overline{K}_{vi}-\overline{\overline{K}}_v)^2}}{n-1} \tag{31}$$

式中：CV——速度场系数精密度（相对标准偏差），%；

S——速度场系数的标准偏差；

$\overline{\overline{K}}_v$——速度场系数日平均值的平均值；

$\overline{K}_{vi}$——速度场系数日平均值；

n——日平均速度场系数的个数。

流速 CMS 速度场系数精密度检测结果按本标准附录 D 表 D.6 的表格形式记录。

A.7.2 当速度场系数精密度不满足技术指标要求时，可进行手工采样参比方法与流速 CMS 的相关系数的校准。通过调节三个不同的工况流速，每个工况流速至少建立 3 个有效数据对，以流速 CMS 数据为 X 轴，参比方法数据为 Y 轴，建立一元线性回归方程。并把斜率和截距输入到 CEMS 的数据采集处理系统，将流速 CMS 测试的数据校准到手工采样参比方法所测定的流速值。回归方程计算方法见本标准附录 A 第 A.3.4 条及第 A.3.7 条，校准曲线按本标准附录 D 表 D.7 的表格形式记录。

A.8 固定污染源烟气 CEMS 调试检测技术指标要求

调试检测项目		考核指标
颗粒物	零点漂移	不超过±2.0%F.S.
	跨度漂移	不超过±2.0%F.S.
	相关系数	≥0.85
		当参比方法测定颗粒物平均质量浓度≤50mg/m³ 时，≥0.70
	CI%（置信区间半宽）	≤15%（该污染源的排放限值）
	TI%（允许区间半宽）	≤30%（该污染源的排放限值）
气态污染物	零点漂移	不超过±2.5%F.S.
	跨度漂移	不超过±2.5%F.S.
	线性误差	不超过±5%
	响应时间	≤200s
	准确度	当参比方法测定烟气中二氧化硫、氮氧化物排放浓度： ≤20μmol/mol 时，绝对误差不超过±6μmol/mol； ＞20μmol/mol～≤250μmol/mol 时，相对误差不超过±20%； ＞250μmol/mol 时，相对准确度≤15%
		当参比方法测定烟气中其他气态污染物排放浓度： 相对准确度≤15%
流速	速度场系数精密度	当流速＞10m/s 时，≤5%； 当流速≤10m/s 时，≤8%
	或相关系数	≥9 个数据对时，相关系数≥0.90
氧量	相对准确度	≤15%

注：F.S.为仪器的满量程值。

附录 B（规范性附录）

CEMS 技术指标调试检测结果分析和处理方法

当固定污染源 CEMS 技术指标调试检测结果不满足本标准附录 A.8 技术指标要求时，可参照下表进行结果分析和处理。

表 B.1 颗粒物 CEMS 技术指标调试检测结果分析和处理方法

测试指标		测试结果	原因分析	处理方法
漂移	零点	超过±2%F.S.	1. 安装位置的环境条件，例如：强烈振动、电磁干扰、系统密封缺陷使雨、雪水侵入等； 2. 校准器件缺陷、复位重复差、被污染，系统设计缺陷； 3. 仪器供电系统缺陷，光源发光不稳定等； 4. 计算错误	1. 重新选择符合要求 的安装位置； 2. 根据查找的原因重新设计； 3. 重新计算
	跨度	超过±2%F.S.		
相关系数		＜0.85	1.颗粒物 CEMS：（1）安装位置的代表性；（2）光路的准直；（3）光学镜片的污染和清洁等； 2. 调试时的参比方法是否将手工方法测得的烟道断面颗粒物平均浓度与颗粒物CEMS 测得的点的平均质量浓度进行比较； 3. 数据量和数据分布：数据量是否足够？数据是否分布在颗粒物 CEMS 测量范围上限的 20%～80%； 4. 颗粒物的颜色变化大，烟气中含有水雾和水滴等； 5. 颗粒物 CEMS 设计缺陷	逐一分析原因，采取 相应的对策和措施
		＜0.70（参比方法测定颗粒物平均质量浓度≤50mg/m^3）		
CI%（置信区间半宽）		＞15%（该污染源的排放限值）		
TI%（允许区间半宽）		＞30%（该污染源的排放限值）		

表 B.2 气态污染物 CEMS 技术指标调试检测结果分析和处理方法

测试指标		测试结果	原因分析	处理方法
漂移	零点	超过±2.5%F.S.	1. 安装位置的环境条件，例如：强烈振动、电磁干扰、系统密封缺陷使雨、雪水侵入等； 2. 供零点气体和校准气体的流量和气体的质量是否符合要求； 3. 供气系统是否泄漏； 4. 管路吸附； 5.仪器供电系统缺陷； 6. 计算错误	1. 重新选择符合要求的安装位置； 2. 选用合格的零点气体和校准气体； 3. 待仪器读数稳定后再读取和/或记录数据； 4 更换泄漏管路； 5. 根据查找的原因重新设计； 6. 重新计算
	跨度	超过±2.5%F.S.		

测试指标	测试结果	原因分析	处理方法
响应时间	＞200s	1. 滤料被堵塞； 2. 仪器内部管路泄漏； 3. 控制阀损坏； 4.仪器光学镜片被污染； 5. 仪器检测器系统被污染； 6.系统设计缺陷	1. 更换滤料； 2. 更换管路； 3. 拧紧管接头，更换控制阀； 4. 清洁光学镜片或检测器系统； 5.重新设计
线性误差	超过±5%	1. 仪器性能是否过关； 2. 调试方法是否准确； 3. 校准气体质量，例如：校准气体质量不能溯源到国家级标准气体，超过标准气体的使用期限，校准气体的稳定性差，现场调试检测与仪器出厂前调试仪器的校准气体品质不一致； 4. 管路吸附； 5. 管路泄漏； 6. 供气流量、压力不稳定等	逐一分析原因，采取相应的措施
相对准确度	＞15%	1.点位的代表性； 2. 两种方法测定点位的一 致性； 3. 两种方法测定时获取数据的同步性； 4. CEMS 校准气体和参比方法的校准气体的一致性； 5. 采样时间等； 6. 管路不加热并有冷凝水，管路漏气，抽气量不足，气体稀释比不稳定等； 7. 参比方法使用仪器质量有问题等	1. 避开污染物浓度剧烈变化的测定点位； 2. 两种方法测定点位尽可能接近； 3. 扣除烟气样品通过管路到达检测器的时间； 4. 用同一标准气体校准 CEMS 和参比方法； 5. 足够的采样时间； 6. 用质量好的参比仪器等； 7.采取相应的措施

表 B.3 流速 CEMS 技术指标调试检测结果分析和处理方法

测试指标	测试结果	原因分析	处理方法
速度场系数精密度	流速＞10m/s，＞5% 流速≤10m/s，＞8%	1. 安装位置的代表性差，例如：两股气流交汇处，存在涡流、漩流等； 2. 安装地点强烈振动； 3. 气流不稳定，变化大； 4. 安装不正确，例如：流速 CMS 正对气流的 S 皮托管与气流的方向不垂直，紧固法兰松动； 5. 流速 CMS 探头被污染或腐蚀； 6. 烟气流速低，仪器灵敏度不能满足测定的要求； 7. 参比方法布设测点的点位和数量以及用参比方法比对时存在操作不当等	逐一分析原因，采取相应的措施（如可安装多点流速 CMS 等）

附录 C（规范性附录）

数据计算与处理

C.1 烟气流速和流量的计算

C.1.1 烟气流速的计算

•皮托管法、热平衡法、超声波法（安装在矩形烟道）、靶式流量计法按式（1）和式（2）计算烟道断面平均流速：

$$\overline{V}_s = K_v \times \overline{V}_p \tag{1}$$

式中：K_v——速度场系数；

$\overline{V}_p$——测定断面某一固定点或测定线上的湿排气平均流速，m/s；

$\overline{V}_s$——测定断面的湿排气平均流速，m/s。

•超声波测速法（安装在圆形烟道）按式（2）计算烟道断面平均流速：

$$\overline{V}_s = \frac{L}{2\cos\alpha}\left(\frac{1}{t_A} - \frac{1}{t_B}\right) \tag{2}$$

式中：L——安装在烟道上两侧 A（接收/发射器）与 B（接受/发射器）间的距离（扣除烟道壁厚），m；

α——烟道中心线与 AB 间的距离 L 的夹角；

t_A——声脉冲从 A 传到 B 的时间（顺气流方向），s；

t_B——声脉冲从 B 传到 A 的时间（逆气流方向），s。

C.1.2 烟气流量的计算

•实际工况下的湿烟气流量 Q_s 按式（3）计算：

$$Q_s = 3\,600 \times F \times \overline{V}_s \tag{3}$$

式中：Q_s——实际工况下湿烟气流量，m^3/h；

F——测定断面的面积，m^2。

•标准状态下干烟气流量 Q_{sn} 按式（4）计算：

$$Q_{sn} = Q_s \times \frac{273}{273 + t_s} \times \frac{p_a + p_s}{101\,325} \times (1 - X_{sw}) \tag{4}$$

式中：Q_{sn}——标准状态下干烟气流量，m^3/h；

p_a——大气压力，Pa；

p_s——烟气静压，Pa；

t_s——烟温，℃；

X_{sw}——烟气中含湿量，%。

C.2 颗粒物或气态污染物浓度和排放率计算

C.2.1 颗粒物或气态污染物排放质量浓度按式（5）计算：

$$\rho'=bx+a \tag{5}$$

式中：ρ'——标准状态下干烟气中颗粒物或气态污染物质量浓度，mg/m^3（当气态污染物CEMS符合相对准确度要求时，$\rho'=x$）；

x——CEMS显示值；

b——回归方程斜率；

a——回归方程截距，mg/m^3。

当气态污染物显示浓度单位为μmol/mol时，SO_2、NO和NO_2换算为标准状态下mg/m^3的换算系数：

SO_2：1μmol/mol=64/22.4 mg/m^3

NO：1μmol/mol=30/22.4 mg/m^3

NO_2：1μmol/mol=46/22.4 mg/m^3

C.2.2 颗粒物或气态污染物折算排放质量浓度按式（6）计算：

$$\overline{\rho}=\overline{\rho'}\times\frac{\alpha'}{\alpha} \tag{6}$$

式中：$\overline{\rho}$——折算成过量空气系数为α时的颗粒物或气态污染物排放质量浓度，mg/m^3；

$\overline{\rho'}$——标准状态下颗粒物或气态污染物实测平均质量浓度，mg/m^3；

α'——在测点实测的过量空气系数；

α——有关排放标准中规定的过量空气系数。

过量空气系数按式（7）计算：

$$\alpha=\frac{21}{21-\varphi(O_2)} \tag{7}$$

式中：φ（O_2）——烟气中氧的体积分数，%。

C.2.3 颗粒物或气态污染物排放率按式（8）计算：

$$G=\overline{\rho'}\times Q_{sn}\times10^{-6} \tag{8}$$

式中：G——颗粒物或气态污染物排放率，kg/h；

Q_{sn}——标准状态下干排烟气量，m^3/h。

标准状态下颗粒物或气态污染物实测平均质量浓度，mg/m^3。

C.3 颗粒物或气态污染物累积排放量计算

烟尘或气态污染物的累积排放量按下列公式（9）～（11）计算：

$$G_d=\sum_{i=1}^{24}Gh_i\times10^{-3} \tag{9}$$

$$G_m=\sum_{i=1}^{31}Gd_i \tag{10}$$

$$G_y=\sum_{i=1}^{365} Gd_i' \tag{11}$$

式中：G_d——烟尘或气态污染物日排放量，t/d；

Gh_i——该天中第 i 小时烟尘或气态污染物排放量，kg/h；

G_m——烟尘或气态污染物月排放量，t/月；

Gd_i——该月中第 i 天的烟尘或气态污染物排放量，t/d；

G_y——烟尘或气态污染物年排放量，t/a；

Gd_i'——该年中第 i 天烟尘或气态污染物日排放量，t/d。

C.4 烟气中氧量、CO_2 的测定和计算

由 CEMS 配置的氧 CMS 连续测定烟气中的氧量。

按式（12）计算烟气中的 CO_2 含量：

$$\varphi(CO_2)=\varphi(CO_2)_{max}\left(1-\frac{\varphi(O_2)}{20.9/100}\right) \tag{12}$$

式中：$\varphi(CO_2)_{max}$——燃料燃烧产生的最大 CO_2 体积分数，%；

由 $\varphi(CO_2)_{max}$ 近似值表 C.1 查得。

表 C.1　$\varphi(CO_2)_{max}$ 近似值表

燃料类型	烟煤	贫煤	无烟煤	燃料油	石油气	液化石油气	湿性天然气	干性天然气	城市煤气
$\varphi(CO_2)_{max}$/%	18.4～18.7	18.9～19.3	19.3～20.2	15.0～16.0	11.2～11.4	13.8～15.1	10.6	11.5	10.0

C.5 火电厂湿法脱硫装置未安装 GGH（气-气换热器）时颗粒物浓度的测定和计算

火电厂湿法脱硫装置后未安装烟气 GGH 的烟道内，由于水分的干扰，颗粒物 CEMS 无法准确测定其浓度，颗粒物 CEMS 可安装在脱硫装置前的管段中，通过用参比方法同步测定湿法脱硫装置进、出口的颗粒物排放量并按式（13）计算出其颗粒物排放浓度系数，其实际排放浓度值按式（14）计算：

$$K=G_1/G_2 \tag{13}$$

$$\rho_1=K\cdot\rho_2 \tag{14}$$

式中：K——颗粒物排放浓度系数；

G_1——参比方法测得的湿法脱硫装置出口颗粒物排放量，kg/h；

G_2——参比方法测得的湿法脱硫装置进口颗粒物排放量，kg/h；

ρ_1——计算所得的湿法脱硫装置出口颗粒物排放质量浓度，mg/m^3；

ρ_2——湿法脱硫装置进口颗粒物 CEMS 所测得的颗粒物质量浓度，mg/m^3。

C.6 气态污染物 CEMS 测定湿基值和干基值的换算

采用稀释系统测定气态污染物时，按下式（15）、式（16）换算成干烟气中污染物浓

度。

•稀释样气未除湿：

$$\rho_d=\rho_w/（1-X_{sw}） \quad （15）$$

式中：ρ_d——干烟气中被测污染物质量浓度值，mg/m^3；

ρ_w——CEMS 测得的湿烟气中被测污染物质量浓度，mg/m^3；

X_{sw}——烟气含湿量，%。

•稀释样气已除湿：

$$\rho_d=\rho_{md}（1-X_{sw}/r）/（1-X_{sw}） \quad （16）$$

式中：ρ_{md}——CEMS 测得的干样气中被测污染物的质量浓度，mg/m^3；

r——稀释比。

C.7 火电厂锅炉负荷的统计报表

将火电厂锅炉负荷实时监测数据用模拟信号或数字信号输入 CEMS 的数据采集处理系统中，进行自动统计计算；或手工填写在表 D.10～表 D.13 烟气排放连续监测报表中。

C.8 锅炉停炉、闷炉时烟气参数的参考设定

当锅炉停炉、闷炉时，CEMS 仍然在检测和不断地由下位机上传数据，容易引起固定污染源监控系统的误判。可通过对烟气参数的设定，由下位机向上位机发出停炉、闷炉等标记。烟气参数的参考设定（视实际情况可调整）：

a. 静压压力传感器显示为锅炉满负荷显示值的 20%（限安装在引风机前）；

b. 流速显示为 2m/s 以下；

c. 氧量显示为 19%以上；

d. 烟温显示为 40℃以下。

以上可视实际情况对等设定也可按优先原则设定。

附录 D（规范性附录）

附 表

表 D.1 颗粒物 CEMS 零点和跨度漂移检测

测试人员__________ CEMS 生产厂__________

测试地点__________ CEMS 型号、编号__________

测试位置__________ 标准值__________

CEMS 原理__________

<table>
<tr><td rowspan="3">日期</td><td colspan="2" rowspan="2">时间</td><td colspan="8">计量单位（mg/m³、mA、mV、不透明度%……）</td><td></td><td rowspan="3">备注</td></tr>
<tr><td colspan="2">零点读数</td><td>零点漂移绝对误差</td><td rowspan="2">调节零点否</td><td colspan="2">上标校准读数</td><td>跨度漂移绝对误差</td><td rowspan="2">调节跨度否</td><td rowspan="2">清洁镜头否</td></tr>
<tr><td>开始</td><td>结束</td><td>起始（Z_0）</td><td>最终（Z_i）</td><td>$\Delta Z=Z_i-Z_0$</td><td>起始（S_0）</td><td>最终（S_i）</td><td>$\Delta S=S-S_0$</td></tr>
<tr><td></td><td></td><td></td><td></td><td></td><td></td><td></td><td></td><td></td><td></td><td></td><td></td><td></td></tr>
<tr><td></td><td></td><td></td><td></td><td></td><td></td><td></td><td></td><td></td><td></td><td></td><td></td><td></td></tr>
<tr><td></td><td></td><td></td><td></td><td></td><td></td><td></td><td></td><td></td><td></td><td></td><td></td><td></td></tr>
<tr><td></td><td></td><td></td><td></td><td></td><td></td><td></td><td></td><td></td><td></td><td></td><td></td><td></td></tr>
<tr><td></td><td></td><td></td><td></td><td></td><td></td><td></td><td></td><td></td><td></td><td></td><td></td><td></td></tr>
<tr><td></td><td></td><td></td><td></td><td></td><td></td><td></td><td></td><td></td><td></td><td></td><td></td><td></td></tr>
<tr><td></td><td></td><td></td><td></td><td></td><td></td><td></td><td></td><td></td><td></td><td></td><td></td><td></td></tr>
<tr><td></td><td></td><td></td><td></td><td></td><td></td><td></td><td></td><td></td><td></td><td></td><td></td><td></td></tr>
<tr><td></td><td></td><td></td><td></td><td></td><td></td><td></td><td></td><td></td><td></td><td></td><td></td><td></td></tr>
<tr><td></td><td></td><td></td><td></td><td></td><td></td><td></td><td></td><td></td><td></td><td></td><td></td><td></td></tr>
<tr><td colspan="5">零点漂移绝对误差最大值</td><td></td><td rowspan="2"></td><td colspan="2">跨度漂移绝对误差最大值</td><td></td><td rowspan="2"></td><td colspan="2" rowspan="2"></td></tr>
<tr><td colspan="5">零点漂移</td><td></td><td colspan="2">跨度漂移</td><td></td></tr>
</table>

表 D.2 参比方法校验颗粒物 CEMS

测试人员______________________CEMS 生产厂______________________

测试地点______________________CEMS 型号、编号______________________

测试位置______________________CEMS 原理______________________

参比方法仪器生产厂______________________型号、编号__________原理__________

日期	时间（时、分）	参比方法				CEMS 法		颗粒物颜色	备注
		序号	滤筒编号	颗粒物重/mg	采气体积*/L	质量浓度/（mg/m^3）	测定值（量纲一）		
一元线性方程式：						相关系数：			

注：*标准状态。

表 D.3 气态污染物 CEMS（含氧量或 CO_2）零点和跨度漂移检测

测试人员______________________CEMS 生产厂______________________

测试地点______________________CEMS 型号、编号______________________

测试位置______________________CEMS 原理______________________

标准气体浓度或校准器件的已知响应值__________污染物名称______________________

序号	日期	时间	计量单位（$\mu g/m^3$、mg/m^3、$10^{-6}\mu mol/mol$、$\mu mol/mol$、……）								备注
			零点读数		零点漂移绝对误差	满量程/%	上标校准读数		跨度漂移绝对误差	满量程/%	
			起始（Z_0）	最终（Z_i）	$\Delta Z=Z_i-Z_0$		起始（S_0）	最终（S_i）	$\Delta S=S-S_0$		
零点漂移绝对误差最大值							跨度漂移绝对误差最大值				
零点漂移							跨度漂移				

表 D.4 气态污染物 CEMS 线性误差和响应时间检测

测试人员________________ CEMS 生产厂________________

测试地点________________ CEMS 型号、编号________________

测试位置________________ CEMS 原理________________

标准气体浓度或校准器件的已知响应值：低浓度________ 中浓度________ 高浓度________

污染物名称________________ 计量单位________ 测试日期____年____月____日

序号	标准气体或校准器件参考值	CEMS 显示值	CEMS 显示值的平均值	线性误差/%	响应时间/s		备注
					测定值	平均值	

表 D.5 参比方法评估气态污染物 CEMS 相对准确度

测试人员________________ CEMS 生产厂________________

测试地点________________ CEMS 型号、编号________________

测试位置________________ CEMS 原理________________

参比方法仪器生产厂________________ 型号、编号________ 原理________

测试日期______年____月____日 污染物名称________________ 计量单位________

样品编号	时间（时、分）	参比方法（*RM*）*A*	CEMS 法 *B*	数据对差=*B*−*A*
平均值				
数据对差的平均值的绝对值				
数据对差的标准偏差				
置信系数				
相对准确度				

标准气体	名称	保证值	参比方法测定结果		相对误差/%	
			采样前	采样后	采样前	采样后

表 D.6 速度场系数检测

测试人员________________CMS 生产厂________________
测试地点________________CMS 型号、编号________________
测试位置________________CMS 原理________________
参比方法仪器生产厂________________型号、编号________原理________
参比方法计量单位________________CMS 计量单位________________

<table>
<tr><th rowspan="2">日期</th><th rowspan="2">方法</th><th colspan="9">测定次数</th><th rowspan="2">平均值</th><th rowspan="2">标准偏差</th><th rowspan="2">相对标准偏差/%</th></tr>
<tr><th>1</th><th>2</th><th>3</th><th>4</th><th>5</th><th>6</th><th>7</th><th>8</th><th>9</th></tr>
<tr><td rowspan="3"></td><td>手工</td><td></td><td></td><td></td><td></td><td></td><td></td><td></td><td></td><td></td><td></td><td></td><td></td></tr>
<tr><td>CMS</td><td></td><td></td><td></td><td></td><td></td><td></td><td></td><td></td><td></td><td></td><td></td><td></td></tr>
<tr><td>场系数</td><td></td><td></td><td></td><td></td><td></td><td></td><td></td><td></td><td></td><td></td><td></td><td></td></tr>
<tr><td rowspan="3"></td><td>手工</td><td></td><td></td><td></td><td></td><td></td><td></td><td></td><td></td><td></td><td></td><td></td><td></td></tr>
<tr><td>CMS</td><td></td><td></td><td></td><td></td><td></td><td></td><td></td><td></td><td></td><td></td><td></td><td></td></tr>
<tr><td>场系数</td><td></td><td></td><td></td><td></td><td></td><td></td><td></td><td></td><td></td><td></td><td></td><td></td></tr>
<tr><td rowspan="3"></td><td>手工</td><td></td><td></td><td></td><td></td><td></td><td></td><td></td><td></td><td></td><td></td><td></td><td></td></tr>
<tr><td>CMS</td><td></td><td></td><td></td><td></td><td></td><td></td><td></td><td></td><td></td><td></td><td></td><td></td></tr>
<tr><td>场系数</td><td></td><td></td><td></td><td></td><td></td><td></td><td></td><td></td><td></td><td></td><td></td><td></td></tr>
<tr><td rowspan="3"></td><td>手工</td><td></td><td></td><td></td><td></td><td></td><td></td><td></td><td></td><td></td><td></td><td></td><td></td></tr>
<tr><td>CMS</td><td></td><td></td><td></td><td></td><td></td><td></td><td></td><td></td><td></td><td></td><td></td><td></td></tr>
<tr><td>场系数</td><td></td><td></td><td></td><td></td><td></td><td></td><td></td><td></td><td></td><td></td><td></td><td></td></tr>
<tr><td colspan="3">速度场系数均值</td><td colspan="3"></td><td colspan="2">标准偏差</td><td colspan="2"></td><td colspan="2">相对标准偏差/%</td><td colspan="2"></td></tr>
</table>

表 D.7 参比方法校验流速 CMS

测试人员________________CMS 生产厂________________
测试地点________________CMS 型号、编号________________
测试位置________________CMS 原理________________
参比方法仪器生产厂________________型号、编号________原理________
参比方法计量单位________________CMS 计量单位________________
测试日期____年____月____日

序 号	CMS 显示值	手工	序号	CMS 显示值	手工	序号	CMS 显示值	手工
1			6			11		
2			7			12		
3			8			13		
4			9			14		
5			10			15		
一元线性方程式：					相关系数：			

表 D.8 颗粒物 CEMS/流速 CMS/温度 CMS 准确度检测

测试人员____________________CEMS 生产厂____________________

测试地点____________________CEMS 型号、编号____________________

测试位置____________________CEMS 原理____________________

参比方法仪器生产厂____________________型号、编号__________原理__________

口期	时间（时、分）	参比方法							CEMS 法			颗粒物颜色	备注
		序号	滤筒编号	颗粒物重/mg	采气体积*/L	质量浓度/(mg/m^3)	流速/(m/s)	温度/℃	颗粒物测定值/(mg/m^3)	流速/(m/s)	温度/℃		

颗粒物质量浓度平均值/（mg/m^3）		
流速平均值/（m/s）		
烟温平均值/℃		
颗粒物相对误差/%		
流速相对误差/%		
烟温绝对误差/℃		

注：*标准状态。

表 D.9 固定污染源 CEMS 验收测试报告

项目编号：

验收地点：　　　　　　　　　　　　　　　　　　　　验收日期：

CEMS 主要仪器型号		
仪器名称	制造单位	型号

项目	参比法数据	CEMS 数据	限值	监测结果
颗粒物				
二氧化硫				
氮氧化物				
流速（速度场系数）				
烟温				
氧量				
结论				

所用标准气体名称	浓度值	生产厂商名称

参比方法	所用仪器名称	型号	方法依据
备注			

表 D.10 烟气排放连续监测小时平均值日报表

排放源名称：____

排放源编号：______________________________监测日期：____年____月____日

时间	颗粒物			SO_2			NO_x			标态流量/(m^3/h)	氧量/%	烟温/℃	含湿量/%	负荷/%	备注
	mg/m^3	折算/(mg/m^3)	kg/h	mg/m^3	折算/(mg/m^3)	kg/h	mg/m^3	折算/(mg/m^3)	kg/h						
00～01															
01～02															
02～03															
03～04															
04～05															
05～06															
06～07															
07～08															
08～09															
09～10															
10～11															
11～12															
12～13															
13～14															
14～15															
15～16															
16～17															
17～18															
18～19															
19～20															
20～21															
21～22															
22～23															
23～24															
平均值															
最大值															
最小值															
样本数															
日排放总量/t	—			—			—				—				

注：烟气日排放总量单位：$10^4m^3/d$。

上报单位（盖章）： 负责人： 报告人： 报告日期： 年 月 日

表 D.11 烟气排放连续监测口平均值月报表

排放源名称：________________

排放源编号：________________监测月份：______年_____月

日期	颗粒物			SO_2			NO_x			标态流量/(10^4 m^3/d)	氧量/%	烟温/℃	含湿量/%	负荷/%	备注
	mg/m^3	折算/(mg/m^3)	t/d	mg/m^3	折算/(mg/m^3)	t/d	mg/m^3	折算/(mg/m^3)	t/d						
1 日															
2 日															
3 日															
4 日															
5 日															
6 日															
7 日															
8 日															
9 日															
10 日															
11 日															
12 日															
13 日															
14 日															
15 日															
16 日															
17 日															
18 日															
19 日															
20 日															
21 日															
22 日															
23 日															
24 日															
25 日															
26 日															
27 日															
28 日															
29 日															
30 日															
31 日															
平均值															
最大值															
最小值															
样本数															
月排放总量/t	—			—			—				—				

注：烟气月排放总量单位：10^4m^3/月。

上报单位（盖章）： 负责人： 报告人： 报告日期： 年 月 日

表 D.12 烟气排放连续监测月平均值季报表

排放源名称：____

排放源编号：________________________________监测年份：______年

时间	颗粒物			SO_2			NO_x			标态流量/(10^4 m^3/月)	氧量/%	烟温/℃	含湿量/%	负荷/%	备注
	mg/m^3	折算/(mg/m^3)	t/月	mg/m^3	折算/(mg/m^3)	t/月	mg/m^3	折算/(mg/m^3)	t/月						
月															
月															
月															
平均值															
最大值															
最小值															
样本数															
季排放总量/t	—			—			—				—				

注：烟气季排放总量单位：$10^4 m^3$/季。

上报单位（盖章）： 单位负责人： 报告人： 报告日期： 年 月 日

表 D.13 烟气排放连续监测月平均值年报表

排放源名称：____

排放源编号：________________________________监测年份：______年

时间	颗粒物			SO_2			NO_x			标态流量/(10^4 m^3/月)	氧量/%	烟温/℃	含湿量/%	负荷/%	备注
	mg/m^3	折算/(mg/m^3)	t/月	mg/m^3	折算/(mg/m^3)	t/月	mg/m^3	折算/(mg/m^3)	t/月						
1 月															
2 月															
3 月															
4 月															
5 月															
6 月															
7 月															
8 月															
9 月															
10 月															
11 月															
12 月															
平均值															
最大值															
最小值															
样本数															
年排放总量/t	—			—			—				—				

注：烟气年排放总量单位：$10^4 m^3$/a。

上报单位（盖章）： 单位负责人： 报告人： 报告日期： 年 月 日

附录十一

固定污染源烟气排放连续监测系统技术要求及检测方法（试行）

（HJ/T 76—2007）

1 适用范围

1.1 本标准规定了固定污染源烟气排放连续监测系统的主要技术指标、检测项目、检测方法和检测时的质量保证措施。

1.2 本标准适用于监测固定污染源烟气参数，烟气中颗粒物、二氧化硫、氮氧化物浓度和排放总量的连续监测系统。

2 规范性引用文件

本标准内容引用了下列文件中的条款。凡是不注日期的引用文件，其有效版本适用于本标准。

GB/T 16157—1996 固定污染源排气中颗粒物测定与气态污染物采样方法

HJ/T 212—2005 污染源在线自动监控（监测）系统传输标准

HJ/T 75—2007 固定污染源烟气排放连续监测技术规范（试行）

3 术语和定义

3.1 颗粒物 Particulates

颗粒物是指燃料和其他物质燃烧、合成、分解以及各种物料在处理中所产生的悬浮于液体和烟气中的固体和液体颗粒状物质。

3.2 气态污染物 Gaseous Pollutant

气态污染物是指以气体状态分散在烟气中的各种污染物。

3.3 标准状态下的干烟气 Dry Flue Gas of Standard Conditions

标准状态下的干烟气是指在温度 273 K，压力为 101 325 Pa 条件下不含水汽的烟气。

3.4 烟气排放连续监测 Continuous Emission Monitoring，CEM

对固定污染源排放的污染物进行连续地、实时地跟踪测定；每个固定污染源的总测定小时数不得小于锅炉、炉窑总运行小时数的 75%；每小时的测定时间不得低于 45 min。

3.5 烟气排放连续监测系统 Continuous Emission Monitoring System，CEMS

连续测定颗粒物和（或）气态污染物浓度和排放率所需要的全部设备。一般由采样、测试、数据采集和处理三个子系统组成的监测体系。

采样系统：采集、输送烟气或使烟气与测试系统隔离。

测试系统：检测污染物，显示物理量或污染物浓度。

数据采集、处理系统：采集并处理数据，生成图谱、报表，具有控制、自动操作功能。

3.6 点测量 CEMS Point CEMS

在烟道或管道断面某一点上或沿着等于或小于断面直径 10%的路径上测定的 CEMS。

3.7 线测量 CEMS Path CEMS

在沿着大于烟道或管道断面直径 10%的路径上测定的 CEMS。

3.8 满量程值 Span，Full Scale

根据实际应用需要设置 CEMS 的最大测量值。通常设置为高于排放源最大排放浓度的 1～2 倍。

3.9 零点漂移 Zero Drift

在未进行计划外的维修、保养或调节的前提下，CEMS 按规定的时间运行后，仪器的读数与零输入之间的偏差。

3.10 量程漂移 Span Drift

在未进行计划外的维修、保养或调节的前提下，CEMS 按规定的时间运行后，仪器的读数与已知参考值之间的偏差。

3.11 响应时间 Response Time

显示值达到稳定值的 90%时所需要的时间。

3.12 矩心区 Centroidal Area

烟道或管道断面的几何中心区域，区域面积不超过烟道或管道断面面积的 1%。

3.13 调试期间 Pretest Preparation Period

在检测 CEMS 技术指标前，未进行计划外的维修、保养或调节的前提下，要求 CEMS 的正常运行时间（不少于 168 h）。

3.14 检测期间 Test Period

在未进行计划外的维修、保养或调节的前提下，检测 CEMS 技术指标所要求的运行时间（初检不少于 168 h）。

3.15 复检期间 Retest Period

在 CEMS 技术指标检测合格，仪器连续运行 90d 以后，复检 CEMS 技术指标所要求的运行时间（不少于 24 h），复检时不得进行计划外的维修、保养或调节。

3.16 参比方法 Reference Method

国家或行业发布的标准方法。

3.17 相关校准 Correlation

建立颗粒物 CEMS 显示物理量与参比方法测定颗粒物浓度的相关曲线。

3.18 相对准确度 Relative Accuracy

参比方法与 CEMS 法同步测定烟气中气态污染物浓度，取同时间区间的测定结果组成若干数据对，数据对之差的平均值的绝对值与置信系数之和与参比方法测定数据的平均值之比。

3.19 速度场系数 Velocity Field Coefficient

通过烟道或管道断面烟气的参比方法平均流速与相同时间区间通过同一断面或非同一断面中某一固定点或测定线的烟气平均流速的比值。

4 连续监测系统的组成和描述

固定污染源烟气 CEMS 由颗粒物 CEMS 和（或）气态污染物 CEMS（含 O_2 或 CO_2）、烟气参数测定子系统组成（图 4-1）。通过采样方式和非采样方式，测定烟气中污染物浓度，同时测定烟气温度、烟气压力、流速或流量、烟气含水分量（或输入烟气含水分量）、烟气含氧量（或二氧化碳含量）；计算烟气污染物排放率、排放量；显示和打印各种参数、图表并通过数据、图文传输系统传输至管理部门。

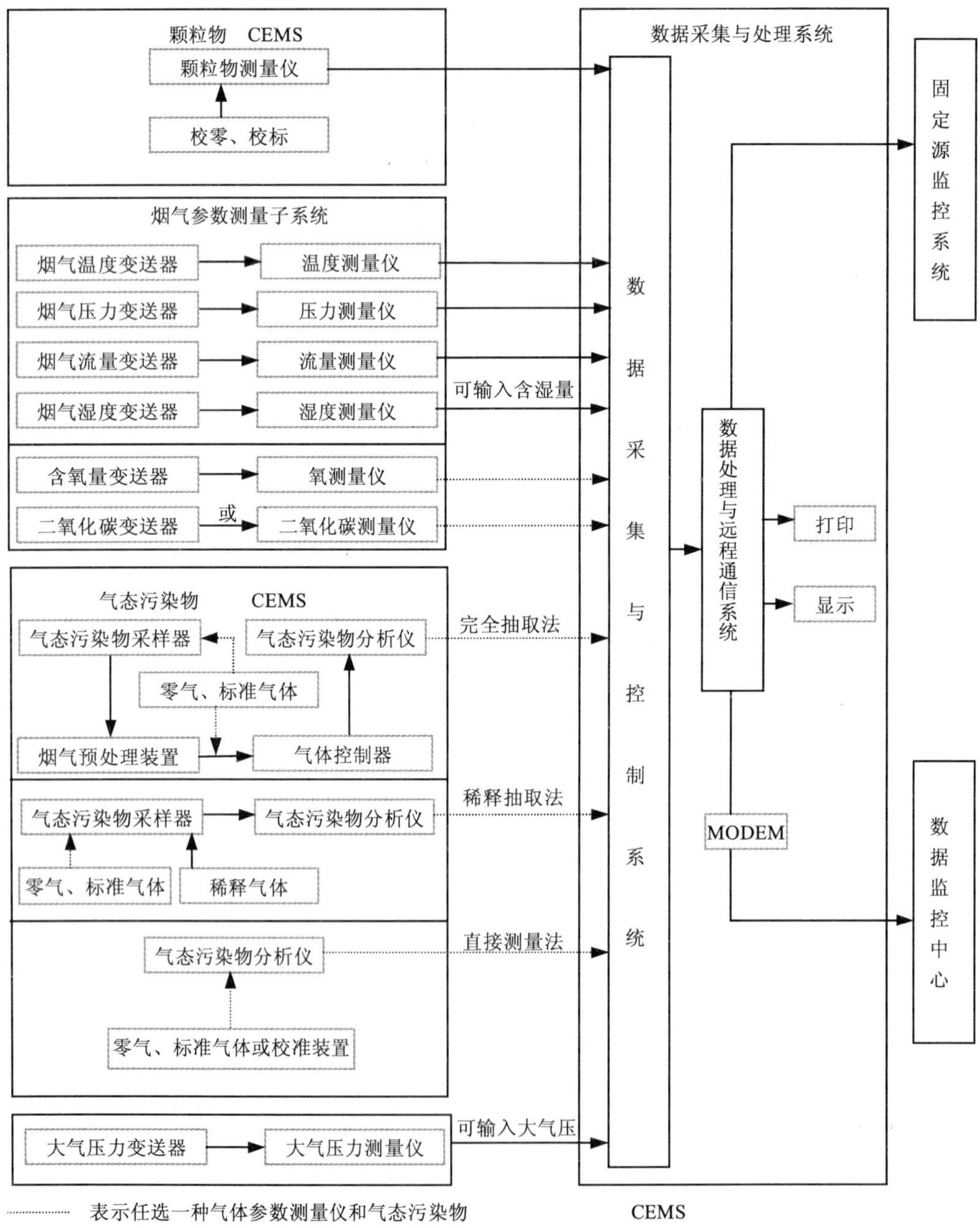

图 4-1 烟气排放连续监测系统示意图

5 技术要求

5.1 外观要求

5.1.1 应有制造计量器具 CMC 标志（进口产品应取得我国质量技术监督部门的计量器具型式批准证书）和产品铭牌，铭牌上应标有仪器名称、型号、生产单位、出厂编号、制造日期。

5.1.2 仪器各部零件应连接可靠，表面无明显缺陷，各操作键使用灵活，定位准确。

5.1.3 仪器各显示部分的刻度、数字清晰，涂色牢固，不应有影响读数的缺陷。

5.1.4 仪器外壳或外罩应耐腐蚀、密封性能良好、防尘、防雨。

5.2 环境条件

仪器设备在以下环境中应能正常工作。

a. 环境温度：－20～45℃；

b. 相对湿度：≤90%；

c. 大气压：86～106 kPa；

d. 烟气温度：＜260℃。

5.3 供电电压

AC220V±10%，频率 50 Hz。

5.4 安全要求

5.4.1 在 10～35 ℃，相对湿度≤85%条件下，仪器电源引入线与机壳之间的绝缘电阻应不小于 20MΩ。

5.4.2 仪器应设有漏电保护装置，防止人身触电。

5.4.3 仪器应有良好的接地措施，防止雷击对仪器造成损坏。

5.5 校准

仪器应能用手动和（或）自动方法进行零点漂移和量程漂移校准。

5.6 净化

仪器应具有防止光学镜头、插入烟道或管道的探头被烟气污染的净化系统；净化系统能克服烟气压力，保持光学镜头、插入烟道或管道探头的清洁。

5.7 数据采集和处理

仪器应具有记录、存储、显示、数据处理、数据输出、打印、故障告警、安全管理和数据、图文传输功能。仪器应设置 RS232、RS422、RS485 中任一种通信接口。颗粒物 CEMS 应具有一次物理量的显示、存储功能。

5.7.1 数据采集控制器

5.7.1.1 数据采集和控制

由仪器数据的采集和控制功能协调整个系统的时序，记录测定数据和仪器运行状态数据，根据状态数据诊断仪器运行状态并在测定数据后面给出状态标记（“P”示电源故障、“F”示排放源停运、“C”示校准、“M”示维护、“O”示超排放标准、“Md”示缺失数据、“T”示超测定上限、“D”示仪器故障），当仪器运行不正常时发出警告信息。当 1 h 监测数据滑动平均值（每 15 min 滑动一次）超过排放标准时，仪器发出超标警告信息。

5.7.1.2 数据存储

仪器数据采集控制器应能保证存储原始数据，能够自动或根据指令将所采集的各种信息发送回控制中心。

5.7.1.3 文档管理

仪器应能对数据文档进行文档保存和备份，能自动生成运行参数报告、数据报告、掉电记录报告和操作记录报告。

5.7.1.4 接口

仪器接口应具有扩展功能，模块化结构设计，可根据使用要求，实现单路或双路或多路配置。

5.7.1.5 安全管理

仪器应具有安全管理功能，操作人员需登录工号和密码后，才能进入控制界面，系统对所有的控制操作均自动记录并入库保存。

系统应具有二级操作管理权限：

a．系统管理员：可以进行所有的系统设置工作，例如设定操作人员密码、操作级别，设定系统的设备配置。

b．一般操作人员：只进行日常例行维护和操作，不能更改系统的设置。

5.7.1.6 异常情况自动恢复功能

受外界强干扰或偶然意外或掉电后又上电等情况发生时，造成程序中断，系统应能实现自动启动，自动恢复运行状态并记录出现故障时的时间和恢复运行时的时间。数据采集模块应有断电保护 UPS 装置，在短时间断电时，可及时向上位机发送断电信息。

5.7.2 数据处理和数据通信

5.7.2.1 数据通信

仪器应具有数据通信功能，周期地采集各个现场数据采集器发来的各种信息，进行处理、存储，显示告警信息和相应数据。提供网络接入功能，向有关部门定时传输数据和图表，并随时接受数据查询。定时发送时钟命令并校准时钟。传输协议应符合 HJ/T 212—2005 的要求。

5.7.2.2 数据查询和检索

显示仪器现场工作状态，可设置条件查询和显示历史数据，打印报警信息和各种图表，实时显示污染物排放数据和相关烟气参数。仪器应能够每 10 s 获得一个累积平均值，能显示和打印 1 min、15 min 的测试数据，生成小时（至少 45 min 的有效数据）、日（至少 18 h 的有效数据）、月（至少 22 d 的有效数据）报表，报表中应给出最大值、最小值、平均值、参加统计的样本数。报表格式见附录 A 附表 1～附表 3。

5.7.2.3 污染物浓度和排放速率计算

仪器应具有计算污染物浓度和排放速率功能，换算和计算方法见附录 B。

5.8 CEMS 主要技术指标

以下各技术指标检测数据均采用 CEMS 数据处理与传输单元的最终显示和记录结果。

5.8.1 颗粒物 CEMS 主要技术指标

5.8.1.1 测定范围：当仪器只设置一个测量挡时，测量范围的上限应符合 3.8 条的要求；当仪器设置多个测量挡时，最低挡测定范围的上限应不超过 500 mg/m^3。

5.8.1.2 零点漂移：24 h 零点漂移不超过满量程的±2.0%。

5.8.1.3 量程漂移：24 h 量程漂移不超过满量程的±2.0%。

5.8.1.4 相关校准：线性校准曲线应符合下列条件：

① 相关系数：相关系数≥0.85（当测量范围上限≤50 mg/m³ 时，相关系数≥0.75）。

② 置信区间：95%的置信水平区间应落在由距校准曲线适合的颗粒物排放浓度限值±10%的两条直线组成的区间内。

③ 允许区间：允许区间应具有 95%的置信水平，即 75%的测定值应落在由距校准曲线适合的颗粒物排放浓度限值±25%的两条直线组成的区间内。

5.8.1.5 准确度：复检时应符合下列条件：

参比方法测定颗粒物排放质量浓度（ρ_{PM}）

a．当ρ_{PM}≤50mg/m³ 时，CEMS 法与参比方法测定结果平均值的绝对误差应不超过 15 mg/m³；

b．50mg/m³＜ρ_{PM}≤100mg/m³ 时，CEMS 法与参比方法测定结果平均值的相对误差应不超过±25%；

c．100mg/m³＜ρ_{PM}≤200mg/m³ 时，CEMS 法与参比方法测定结果平均值的相对误差应不超过±20%；

d．当ρ_{PM}＞200mg/m³ 时，CEMS 法与参比方法测定结果平均值的相对误差应不超过±15%。

5.8.2 气态污染物 CEMS（含 O_2 或 CO_2）主要技术指标

5.8.2.1 线性误差：用低、中、高浓度的标准气体检查时，CEMS 测定值与参考值的相对误差不超过±5%。

5.8.2.2 响应时间：不大于 200 s。

5.8.2.3 零点漂移：24 h 零点漂移不超过满量程的±2.5%。

5.8.2.4 量程漂移：24 h 量程漂移不超过满量程的±2.5%。

5.8.2.5 相对准确度：参比方法测定烟气中二氧化硫、氮氧化物平均值：

a．≥250 μmol/mol（SO_2、NO 和 NO_2 分别为 715 mg/m³、335 mg/m³ 和 513 mg/m³）时，相对准确度不超过 15%；

b．＜250 μmol/mol（SO_2、NO 和 NO_2 分别为 715 mg/m³、335 mg/m³ 和 513 mg/m³）时，参比方法和 CEMS 测定结果平均值之差的绝对值应不大于 20 μmol/mol（SO_2、NO 和 NO_2 分别为 57 mg/m³、27 mg/m³ 和 41 mg/m³）；

c．＜50 μmol/mol（SO_2、NO 和 NO_2 分别为 143 mg/m³、67 mg/m³ 和 103 mg/m³）时，参比方法和 CEMS 测定结果平均值之差的绝对值应不大于 15 μmol/mol（SO_2、NO 和 NO_2 分别为 43 mg/m³、20 mg/m³ 和 31 mg/m³）。

5.8.3 流速连续测量系统主要技术指标

5.8.3.1 测量范围：测量范围的上限应不低于 30 m/s。

5.8.3.2 速度场系数精密度：速度场系数精密度优于 5%。

5.8.3.3 速度相对误差：当流速大于 10 m/s 时，速度相对误差不超过±10%；当流速小于或等于 10 m/s 时，速度相对误差不超过±12%。

5.8.4 温度连续测量系统主要技术指标

示值偏差不大于±3℃。

5.8.5 湿度连续测量系统主要技术指标

5.8.5.1 由氧传感器测定烟气含氧量计算烟气中水分含量时

当由氧传感器测定烟气含氧量计算烟气中水分含量时，需符合氧连续测量系统技术指标。

5.8.5.2 由湿度传感器连续测定烟气中水分含量时

当参比方法测定烟气中水分含量时：

a．≤5.0%时，CEMS 法与参比方法测定结果平均值的绝对误差应不超过±1.5%；

b．>5.0%时，CEMS 法与参比方法测定结果平均值的相对误差应不超过±25%。

6 连续监测系统安装和测定位置

6.1 颗粒物 CEMS 安装要求和测定位置

6.1.1 一般要求

颗粒物 CEMS 应安装在能反映颗粒物排放状况的有代表性的位置上，在不影响参比方法取样前提下，尽可能靠近参比方法取样孔。

具体的安装要求应满足 HJ/T 75—2007 6.1 条中的规定。

6.1.2 安装位置

安装位置应满足 HJ/T 75—2007 6.2.2 条中关于颗粒物 CEMS 的规定。

6.1.2.1 点测量 CEMS 的测定点位。测定点位应符合 HJ/T 75—2007 6.2.9 条中关于颗粒物 CEMS 的规定。

6.1.2.2 线测量 CEMS 的测定点位。测定点位应符合 HJ/T 75—2007 6.2.10 条中关于颗粒物 CEMS 的规定。

6.2 气态污染物 CEMS（含 O_2 和湿度）的安装要求和测定位置

6.2.1 一般要求

6.2.1.1 位于气态污染物混合均匀的位置，该处测得的气态污染物浓度或排放速率能代表固定污染源的排放。在不影响参比方法取样前提下，尽可能靠近参比方法取样孔。

6.2.1.2 与 HJ/T 75—2007 6.1.8 条相同。

6.2.2 安装位置

安装位置应满足 HJ/T 75—2007 6.2.2 条中关于气态污染物 CEMS 的规定。

6.2.3 测定位置

6.2.3.1 点测量 CEMS 的测定点位

测定点位应符合 HJ/T 75—2007 6.2.9 条中关于气态污染物 CEMS 的规定。

6.2.3.2 线测量 CEMS 的测定点位

测定点位应符合 HJ/T 75—2007 6.2.10 条中关于气态污染物 CEMS 的规定。

6.3 烟气参数（包括流速、温度、压力）连续测量系统的安装和测定位置

6.3.1 一般要求

安装位置应能代表整个断面的情况，且不影响颗粒物和气态污染物 CEMS 的测定。

6.3.2 测定位置

6.3.2.1 点测量流速连续测量系统

测定点位应符合 HJ/T 75—2007 6.2.9 条中关于烟气参数连续测量系统的规定。

6.3.2.2 线测量流速连续测量系统

测定点位应符合 HJ/T 75—2007 6.2.10 条中关于烟气参数连续测量系统的规定。

7 参比方法采样位置和采样点

7.1 测定颗粒物和烟气参数（包括流速、温度、压力）参比方法

7.1.1 采样位置

采样位置与 GB/T16157—1996 4.2.1 条相同。采样位置和颗粒物 CEMS 测定位置不重合，在互不影响测量的前提下，尽可能靠近。

7.1.2 采样点位置和数目

与 GB/T 16157—1996 4.2.4 条相同。

7.2 测定气态污染物（含 O_2 和湿度）参比方法

7.2.1 采样位置

与 6.2.2 条相同，不与气态污染物 CEMS 测定位置重合。

7.2.2 采样点位置和数目

7.2.2.1 参比方法与点测量气态污染物 CEMS 法比对时，设置 1 个采样点，应尽可能靠近 CEMS 探头的区域内。

7.2.2.2 参比方法与线测量气态污染物 CEMS 法比对时，设置 1 个采样点，应尽可能靠近 CEMS 测量线中心区域内。

8 连续监测系统主要技术指标检测方法

8.1 一般要求

8.1.1 调试

8.1.1.1 在现场完成 CEMS 安装、初调后，使 CEMS 投入运行，运行调试时间不少于 168h。

8.1.1.2 调试期间除检测仪器零点和量程校准的时间外，不允许计划外的维护、检修和调节仪器。

8.1.1.3 每天进行零点和量程校准检查，当漂移超过规定指标时，则应调整仪器。

8.1.1.4 如果因排放源故障或供电造成调试中断，在排放源或供电恢复正常后，重新开始运行调试，累计运行调试时间不少于 168 h。

8.1.1.5 如果因 CEMS 故障造成调试中断，在 CEMS 恢复正常后，重新开始 168 h 的运行调试。

8.1.2 检测

8.1.2.1 仪器正常运行 168 h 后进行检测。检测期间不一定紧接在调试期间之后。检测期间不少于 168 h。

8.1.2.2 检测期间除检测仪器零点和量程校准的时间外，不允许计划外的维护、检修和调节仪器。

8.1.2.3 可设定任一时间（时间间隔为 24 h），由 CEMS 自动调节零点和校准量程值。

8.1.2.4 如果因排放源故障或供电造成测试中断，在排放源或供电恢复正常后，重新

开始检测，累计检测时间不少于 168 h。

8.1.2.5 如果因 CEMS 故障造成测试中断，在 CEMS 恢复正常后，重新开始检测，累计检测时间不少于 168 h。

8.1.3 复检

8.1.3.1 在 CEMS 技术指标检测合格，仪器连续运行 90 d 以后，开始复检。复检期间不少于 24 h。

8.1.3.2 与 8.1.2.2 条、8.1.2.3 条相同。

8.1.3.3 如果因排放源故障或供电造成测试中断，在排放源或供电恢复正常后，重新开始 24 h 的复检。

8.1.3.4 如果因 CEMS 故障造成测试中断，在 CEMS 恢复正常后，重新开始 24 h 的复检。

8.1.4 90 d 运行

8.1.4.1 按提交的质量保证质量控制计划维护在检的 CEMS 并按规定远程传输 CEMS 数据。

8.1.4.2 做好 CEMS 的运行记录，不允许计划外的维护、检修和调节仪器。

8.2 颗粒物 CEMS 主要技术指标检测

8.2.1 零点漂移、量程漂移

在检测期间开始时，人工或自动校准仪器零点和量程值，记录最初的模拟零点和量程读数。每隔 24 h 后测定（人工或自动）和记录一次零点、量程值读数（见附录 A 附表 4）；随后校准仪器零点和量程值，记录零点、量程值读数；连续 168 h（7 d）。按式（1）～式（4）计算零点漂移、量程漂移：

a．零点漂移：

$$\Delta Z = Z_i - Z_0 \tag{1}$$

$$Z_d = \Delta Z_{max} / R \times 100\% \tag{2}$$

式中：Z_0——零点读数初始值；

Z_i——第 i 次零点读数值；

Z_d——零点漂移；

ΔZ——零点漂移绝对误差；

ΔZ_{max}——零点漂移绝对误差最大值；

R——仪器满量程值。

b. 量程漂移：

$$\Delta S = S_i - S_0 \tag{3}$$

$$S_d = \Delta S_{max} / R \times 100\% \tag{4}$$

式中：S_0——量程值读数初始值；

S_i——第 i 次量程值读数；

S_d——量程漂移；

ΔS——量程值漂移绝对误差；

ΔS_{max}——量程值漂移绝对误差最大值。

8.2.2 相关校准

8.2.2.1 测试期间，应均衡考虑排放源和（或）净化设施的过程操作、参比方法取样和颗粒物 CEMS 的运行，例如：必须确保过程操作在目标条件下，并且颗粒物 CEMS 及其数据采集和处理系统均正常运行。

（1）协调参比方法取样和颗粒物 CEMS 操作的开始和停止的时间，对于间歇取样的颗粒物 CEMS，参比方法取样时间应和颗粒物 CEMS 的取样时间同时开始。

（2）在附录 A 附表 6 内标记并记录参比方法取样孔改变的时间和参比方法被暂停的时间，以便相应地调整颗粒物 CEMS 的数据（如果必须如此的话）。

8.2.2.2 参比方法与 CEMS 同步进行，CEMS 每分钟记录一次累计平均值，取与参比方法同时间区间测量值的平均值与参比方法测定值组成一个数据对，必须获得至少 15 个有效的测试数据对。

（1）进行相关校准测试的数据对大于 15 个时，则可以舍弃部分测试数据对。

（2）可以舍弃 5 个数据对而不需要任何解释。

（3）舍弃数据对超过 5 个时，则必须解释舍弃的原因。

（4）必须报告所有数据，包括舍弃的数据对。

8.2.2.3 确保构造相关校准测试数据的适合分布范围。

（1）通过改变过程操作条件、颗粒物控制设备的运行参数或通过颗粒物加标，获得三种不同分布范围的颗粒物浓度。

（2）三种不同浓度水平的颗粒物应分布在整个测量范围内。

（3）所有有效测试数据对中至少 20%的测试数据对应分布在如下每个范围：

a. 范围 1：零浓度至测定的最大颗粒物浓度的 50%；

b. 范围 2：测定的最大颗粒物浓度的 25%至 75%；

c. 范围 3：测定的最大颗粒物浓度的 50%至 100%。

8.2.2.4 必须将参比方法结果的单位向颗粒物 CEMS 的测量条件（如：mg/m^3，实际体积）下转换。

8.2.2.5 相关校准计算

（1）相关校准前的计算

首先将参比方法测量值 Y（合适的单位）与颗粒物 CEMS 平均响应 X（一段时间内平均值）配对，配对的数据必须符合质量控制/质量保证要求。

a. 测定前调整颗粒物 CEMS 的输出和参比方法测试数据至统一时钟时间（考虑颗粒物 CEMS 的响应时间）。

b. 计算颗粒物 CEMS 在参比方法测试期间的数据输出（算术平均），评价所有的颗粒物 CEMS 数据并确定在计算颗粒物 CEMS 数据平均值时是否舍弃。

c. 确保参比方法和颗粒物 CEMS 的测量结果基于同样的烟气状态，将参比方法颗粒物浓度测量（干基标态）向颗粒物 CEMS 测量条件下单位转换。

（2）线性相关校准计算

在进行相关校准计算时，参比方法的每个测量值均被处理做离散的数据点。

a. 计算线性相关校准方程，方程给出了作为颗粒物 CEMS 响应 X 的函数的预测颗粒物浓度$\hat{Y}$，如式（5）：

$$\hat{Y}=a+bX \quad (5)$$

式中：$\hat{Y}$——预测颗粒物浓度；

a——线性相关校准曲线截距，计算见式（6）；

b——线性相关校准曲线斜率，计算见式（8）；

X——颗粒物 CEMS 响应值。

截距计算如式（6）：

$$a=\overline{Y}-b\overline{X} \quad (6)$$

式中：$\overline{X}$——颗粒物 CEMS 响应数据的平均值，计算见式（7）；

$\overline{Y}$——颗粒物浓度数据的平均值，计算见式（7）。

$$\overline{X}=\frac{1}{n}\sum_{i=1}^{n}X_i \qquad \overline{Y}=\frac{1}{n}\sum_{i=1}^{n}Y_i \quad (7)$$

式中：X_i——第 i 个数据中颗粒物 CEMS 的响应值；

Y_i——第 i 个数据对中颗粒物浓度值；

n——数据对数目。

斜率计算如式（8）：

$$b=\frac{S_{xy}}{S_{xx}} \quad (8)$$

式中：S_{xy}，S_{xx} 如式（9）计算：

$$S_{xx}=\sum X_i^{\ 2}-(\sum X_i)^2/n \qquad S_{xy}=\sum X_i y_i-(\sum X_i)(\sum y_i)/n \quad (9)$$

b. 平均值 X 处的预测颗粒物浓度，其 95%置信区间半宽计算如式（10）：

$$CI=t_{df,1-a/2}S_E\sqrt{\frac{1}{n}} \quad (10)$$

式中：CI——平均值 X 处的 95%置信区间半宽；

$t_{df,1-a/2}$—— $df=n-2$ 的学生统计 t 值，见附录 A 附表 5；

S_E——相关校准曲线的精密度，计算如式（11）：

$$S_E=\sqrt{\frac{S_{yy}}{n-2}\left(1-\frac{S^2{}_{xy}}{S_{xx}S_{yy}}\right)} \quad (11)$$

$$S_{yy}=\sum y_i^2-(\sum y_i)^2/n \quad (12)$$

在平均值 X 处，作为排放限值百分比的置信区间半宽计算如式（13）：

$$CI\% = \frac{CI}{EL} \times 100\% \tag{13}$$

式中：EL——适合的颗粒物浓度排放限值。

c. 在平均值 X 处，允许区间半宽计算如式（14）：

$$TI = k_t S_E \tag{14}$$

式中：TI——在平均值 X 处允许区间半宽；

S_E——计算如式（11）；

k_t——计算如式（15）：

$$k_t = u_{n''} V_{df} \tag{15}$$

式中：n''——测试数据对个数；

$u_{n''}$——75%允许因子，见附录 A 附表 5；

V_{df}——$df=n-2$，见附录 A 附表 5。

在平均值 X 处，作为排放限值百分比的允许区间半宽计算如式（16）：

$$TI\% = \frac{TI}{EL} \times 100\% \tag{16}$$

d. 线性相关系数计算如式（17）：

$$r = \frac{S_{xy}}{\sqrt{S_{xx} S_{yy}}} \tag{17}$$

8.2.3 准确度

8.2.3.1 将按 8.2.2 获得的符合要求的校准曲线输入 CEMS。

（1）复检期间，生产设备、治理设施正常运行，当达到被测设施最大生产能力 70%以上时，可进行准确度检测。

（2）同 8.2.2.2 条，至少获得 5 个有效数据对，但必须报告所有数据对，包括舍去的数据对和舍弃原因。

8.2.3.2 绝对误差和相对误差

将参比方法测定值与输入校准曲线后的 CEMS 显示值进行对比，计算绝对误差或相对误差。

8.3 气态污染物 CEMS（含氧）主要技术指标检测

8.3.1 标准气体

a. 零气：要求零气中含二氧化硫、氮氧化物均不超过 0.1 μmol/mol[SO_2、NO_x（以 NO_2 计）分别为 0.3 mg/m^3、0.2 mg/m^3]，当测定烟气中二氧化碳时，零气中二氧化碳不超过 400 μmol/mol（786mg/m^3），零气中含有的其他气体的浓度不得干扰仪器的读数或产生二氧化硫、氮氧化物或二氧化碳（测定烟气中二氧化碳时）的读数。

b. 标准气体：不确定度不超过±2%在有效期内的国家标准气体。低浓度标准气体：20%～30%满量程值；中浓度标准气体：50%～60%满量程值；高浓度标准气体：80%～100%满量程值。

8.3.2 线性误差

校准

a. 仪器通入零气，调节仪器零点。

b. 对仪器进行校准，以高浓度标准气体作为校准气体，通入校准气体，使仪器显示值与标准气体浓度值一致。

c. 仪器经校准后，分别通入低浓度标准气体和中浓度标准气体，待示值稳定后读取测定结果。

d. 零气和每种标准气体交替使用，重复测定 3 次，取平均值。按式（18）计算线性误差：

$$L_{ei}=(\overline{\rho}_{di}-\rho_{si})/\rho_{si}\times 100\% \quad (18)$$

式中：L_{ei}——线性误差；

$\overline{\rho}_{di}$——测定第 i 种标准气体质量浓度平均值；mg/m³；

$\overline{\rho}_{si}$——第 i 种标准气体质量浓度值，mg/m³。

线性误差检测结果记录于附录 A 附表 7。

8.3.3 响应时间

在线性误差检测通入中浓度标准气体时，用秒表测定显示值从瞬时变化至达到稳定值 90%的时间，取平均值作为响应时间。

响应时间检测结果记录于附录 A 附表 7。

8.3.4 零点漂移、量程漂移

8.3.4.1 用校准器件检测零点和量程漂移时，应选择能产生零点和 50%～100%满量程响应值的校准器件进行零点漂移和量程漂移检测，检测方法与 8.2.1 条相同。

8.3.4.2 用零气和标准气体检测

a. 零点漂移：

仪器通入零气，待读数稳定后记录零点读数初始值 Z_0，按调零键，仪器调零。24 h 后，再通入零气，待读数稳定后记录零点读数 Z_1，按调零键，仪器调零。第二天重复以上操作，记录 Z_i，连续操作 7 d，按式（2）计算零点漂移 Z_d。

b. 量程漂移：

仪器通入 50%～100%满量程标准气体，待读数稳定后记录通入标准气体初始测定值 S_0，按校准键，校准仪器。24 h 后，再通入同一标准气体，待读数稳定后记录标准气体读数 S_1，按校准键，校准仪器。第二天重复以上操作，记录 S_i，连续操作 7 d，按式（4）计算量程漂移 S_d。

气态污染物 CEMS 零点和量程漂移检测结果记录于附录 A 附表 8。

8.3.5 相对准确度

a. 当零点漂移、量程漂移和线性误差检测通过并且生产设施达到最大生产能力 50%以上时，可进行相对准确度检测。

b. CEMS 与参比方法同步，由数据采集器每分钟记录 1 个累积平均值，连续记录至参比方法测试结束，取与参比方法同时间区间值的平均值。

c. 取参比方法与 CEMS 同时间区间测定值组合一个数据对，确保参比方法与 CEMS 测量值在同一条件（温度、压力、湿度和含氧量）下，每天获取 9 个以上数据对，至少取 9 对数据用于相对准确度计算，但必须报告所有的数据，包括舍去的数据对，连续进行 7 d。

d. 按式（19）计算相对准确度。

$$RA = \frac{\left|\overline{d}\right| + \left|cc\right|}{\overline{RM}} \times 100\% \tag{19}$$

式中：RA——相对准确度。

$$\overline{RM} = \frac{1}{n}\sum_{i=1}^{n} RM_i \tag{20}$$

其中：n——数据对的个数；

RM_i——第 i 个数据对中的参比方法测定值。

$$\overline{d} = \frac{1}{n}\sum_{i=1}^{n} d_i \tag{21}$$

$$d_i = RM_i - \mathrm{CEMS}_i \tag{22}$$

其中：d_i——每个数据对之差；

CEMS_i——第 i 个数据对中的 CEMS 法测定值。

（注：在计算数据对差的和时，保留差值的正、负号）

其中：置信系数（cc）由 t 表查得的统计值和数据对差的标准偏差表示：

$$cc = t_{f,0.95}\frac{S_\mathrm{d}}{\sqrt{n}} \tag{23}$$

其中：$t_{f,\,0.95}$——由 t 表查得，$f=n-1$；

S_d——参比方法与 CEMS 法测定值数据对的差的标准偏差。

$$S_\mathrm{d} = \sqrt{\frac{\sum_{i=1}^{n}(d_i - \overline{d})^2}{n-1}} \tag{24}$$

参比方法评估气态污染物 CEMS 相对准确度结果记录于附录 A 附表 9。

8.4 流速连续测定系统主要技术指标检测

8.4.1 速度场系数

由参比方法测定断面烟气平均流速和同时间区间流速连续测量系统测定断面某一固定点或测定线上的烟气平均流速，按式（25）确定速度场系数：

$$K_V = \frac{F_\mathrm{s}}{F_\mathrm{p}} \times \frac{\overline{V}_\mathrm{s}}{\overline{V}_\mathrm{p}} \tag{25}$$

式中：F_s——参比方法测定断面面积，m^2；

F_p——固定点或测定线所在测定断面的面积，m^2；

$\overline{V}_\mathrm{s}$——参比方法测定断面平均流速，m/s；

$\overline{V}_\mathrm{p}$——固定点或测定线所在测定断面平均流速，m/s。

8.4.2 速度场系数精密度

每天至少获得 5 个速度场系数，计算速度场系数日平均值，但必须报告所有的数据，包括舍去的数据和原因。连续 7 d，共获得 7 个速度场系数的日平均值，按式（26）计算速度场系数精密度：

$$CV = S / \overline{\overline{K}}_V \times 100\% \tag{26}$$

式中：CV——相对标准偏差，%；

$\overline{\overline{K}}_V$——检测期间速度场系数日平均值的平均值；

S——速度场系数的标准偏差。

$$S = \sqrt{\frac{\sum_{i=1}^{n}(\overline{K}_{Vi} - \overline{\overline{K}}_V)^2}{n-1}} \tag{27}$$

其中：n——日平均速度场系数的个数；

$\overline{K}_{Vi}$——检测期间速度场系数日平均值。

8.4.3 速度相对误差

a. 按 8.4.2 所获得的速度场系数日平均值的平均值输入 CEMS。

b. 参比方法与 CEMS 同步进行，CEMS 每分钟记录一次显示值。

c. 至少获得 5 个数据对，必须报告所有的数据，包括舍去的数据和原因。将参比方法断面测定平均值减去输入速度场系数平均值后的 CEMS 流速显示值，除以参比方法测定值，计算速度相对误差。

8.5 温度连续测定系统主要技术指标检测

a. 参比方法与 CEMS 同步进行，CEMS 每分钟记录一次显示值。

b. 每天至少获得 5 个数据对，连续 3 d（检测期间），必须报告所有的数据，包括舍去的数据和原因。将参比方法断面测定平均值减去 CEMS 温度显示值，计算显示值偏差。

8.6 湿度连续测定系统主要技术指标检测

8.6.1 干湿氧计算湿度连续测定系统

烟气除湿前、后氧含量连续测定系统需满足 8.3 条要求。

8.6.2 湿度传感器连续测定系统

a. 参比方法与 CEMS 同步进行，CEMS 每分钟记录一次显示值。

b. 每天至少获得 5 个数据对，连续 3 d（检测期间），必须报告所有的数据，包括舍去的数据和原因。将参比方法断面测定平均值减去 CEMS 湿度显示值，计算湿度绝对误差或相对误差。

9 质量保证

9.1 安装的质量保证

9.1.1 安装位置应符合本标准规定要求，测定路径不得有水雾和水滴出现，当对颗粒物 CEMS 进行相关校准达不到技术要求时，应作如下检查：

a. 参比方法的测试过程；

b. 采样位置；

c. 采样仪器的可靠性；

d. 固定污染源运行状况，特别是净化设施的运行状况；

e. 颗粒物组成、分布的变化；

f. 校准数据的数量和数据的分布。

经检查排除安装位置以外的其他原因时，应选择符合要求的位置安装 CEMS，重新进行检测。

9.1.2 原则上要求一个固定污染源（锅炉、工业炉窑、焚烧炉……）安装一套 CEMS。若一个固定污染源排气先通过多个烟道或管道后进入该固定污染源的总排气管时，应尽可能将 CEMS 安装在总排气管上，但要便于用参比方法校准颗粒物 CEMS 和烟气流速 CEMS；不得只在其中的一个烟道或管道上安装 CEMS，并将测定值作为该源的排放结果；但允许在每个烟道或管道上安装相同的测定探头，每个探头在每小时的监测时间应符合 3.4 条的要求。

9.1.3 测定颗粒物的参比方法是以 S 型皮托管测定烟气流速实现等速采样的，当流速在 5 m/s 以下，用 S 型皮托管测流速比较困难，测定结果准确度差。因此，参比方法采样点应尽可能选烟气流速大于 5 m/s 的位置。

9.1.4 锅炉烟尘最高允许排放浓度是指除尘器出口过量空气系数在规定值时的烟尘浓度，因此颗粒物 CEMS 探头应尽可能安装在离净化装置出口较近又满足第 6 条要求的位置上。

9.1.5 设置的采样平台必须易于到达，有足够的工作空间，便于操作；必须牢固并有符合要求的安全措施；采样平台设置在高空时，应有通往平台的旋梯或升降梯。

9.1.6 为保证准确地校准颗粒物 CEMS 和烟气流速连续测量系统，颗粒物 CEMS 和烟气流速连续测量系统应尽可能安装在流速大于 5 m/s 的位置。

9.1.7 完全抽取式采样法从探头到除湿装置或分析器的整个管路，其倾斜度不得小于 5°。

9.1.8 气态污染物 CEMS 相对准确度达不到要求，应查明原因并解决，若无法查明原因，可按式（28）和式（29）对 CEMS 测定数据进行调节，经调节仍不能准确测定时，应选择有代表性的位置安装 CEMS，重新进行检测。

$$\mathrm{CEMS}_{\mathrm{ad}i}=\mathrm{CEMS}_i\times E_{\mathrm{ac}} \tag{28}$$

式中：$\mathrm{CEMS}_{\mathrm{ad}i}$——CEMS 在 i 时间调节后的数据；

CEMS_i——CEMS 在 i 时间测得的数据；

E_{ac}——偏差调节系数。

$$E_{\mathrm{ac}}=1+\overline{d}/\overline{\mathrm{CEMS}_i} \tag{29}$$

其中：$\overline{d}$——由式（21）计算的差的平均值；

$\overline{\mathrm{CEMS}_i}$——第 i 个数据对中的 CEMS 法测定数据的平均值。

9.1.9 采用稀释系统测定气态污染物时，按式（30）、式（31）换算成干烟气中污染物质量浓度。

- 稀释样气未除湿

$$\rho_d = \rho_w / (1 - X_{sw}) \tag{30}$$

式中：ρ_d——干烟气中被测污染物质量浓度值，mg/m³；

ρ_w——CEMS 测得的湿烟气中被测污染物质量浓度值，mg/m³；

X_{sw}——烟气湿度，体积分数，%。

- 稀释样气被除湿

$$\rho_d = \rho_{md}(1 - X_{sw}/r)/(1 - X_{sw}) \tag{31}$$

式中：ρ_{md}——CEMS 测得的干样气中被测污染物的质量浓度，mg/m³；

r——稀释比。

9.1.10 采用全加热未除湿完全抽取系统测定气态污染物时，按式（30）换算成干烟气中污染物质量浓度。

9.1.11 在室内安装 CEMS 测试和数据采集、处理子系统时，房间内应尽可能安装空调，保持环境清洁，空气相对湿度≤85%，室温在 5～30℃。

9.2 检测时质量保证

9.2.1 初检和复检时，必须有专人负责监督工况，排污企业应根据相关校准工作的要求调整工况或净化设备的运行参数，在测试期间保持相对稳定。

9.2.2 为了减少测定误差，保证结果的准确度，建议使用自动跟踪烟尘采样器进行相关校准和准确度测试，初检和复检尽可能用同一台采样器。在测定前进行运行检查，保证采样器功能正常。

9.2.3 参比方法在测定断面每采一次颗粒物样品，采样量应不低于 10 mg 或采气量不低于 0.5m³。

9.2.4 参比方法测定气态污染物时，采样前和采样后（立即进行）必须用标准气体进行校准。

9.2.5 为了保证获得参比方法与气态污染物 CEMS 在同时间区间的测定数据，对于完全抽取式和稀释抽取式 CEMS 应扣除气态污染物到达污染物检测器的时间（滞后时间）和 CEMS 的响应时间。气态污染物到达污染物检测器的时间按式（32）估算：

$$t = V/Q_{sl} \tag{32}$$

式中：t——滞后时间，min；

V——导气管的体积，L；

Q_{sl}——气体通过导气管的流速，L/min。

9.2.6 参比方法采用国家或行业发布的标准分析方法或《空气和废气监测分析方法》（国家环境保护总局）中所列方法。

9.2.7 对于完全抽取式和稀释抽取式气态污染物 CEMS，当进行零点和量程校准时，原则上要求零气和标准气体与样品气体通过的路径（如：采样管、过滤器、洗涤器、调节器）相同。

9.2.8 对于直接测量气态污染物 CEMS，当进行零点和量程校准时，原则上要求导入零气和标准气体进行校准。

9.2.9 应在固定污染源正常排放污染物条件下检测 CEMS。

9.3 90 d运行期质量保证

CEMS 至少进行 90 d 的运行，运行期间对 CEMS 质量保证提出以下基本要求。

9.3.1 颗粒物 CEMS

9.3.1.1 具有自动校准功能的仪器，应不超过 24 h 自动校准一次仪器零点和量程，此期间的零点和量程漂移应符合 5.8.1.2 条和 5.8.1.3 条要求。

9.3.1.2 手动校准的仪器，应不超过 15 d 用校准装置校正仪器的零点和量程，此期间的零点和量程漂移应符合 5.8.1.2 条和 5.8.1.3 条要求。

9.3.1.3 不超过 1 个月更换一次空气过滤器。

9.3.1.4 不超过 3 个月清洗一次隔离烟气与光学探头的玻璃视窗，检查一次仪器光路的准直情况。

9.3.2 气态污染物 CEMS

9.3.2.1 不超过 15 d 用零气和高浓度标准气体或校准装置校准一次仪器零点和量程，并检查响应时间，此期间的零点和量程漂移以及响应时间应符合 5.8.2.3 条、5.8.2.4 条和 5.8.2.2 条要求；不超过 30 d 进行一次线性误差测试，线性误差应符合 5.8.2.1 条要求；不超过 3 个月进行一次相对准确度测试，相对准确度应符合 5.8.2.5 条的要求。

9.3.2.2 不超过 3 个月更换一次采样探头滤料。

9.3.2.3 不超过 3 个月更换一次净化稀释空气的除湿、滤尘等的材料。

9.3.2.4 必须使用在有效期内的标准物质。

9.3.2.5 必须每天放空空气压缩机内冷凝水。

9.3.2.6 直接测量气态污染物 CEMS，与 9.3.1.4 条相同。

9.3.3 流速 CEMS

9.3.3.1 具有自动校准功能的仪器，应不超过 24 h 自动校准一次仪器零点［或（和）量程］。

9.3.3.2 手动校准的仪器，不超过 3 个月从烟道或管道取出测速探头，人工清除沉积在上面的烟尘并用校准装置校正仪器的零点（量程）。

9.3.4 有效利用率

当低水平（零）或高水平校准漂移结果连续 5 d 超过规定漂移指标的 2 倍时，仪器失控，失控期间，数据无效。失控期间不能用于仪器有效利用率计算，有效利用率规定如下：

$$\text{仪器有效利用率（\%）}=\frac{\text{仪器总运行时间}}{\text{排放源总运行时间}}\times 100\%$$

90 d 运行期间，只有当仪器有效利用率大于或等于 90%时，才允许复检。

10 适用性检测

由国家环境保护总局环境监测仪器质量监督检验中心负责，按本标准规定的检测项目和检测方法对进入国家环境监测网络的 CEMS 进行的检测和复检。适用性检测合格的仪器，应定期由国家环境保护总局环境监测仪器质量监督检验中心抽检。

11 检测项目

检测项目列表 11-1。

表 11-1 检测项目

<table>
<tr><th colspan="3">项 目</th><th>指 标</th><th>检测方法</th></tr>
<tr><td rowspan="9">颗粒物CEMS</td><td rowspan="6">检测期间</td><td>零点漂移</td><td>≤±2.0%F.S.</td><td>8.2.1 条</td></tr>
<tr><td>量程漂移</td><td>≤±2.0%F.S.</td><td>8.2.1 条</td></tr>
<tr><td rowspan="2">相关系数</td><td>≥0.85</td><td rowspan="2">8.2.2 条</td></tr>
<tr><td>当测量范围上限≤50mg/m³时，≥0.75</td></tr>
<tr><td>置信区间半宽</td><td>≤10%</td><td>8.2.2 条</td></tr>
<tr><td>允许区间半宽</td><td>≤25%</td><td>8.2.2 条</td></tr>
<tr><td rowspan="3">复检期间</td><td>零点漂移</td><td>≤±2.0%F.S.</td><td>8.2.1 条</td></tr>
<tr><td>量程漂移</td><td>≤±2.0%F.S.</td><td>8.2.1 条</td></tr>
<tr><td>准确度</td><td>当排放浓度
ρ_{PM}≤50mg/m³时，绝对误差≤±15mg/m³；
50mg/m³＜ρ_{PM}≤100mg/m³ 时，相对误差≤±25%；
100mg/m³＜ρ_{PM}≤200mg/m³时，相对误差≤±20%；
ρ_{PM}＞200mg/m³ 时，相对误差≤±15%</td><td>8.2.3 条</td></tr>
<tr><td rowspan="12">二氧化硫CEMS</td><td rowspan="7">检测期间</td><td>线性误差</td><td>≤±5%</td><td>8.3.2 条</td></tr>
<tr><td>响应时间</td><td>≤200s</td><td>8.3.3 条</td></tr>
<tr><td>零点漂移</td><td>≤±2.5%F.S.</td><td>8.3.4 条</td></tr>
<tr><td>量程漂移</td><td>≤±2.5%F.S.</td><td>8.3.4 条</td></tr>
<tr><td rowspan="3">相对准确度</td><td>排放浓度≥250μmol/mol（715mg/m³）时，
相对准确度≤15%</td><td rowspan="3">8.3.5 条</td></tr>
<tr><td>排放浓度＜250μmol/mol（715mg/m³）时，
绝对误差≤20μmol/mol（57mg/m³）</td></tr>
<tr><td>排放浓度＜50μmol/mol（143mg/m³）时，
绝对误差≤15μmol/mol（43mg/m³）</td></tr>
<tr><td rowspan="5">复检期间</td><td>零点漂移</td><td>≤±2.5%F.S.</td><td>8.3.4 条</td></tr>
<tr><td>量程漂移</td><td>≤±2.5%F.S.</td><td>8.3.4 条</td></tr>
<tr><td rowspan="3">相对准确度</td><td>排放浓度≥250μmol/mol（715mg/m³）时，
相对准确度≤15%</td><td rowspan="3">8.3.5 条</td></tr>
<tr><td>排放浓度＜250μmol/mol（715mg/m³）时，
绝对误差≤20μmol/mol（57mg/m³）</td></tr>
<tr><td>排放浓度＜50μmol/mol（143mg/m³）时，
绝对误差≤15μmol/mol（43mg/m³）</td></tr>
<tr><td rowspan="6">氮氧化物CEMS</td><td rowspan="6">检测期间</td><td>线性误差</td><td>≤±5%</td><td>8.3.2 条</td></tr>
<tr><td>响应时间</td><td>≤200s</td><td>8.3.3 条</td></tr>
<tr><td>零点漂移</td><td>≤±2.5%F.S.</td><td>8.3.4 条</td></tr>
<tr><td>量程漂移</td><td>≤±2.5%F.S.</td><td>8.3.4 条</td></tr>
<tr><td rowspan="2">相对准确度</td><td>排放浓度≥250μmol/mol（513mg/m³）时，
相对准确度≤15%</td><td rowspan="2">8.3.5 条</td></tr>
<tr><td>排放浓度＜250μmol/mol（513mg/m³）时，
绝对误差≤20μmol/mol（41mg/m³）</td></tr>
</table>

项 目			指 标	检测方法
氮氧化物CEMS	检测期间	相对准确度	排放浓度＜50μmol/mol（103mg/m³）时，绝对误差≤15μmol/mol（31mg/m³）	8.3.5 条
	复检期间	零点漂移	≤±2.5%F.S.	8.3.4 条
		量程漂移	≤±2.5%F.S.	8.3.4 条
		相对准确度	排放浓度≥250μmol/mol（513mg/m³）时，相对准确度≤15%	8.3.5 条
			排放浓度＜250μmol/mol（513mg/m³）时，绝对误差≤20μmol/mol（41mg/m³）	
			排放浓度＜50μmol/mol（103mg/m³）时，绝对误差≤15μmol/mol（31mg/m³）	
O_2或CO_2 CEMS	检测期间	线性误差	≤±5%	8.3.2 条
		响应时间	≤200s	8.3.3 条
		零点漂移	≤±2.5%F.S.	8.3.4 条
		量程漂移	≤±2.5%F.S.	8.3.4 条
		相对准确度	≤15%	8.3.5 条
	复检期间	零点漂移	≤±2.5%F.S.	8.3.4 条
		量程漂移	≤±2.5%F.S.	8.3.4 条
		相对准确度	≤15%	8.3.5 条
流速连续测量系统	检测期间	精密度	≤5%	8.4.2 条
	复检期间	相对误差	当流速＞10m/s 时，速度相对误差≤±10%；≤10m/s 时，速度相对误差≤±12%	8.4.3 条
温度连续测量系统	检测期间	示值偏差	≤±3℃	8.5 条
	复检期间	示值偏差	≤±3℃	8.5 条
湿度连续测量系统（湿度传感器）	检测期间	相对误差	当烟气湿度：≤5.0%时，绝对误差≤±1.5%；＞5.0%时，相对误差≤±25%	8.6 条
	复检期间	相对误差	当烟气湿度：≤5.0%时，绝对误差≤±1.5%；＞5.0%时，相对误差≤±25%	8.6 条

注：F.S.示满量程；氮氧化物以 NO_2 计。

附　表

附表 1　烟气排放连续监测小时平均值日报表

排放源名称：____

排放源编号：________________________ 监测日期：______年_____月______日

时间	颗粒物			SO_2			NO_x			流量/（m^3/h）	O_2/%	温度/℃	水分含量/%	负荷/%	备注
	mg/m^3	折算 mg/m^3	kg/h	mg/m^3	折算 mg/m^3	kg/h	mg/m^3	折算 mg/m^3	kg/h						
00～01															
01～02															
02～03															
03～04															
04～05															
05～06															
06～07															
07～08															
08～09															
09～10															
10～11															
11～12															
12～13															
13～14															
14～15															
15～16															
16～17															
17～18															
18～19															
19～20															
20～21															
21～22															
22～23															
23～24															
平均值															
最大值															
最小值															
样本数															
日排放总量/t	—			—			—				—				

注：烟气日排放总量单位：$10^4m^3/d$。

附表 2 烟气排放连续监测日平均值月报表

排放源名称：________________________________

排放源编号：________________监测月份：______年______月

日期	颗粒物			SO_2			NO_x			流量/（10^4 m^3/d）	O_2/%	温度/℃	水分含量/%	负荷/%	备注
	mg/m^3	折算 mg/m^3	t/d	mg/m^3	折算 mg/m^3	t/d	mg/m^3	折算 mg/m^3	t/d						
1 日															
2 日															
3 日															
4 日															
5 日															
6 日															
7 日															
8 日															
9 日															
10 日															
11 日															
12 日															
13 日															
14 日															
15 日															
16 日															
17 日															
18 日															
19 日															
20 日															
21 日															
22 日															
23 日															
24 日															
25 日															
26 日															
27 日															
28 日															
29 日															
30 日															
31 日															
平均值															
最大值															
最小值															
样本数															
月排放总量/t	—			—			—				—				

注：烟气月排放总量单位：10^4m^3/月。

上报单位（盖章）： 负责人： 报告人： 报告日期： 年 月 日

附表 3 烟气排放连续监测月平均值年报表

排放源名称：____

排放源编号：____________________________监测年份：__________年

时间	颗粒物			SO_2			NO_x			流量/（10^4 m^3/月）	O_2/%	温度/℃	水分含量/%	负荷/%	备注
	mg/m^3	折算 mg/m^3	t/月	mg/m^3	折算 mg/m^3	t/月	mg/m^3	折算 mg/m^3	t/月						
1 月															
2 月															
3 月															
4 月															
5 月															
6 月															
7 月															
8 月															
9 月															
10 月															
11 月															
12 月															
平均值															
最大值															
最小值															
样本数															
年排放总量/t	—			—			—				—				

注：烟气年排放总量单位：10^4 m^3/a。

上报单位（盖章）： 单位负责人： 报告人： 报告日期： 年 月 日

附表 4 颗粒物 CEMS 零点和量程漂移检测

测试人员________________ CEMS 生产厂________________

测试地点________________ CEMS 型号、编号________________

测试位置________________ 标准值________________

CEMS 原理________________________________

日期	时间		计量单位（mg/m^3、mA、mV、不透明度%……）								清洁镜头否	备注
			零点读数		零点漂移绝对误差	调节零点否	上标校准读数		量程漂移绝对误差	调节量程否		
	开始	结束	起始（Z_0）	最终（Z_i）	$\Delta Z=Z_i-Z_0$		起始（S_0）	最终（S_i）	$\Delta S=S_i-S_0$			

零点漂移绝对误差最大值［式（1）］			量程值漂移绝对误差最大值［式(3)］			
零点漂移［式（2）］			量程漂移［式(4)］			

附表 5 计算置信区间和允许区间参数表

f	t_f	V_f	n'	$u_{n'}$（75）
7	2.365	1.797 2	7	1.233
8	2.306	1.711 0	8	1.233
9	2.262	1.645 2	9	1.214
10	2.228	1.593 1	10	1.208
11	2.201	1.550 6	11	1.203
12	2.179	1.515 3	12	1.199
13	2.160	1.485 4	13	1.195
14	2.145	1.459 7	14	1.192
15	2.131	1.437 3	15	1.189
16	2.120	1.417 6	16	1.187
17	2.110	1.400 1	17	1.185
18	2.101	1.384 5	18	1.183
19	2.093	1.370 4	19	1.181
20	2.086	1.357 6	20	1.179
21	2.080	1.346 0	21	1.178
22	2.074	1.335 3	22	1.177
23	2.069	1.325 5	23	1.175
24	2.064	1.316 5	24	1.174
25	2.060	1.308 1	25	1.173
30	2.042	1.273 7	30	1.170
35	2.030	1.248 2	35	1.167
40	2.021	1.228 4	40	1.165
45	2.014	1.212 5	45	1.163
50	2.009	1.199 3	50	1.162

注：$f=n-1$。

附表 6 参比方法校准颗粒物 CEMS

测试人员________________ CEMS 生产厂________________

测试地点________________ CEMS 型号、编号________________

测试位置________________ CEMS 原理________________

参比方法仪器生产厂____________ 型号、编号____________ 原理____________

日期	时间（时、分）	参比方法					CEMS 法	颗粒物颜色	备注
		序号	滤筒编号	颗粒物重/mg	采气体积*/L	浓度/（mg/m³）	测定值（量纲一）		

注：*标准状态下干烟气体积。

附表 7 气态污染物 CEMS 线性误差和响应时间检测

测试人员__________CEMS 生产厂__________

测试地点__________CEMS 型号、编号__________

测试位置__________CEMS 原理__________

标准气体浓度或校准器件的已知响应值：低浓度__________

中浓度__________高浓度__________

污染物名称__________计量单位______测试日期 ____年____月____日

序号	标准气体或校准器件参考值	CEMS 显示值	CEMS 显示值的平均值	相对误差/%	响应时间/s		备注
					测定值	平均值	

附表 8 气态污染物 CEMS（含 O_2 或 CO_2）零点和量程漂移检测

测试人员__________CEMS 生产厂__________

测试地点__________CEMS 型号、编号__________

测试位置__________CEMS 原理__________

标准气体浓度或校准器件的已知响应值__________污染物名称__________

序号	日期	时间	计量单位（$\mu g/m^3$、mg/m^3、10^{-9}、$\mu mol/mol$……）								备注
			零点读数		零点漂移绝对误差	%满量的	上标校准读数		量程漂移绝对误差	%满量程	
			起始（Z_0）	最终（Z_i）	$\Delta Z=Z_i-Z_0$		起始（S_0）	最终（S_i）	$\Delta S=S_i-S_0$		
1											
2											
3											
4											
5											
6											
7											
8											
零点漂移绝对误差最大值［式（1）］							量程值漂移绝对误差最大值［式（3）］				
零点漂移［式（2）］							量程漂移［式（4）］				

附表9 参比方法评估气态污染物CEMS相对准确度

测试人员____________________CEMS 生产厂____________________

测试地点____________________CEMS 型号、编号____________________

测试位置____________________CEMS 原理____________________

参比方法仪器生产厂____________________型号、编号____________________

原理____________________测试日期______年______月______日

污染物名称____________________计量单位____________________

样品编号	时间/ （时、分）	参比方法（*RM*） *A*	CEMS 法 *B*	数据对差=*B*−*A*
参比方法平均值［式（20）］				
数据对差的平均值的绝对值［式（21）］				
数据对差的标准偏差［式（24）］				
置信系数［式（23）］				
相对准确度［式（19）］				

	名称	保证值	参比方法测定结果		相对误差/%	
			采样前	采样后	采样前	采样后
标准气体						

附表 10 检测期间（初检）速度场系数

测试人员________________________________CEMS 生产厂________________________________

测试地点________________________________CEMS 型号、编号________________________________

测试位置________________________________CEMS 原理________________________________

参比方法仪器生产厂________________________型号、编号________________________________

原理________________________________参比方法计量单位________CEMS 计量单位________

<table>
<tr><th rowspan="2">日期</th><th rowspan="2">方法</th><th colspan="9">测定次数</th><th rowspan="2">平均值</th><th rowspan="2">标准偏差</th><th rowspan="2">相对标准偏差/%</th></tr>
<tr><th>1</th><th>2</th><th>3</th><th>4</th><th>5</th><th>6</th><th>7</th><th>8</th><th>9</th></tr>
<tr><td rowspan="3"></td><td>手工</td><td></td><td></td><td></td><td></td><td></td><td></td><td></td><td></td><td></td><td></td><td></td><td></td></tr>
<tr><td>CEMS</td><td></td><td></td><td></td><td></td><td></td><td></td><td></td><td></td><td></td><td></td><td></td><td></td></tr>
<tr><td>场系数</td><td></td><td></td><td></td><td></td><td></td><td></td><td></td><td></td><td></td><td></td><td></td><td></td></tr>
<tr><td rowspan="3"></td><td>手工</td><td></td><td></td><td></td><td></td><td></td><td></td><td></td><td></td><td></td><td></td><td></td><td></td></tr>
<tr><td>CEMS</td><td></td><td></td><td></td><td></td><td></td><td></td><td></td><td></td><td></td><td></td><td></td><td></td></tr>
<tr><td>场系数</td><td></td><td></td><td></td><td></td><td></td><td></td><td></td><td></td><td></td><td></td><td></td><td></td></tr>
<tr><td rowspan="3"></td><td>手工</td><td></td><td></td><td></td><td></td><td></td><td></td><td></td><td></td><td></td><td></td><td></td><td></td></tr>
<tr><td>CEMS</td><td></td><td></td><td></td><td></td><td></td><td></td><td></td><td></td><td></td><td></td><td></td><td></td></tr>
<tr><td>场系数</td><td></td><td></td><td></td><td></td><td></td><td></td><td></td><td></td><td></td><td></td><td></td><td></td></tr>
<tr><td rowspan="3"></td><td>手工</td><td></td><td></td><td></td><td></td><td></td><td></td><td></td><td></td><td></td><td></td><td></td><td></td></tr>
<tr><td>CEMS</td><td></td><td></td><td></td><td></td><td></td><td></td><td></td><td></td><td></td><td></td><td></td><td></td></tr>
<tr><td>场系数</td><td></td><td></td><td></td><td></td><td></td><td></td><td></td><td></td><td></td><td></td><td></td><td></td></tr>
<tr><td rowspan="3"></td><td>手工</td><td></td><td></td><td></td><td></td><td></td><td></td><td></td><td></td><td></td><td></td><td></td><td></td></tr>
<tr><td>CEMS</td><td></td><td></td><td></td><td></td><td></td><td></td><td></td><td></td><td></td><td></td><td></td><td></td></tr>
<tr><td>场系数</td><td></td><td></td><td></td><td></td><td></td><td></td><td></td><td></td><td></td><td></td><td></td><td></td></tr>
<tr><td rowspan="3"></td><td>手工</td><td></td><td></td><td></td><td></td><td></td><td></td><td></td><td></td><td></td><td></td><td></td><td></td></tr>
<tr><td>CEMS</td><td></td><td></td><td></td><td></td><td></td><td></td><td></td><td></td><td></td><td></td><td></td><td></td></tr>
<tr><td>场系数</td><td></td><td></td><td></td><td></td><td></td><td></td><td></td><td></td><td></td><td></td><td></td><td></td></tr>
<tr><td rowspan="3"></td><td>手工</td><td></td><td></td><td></td><td></td><td></td><td></td><td></td><td></td><td></td><td></td><td></td><td></td></tr>
<tr><td>CEMS</td><td></td><td></td><td></td><td></td><td></td><td></td><td></td><td></td><td></td><td></td><td></td><td></td></tr>
<tr><td>场系数</td><td></td><td></td><td></td><td></td><td></td><td></td><td></td><td></td><td></td><td></td><td></td><td></td></tr>
<tr><td rowspan="3"></td><td>手工</td><td></td><td></td><td></td><td></td><td></td><td></td><td></td><td></td><td></td><td></td><td></td><td></td></tr>
<tr><td>CEMS</td><td></td><td></td><td></td><td></td><td></td><td></td><td></td><td></td><td></td><td></td><td></td><td></td></tr>
<tr><td>场系数</td><td></td><td></td><td></td><td></td><td></td><td></td><td></td><td></td><td></td><td></td><td></td><td></td></tr>
<tr><td rowspan="3"></td><td>手工</td><td></td><td></td><td></td><td></td><td></td><td></td><td></td><td></td><td></td><td></td><td></td><td></td></tr>
<tr><td>CEMS</td><td></td><td></td><td></td><td></td><td></td><td></td><td></td><td></td><td></td><td></td><td></td><td></td></tr>
<tr><td>场系数</td><td></td><td></td><td></td><td></td><td></td><td></td><td></td><td></td><td></td><td></td><td></td><td></td></tr>
<tr><td rowspan="3"></td><td>手工</td><td></td><td></td><td></td><td></td><td></td><td></td><td></td><td></td><td></td><td></td><td></td><td></td></tr>
<tr><td>CEMS</td><td></td><td></td><td></td><td></td><td></td><td></td><td></td><td></td><td></td><td></td><td></td><td></td></tr>
<tr><td>场系数</td><td></td><td></td><td></td><td></td><td></td><td></td><td></td><td></td><td></td><td></td><td></td><td></td></tr>
<tr><td colspan="3">速度场系数均值</td><td colspan="2"></td><td colspan="2">标准偏差</td><td colspan="2"></td><td colspan="3">相对标准偏差/%</td><td colspan="2"></td></tr>
</table>

附表 11 温度示值偏差检测

测试人员________________CEMS 生产厂________________

测试地点________________CEMS 型号、编号________________

测试位置________________CEMS 原理________________

参比方法仪器生产厂________________型号、编号________原理________

日期	方法	测定次数								
		1	2	3	4	5	6	7	8	9
	手工									
	CEMS									
	示值偏差									
	手工									
	CEMS									
	示值偏差									
	手工									
	CEMS									
	示值偏差									
	手工									
	CEMS									
	示值偏差									
	手工									
	CEMS									
	示值偏差									
	手工									
	CEMS									
	示值偏差									
	手工									
	CEMS									
	示值偏差									

附表 12 湿度相对误差或绝对误差检测

测试人员________CEMS 生产厂________

测试地点________CEMS 型号、编号________

测试位置________CEMS 原理________

参比方法仪器生产厂________型号、编号________原理________

日期	方法	测定次数								
		1	2	3	4	5	6	7	8	9
	手工									
	CEMS									
	相对或绝对误差									
	手工									
	CEMS									
	相对或绝对误差									
	手工									
	CEMS									
	相对或绝对误差									
	手工									
	CEMS									
	相对或绝对误差									
	手工									
	CEMS									
	相对或绝对误差									
	手工									
	CEMS									
	相对或绝对误差									
	手工									
	CEMS									
	相对或绝对误差									

附录 B（规范性附录）

烟气参数测定与污染物浓度换算和排放速率计算要求

B.1 烟气参数测定

B.1.1 烟气温度的测定

由 CEMS 配置的热电偶或热电阻温度传感器连续测定，示值偏差不大于±3℃。

B.1.2 烟气中水分含量的测定

a. 氧或湿度传感器连续测定方法

由 CEMS 配置的氧传感器测定烟气除湿前、后氧含量计算烟气中水分含量，或湿度传感器连续测定烟气中水分含量。

当按烟气除湿前、后氧含量计算烟气中水分含量时，烟气湿度按式（B.1）计算。

$$X_{sw} = 1 - \frac{\varphi'(O_2)}{\varphi(O_2)} \quad \text{(B.1)}$$

式中：$\varphi'(O_2)$——湿烟气中氧的体积分数，%；

$\varphi(O_2)$——干烟气中氧的体积分数，%。

b. 手工测定方法

按 GB/T 16157—1996 第 5.2 条选用重量法或冷凝法或干湿球法中的一种方法测定，取平均值输入 CEMS。

B.1.3 烟气中 O_2、CO_2 的测定和计算

a. 由 CEMS 配置的氧检测仪连续测定烟气中的 O_2 含量 $\varphi(O_2)$。

b. 可按式（B.2）计算烟气中的 CO_2 含量：

$$\varphi(CO_2) = \varphi(CO_2)_{max}\left(1 - \frac{\varphi(O_2)}{20.9/100}\right) \quad \text{(B.2)}$$

式中：$\varphi(CO_2)_{max}$——燃料燃烧产生的最大 CO_2 体积分数，%；由 $\varphi(CO_2)_{max}$ 近似值表 B.1 查得。

表 B.1 $\varphi(CO_2)_{max}$ 近似值表

燃料类型	烟煤	贫煤	无烟煤	燃料油	石油气	液化石油气	湿性天然气	干性天然气	城市煤气
$\varphi(CO_2)_{max}$/%	18.4～18.7	18.9～19.3	19.3～20.2	15.0～16.0	11.2～11.4	13.8～15.1	10.6	11.5	10.0

B.1.4 烟气密度和气体分子量的计算

按 GB/T 16157—1996 第 6 条计算烟气密度和气体分子量。

B.1.5 烟气流速、流量的测定和计算

a. 测定大气压力

① 由 CEMS 配置的大气压力传感器测出。

②也可以根据当地气象站给出的上月平均值或上年平均值，并根据测点与气象站的不同标高，按每增、减 10 m，大气压减、增 110 Pa 进行修正后，输入 CEMS 中作为本月或本年的平均大气压。

b. 测定烟气流速

由皮托管测速仪或靶式流量计测速仪连续测定烟道或管道断面某一固定点的烟气流速，或热平衡仪连续测定断面某一固定点的烟气质量流量，或由超声波测速仪连续测定断面上烟气的线平均流速。

c. 烟气流速和流量的计算

① 烟气流速的计算

- 皮托管法、热平衡法、超声波法（测速仪安装在矩形烟道或管道）、靶式流量计法按式（B.3）计算烟道或管道断面平均流速：

$$\overline{V}_{\mathrm{s}}=K_v\cdot\overline{V}_{\mathrm{p}} \tag{B.3}$$

式中：K_v—— 速度场系数；

$\overline{V}_{\mathrm{p}}$——测定断面某一固定点或测定线上的湿排气平均流速，m/s；

$\overline{V}_{\mathrm{s}}$——测定断面的湿排气平均流速，m/s。

- 超声波测速法（测速仪安装在圆形烟道或管道）按式（B.4）计算烟道或管道断面平均流速：

$$\overline{V}_{\mathrm{s}}=\frac{L}{2\cos\alpha}\left(\frac{1}{t_A}-\frac{1}{t_B}\right) \tag{B.4}$$

式中：L——安装在烟道或管道上两侧 A（接收/发射器）与 B（接收/发射器）间的距离（扣除烟道壁厚），m；

α——烟道或管道中心线与 AB 间的距离 L 的夹角；

t_A——声脉冲从 A 传到 B 的时间（顺气流方向），s；

t_B——声脉冲从 B 传到 A 的时间（逆气流方向），s。

② 烟气流量的计算

- 工况下的湿烟气流量 Q_{s} 按式（B.5）计算：

$$Q_{\mathrm{s}}=3\,600\cdot F\cdot\overline{V}_{\mathrm{s}} \tag{B.5}$$

式中：Q_{s}——工况下湿烟气流量，$\mathrm{m^3/h}$；

F——测定断面的面积，$\mathrm{m^2}$。

- 标准状态下干烟气流量 Q_{sn} 按式（B.6）计算：

$$Q_{\mathrm{sn}}=Q_{\mathrm{s}}\times\frac{273}{273+t_{\mathrm{s}}}\times\frac{p_{\mathrm{a}}+p_{\mathrm{s}}}{101\,325}\times(1-X_{\mathrm{sw}}) \tag{B.6}$$

式中：Q_{sn}——标准状态下干烟气流量，$\mathrm{m^3/h}$；

p_{a}——大气压力，Pa；

p_s——烟气静压，Pa；

t_s——烟气温度，℃；

X_{sw}——烟气中水分含量体积分数，%。

B.2 颗粒物或气态污染物浓度和排放速率计算

a. 颗粒物或气态污染物排放质量浓度按式（B.7）计算：

$$\rho' = bx + a \tag{B.7}$$

式中：ρ'——颗粒物或标准状态下干烟气中气态污染物质量浓度，mg/m³，

当气态污染物 CEMS 符合相对准确度要求时，$\rho'=x$；

x——CEMS 显示的物理量；

b——回归方程斜率；

a——回归方程截距，mg/m³。

当气态污染物显示浓度单位为μmol/mol 时，SO_2、NO 和 NO_2 换算为标准状态下 mg/m³ 的换算系数：

SO_2：1 μmol/mol=64/22.4 mg/m³

NO：1 μmol/mol=30/22.4 mg/m³

NO_2：1 μmol/mol=46/22.4 mg/m³

b. 颗粒物或气态污染物折算排放质量浓度按式（B.8）计算：

$$\rho = \rho' \times \frac{\alpha}{\alpha_s} \tag{B.8}$$

式中：ρ——折算成过量空气系数为α时的颗粒物或气态污染物排放质量浓度，mg/m³；

ρ'——标准状态下干烟气中颗粒物或气态污染物质量浓度，mg/m³；

α——在测点实测的过量空气系数；

α_s——有关排放标准中规定的过量空气系数。

c. 过量空气系数按式（B.9）计算：

$$\alpha = \frac{21/100}{21/100 - \varphi(O_2)} \tag{B.9}$$

d. 颗粒物或气态污染物排放速率按式（B.10）计算：

$$G = \rho' \cdot Q_{sn} \cdot 10^{-6} \tag{B.10}$$

式中：G——颗粒物或气态污染物排放速率，kg/h；

Q_{sn}——标准状态下干排烟气量，m³/h；

ρ'——标准状态下干烟气中颗粒物或气态污染物质量浓度，mg/m³。

参比方法校准颗粒物连续监测系统实例

某燃煤电厂安装颗粒物 CEMS，测试期间烟气参数平均值如下：

温度：120℃；静压：−0.14 kPa（表压）；含氧量：7%；湿度：4%。

排放限值为 150 mg/m³。

测定结果原始记录见表 C.1（实际状况浓度范围 30～200 mg/m³）。

表 C.1 CEMS 法和参比方法测定烟气中颗粒物原始记录表

序号	CEMS 显示值	参比方法/（mg/m³）	序号	CEMS 显示值	参比方法/（mg/m³）	序号	CEMS 显示值	参比方法/（mg/m³）
1	109.3	71.4	13	98.1	55.5	25	89.8	53.0
2	106.1	71.2	14	60.0	34.6	26	98.0	52.5
3	111.2	69.9	15	80.0	48.0	27	68.6	35.2
4	85.2	59.0	16	73.5	46.3	28	76.4	48.1
5	119.6	73.7	17	89.5	58.9	29	130.6	94.4
6	110.1	72.4	18	160.7	110.0	30	120.8	88.0
7	123.6	72.9	19	158.9	113.6	31	118.0	75.5
8	147.4	102.1	20	170.3	120.8	32	135.0	90.2
9	139.8	99.2	21	168.3	109.3	33	110.3	71.4
10	124.7	88.6	22	150.4	108.8	34	125.5	89.6
11	139.8	95.8	23	178.9	123.4	35	100.4	74.4
12	119.9	72.0	24	73.6	47.4	36	98.9	70.2

注：表中参比方法单位为折算至实际烟气状况下单位，CEMS 显示值为量纲一的单位。

C.1 线性回归方程计算

$\overline{X}=115.9$

$\overline{Y}=76.9$

$S_{xx}=33\,235.0$

$S_{xy}=25\,539.0$

$S_{yy}=20\,527.3$

$\hat{Y}=0.768\,4X-12.2$

C.2 置信区间半宽计算

回归直线精密度：S_E=5.15，

查附录 A 附表 5，t=2.030，

则在平均值 X=115.9（CEMS 显示值）处，置信区间半宽 CI=1.74

燃煤电厂规定过量空气系数为 1.4（含氧量为 6%），排放限值 EL（干烟气标态）为

150 mg/m^3 时，按理想气体状态方程、式（30）、式（B.7）和式（B.8），综合为下式：

$$EL_{r}=EL\times\frac{273}{273+t}\times\frac{p_{a}+p_{s}}{101\,325}\times(1-X_{sw})\times\frac{0.21-\varphi(O_{2})}{0.21-\varphi(O_{2})_{s}} \tag{C.1}$$

式中：EL_r——该污染源实际排放质量浓度限值，mg/m^3；

t——测定断面平均烟温，℃；

p_a——测定期间的大气压，Pa；

p_s——测定断面烟气静压，Pa；

$\varphi(O_2)_s$——排放标准中所确定的氧量，%。

则实际排放浓度为 93 mg/m^3（实际烟气状态）。

则在平均值 X=116（CEMS 显示值）处，作为排放限制百分比的置信区间半宽为：CI%=1.87%

C.3 允许区间半宽计算

查附录 A 附表 5 计算 k_t=1.46。

则在平均值 X=115.9（CEMS 显示值）处，允许区间半宽 TI=7.52，作为排放限制百分比的允许区间半宽为：TI%=8.09%

C.4 相关系数

r=0.978

C.5 线性相关曲线、置信区间、允许区间图例

95%置信区间为：$\hat{Y}=0.768\,4X-12.2\pm1.74$

95%允许区间为：$\hat{Y}=0.768\,4X-12.2\pm7.52$

计算和图例见图 C.1。

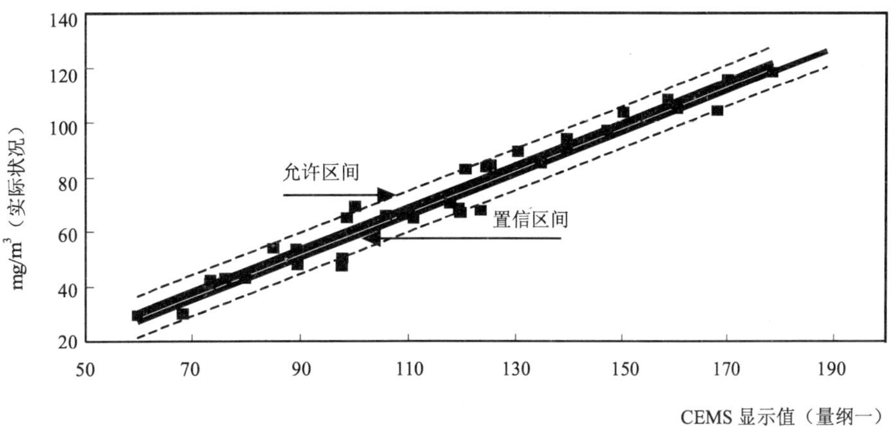

图 C.1 线性相关曲线、置信区间、允许区间

固定污染源二氧化硫、氮氧化物排放浓度的测定　仪器分析法

D.1 原理和适用范围

D.1.1 适用范围

仅当在本标准中指明时，用于气态污染物二氧化硫、氮氧化物相对准确度检测时测定固定污染源排放的二氧化硫和氮氧化物浓度。其他气态污染物的测定可参照本程序执行。

D.1.2 原理

从烟囱（烟道）中连续地抽取烟气，将部分样气送入分析仪中，用国家或行业发布的标准分析方法或《空气和废气监测分析方法》（国家环境保护总局）中所列方法测定二氧化硫、氮氧化物浓度。为了提供可靠数据，提供了性能规格和测试程序。

D.2 测量范围和灵敏度

D.2.1 测量范围

对本方法，测量范围由所选择的测定系统量程所定，但气态污染物的浓度应不低于所选测定系统使用量程的 30%，若在一次测定期间的任何时刻，气态污染物浓度超过所选量程，则该次测定无效。

D.2.2 灵敏度

最低检出限应低于量程的 2%。

D.3 定义

D.3.1 测定系统

测定气体浓度所需要的全部设备，由下列主要的子系统组成。

D.3.1.1 采样系统

用于获得样品、传输样品、采样调节或保护分析仪不受烟囱排放物的影响。

D.3.1.2 气体分析仪

检测待测气体并产生以正比于待测气体浓度的输出信号的系统部件。

D.3.1.3 数据记录仪

条形图表记录仪，模拟计算机或数字记录仪，用于记录由分析仪输出的测量数据。

D.3.2 分析仪校准误差

将标准气体直接通入分析仪，分析仪显示的气体浓度和标准气体已知浓度之差。

D.3.3 采样系统偏差

在采样探头的出口通入已知浓度的气体，测定系统所显示的气体浓度与相同的气体直接通入分析仪时测定系统显示的气体浓度之差。

D.4 测定系统性能规定

D.4.1 分析仪校准误差

对于零、中和高浓度的标准气体，应低于量程的±2%。

D.4.2 采样系统偏差

对于零、中和高浓度的标准气体，应低于量程的±5%。

D.4.3 零点漂移

在每一操作周期内低于量程的±2.5%。

D.4.4 量程漂移

在每一操作周期内低于量程的±2.5%。

D.5 装置

D.5.1 测定系统

应选择经国家环保总局环境监测仪器质量监督检验中心适用性检测合格的测定系统。可以是任何满足本方法规定的二氧化硫、氮氧化物测定系统，此系统的必要组成部分如下：

D.5.1.1 采样探头

玻璃、不锈钢或等效物，应有足够的长度在采样点上移动，采样探头应加热，以防止凝结。

D.5.1.2 采样管线

加热（能充分防止凝结）的不锈钢或聚四氟乙烯导管，用于将样气输送至除湿系统中。

D.5.1.3 样品输送管

不锈钢或聚四氟乙烯导管，用以将样气从除湿系统送至采样泵、采样流量控制以及样气分流管。

D.5.1.4 校准阀组件

一个三通阀组件或等效物，在处于校准方法时，用来关闭样气流，在采样探头的出口将校准气通至测定系统。

D.5.1.5 除湿系统

制冷式凝结器或相似的装置（干燥器），用以将样气中的水汽去除。对于能在湿式方式下测定样气浓度的分析仪，水汽去除系统是不必要的，但由湿基浓度向干基浓度的转换公式需经环保部门许可。

D.5.1.6 颗粒物滤膜

烟囱（烟道）内或加热（足够防止水汽凝结）的烟囱（烟道）外滤膜，滤膜应为硼硅酸盐或石英玻璃棉，或玻璃纤维棉。在水汽去除系统的出口或入口以及在分析器的入口处附加滤膜可用于阻止颗粒物质在测定系统中的累积，延长组件的寿命。滤膜应由与采样气体无反应的材料制成。

D.5.1.7 采样泵

用以提供采样系统动力，并将样气送至分析仪。泵可用任何与样气无反应的材料制成。

D.5.1.8 采样流量控制

采样流量控制阀和转子流量计或等效物，用以在 10%的精度内维持恒定的采样流量。

（注：测定人员可选择一个后压式调节器以维持样气支管在一常压下，用以防止分析仪压力过高及减少对流量调节的需要。）

D.5.1.9 样气分流管

用于转移部分样气至分析仪，并将其余部分送至旁路排放口，样气分流管还应包括直接将标准气体导入分析仪的备件。分流管可用任何与所采样气无反应的材料制成。

D.5.1.10 气体分析仪

连续测定二氧化硫、氮氧化物浓度，所采用方法为国家或行业发布的标准分析方法或《空气和废气监测分析方法》（国家环境保护总局）中所列方法。分析仪应满足 D.4 的使用性能规定。分析仪应附带提供控制流量的手段及测定适当的流量的装置（精密转子流量计、下游的总流量控制用压力计等）。

（注：将分析仪置于一清洁、恒温、防腐环境中，可减少分析仪校准后的漂移。）

D.5.1.11 数据记录仪

长条纸记录仪、模拟计算机或数字记录仪，用以记录测定数据。数据分辨率应为量程的 0.5%；也可选具有量程 0.5%的分辨率的数字或模拟表头，手工记录读数。

D.6 测定系统的性能测试过程

在排放浓度测定之前，完成下列过程。

D.6.1 测定系统准备

按厂家说明书准备和调试分析仪以及所用到的其他系统组件。

D.6.2 分析仪校准误差

D.6.2.1 选用符合本技术规范 8.3.1 要求的标准气体，按 8.2.3 程序导入零气、中浓度和高浓度标准气体至分析仪。在此次检查期间，除了为达到正确的校准气体流量而进行必要的调节外，不做任何调节，记录（表 D.1）每种标准气体的分析仪响应值。

D.6.2.2 若分析仪显示的气体浓度对任何一种标准气体而言超过量程的±2%，则分析仪校准误差检查视为无效。存在无效的校准误差检查，采取修正措施，并重复分析仪的校准误差检查，直至达到可接受的性能指标。

D.6.3 采样系统偏差检验

通过在采样探头出口处安装的校准阀导入标准气体来完成采样系统偏差检查。在中浓度和高浓度标准气体中，选最接近排放浓度的标准气体以及零气依照下列方法进行检查。

D.6.3.1 导入最接近排放浓度的标准气体，在表 D.2 记录分析仪响应值，然后，导入零气，并记录分析仪响应值。也可先通入零气，然后通入标准气体。

在采样系统偏差检查期间，使系统在正常的采样流量下运行。除了为达到适当的校准气体流量而在分析仪上进行必要的调节外，不做任何调节。

检查期间应同时记录响应时间，响应时间不得超过 180s。响应时间检查程序按本技术规范 8.3.3 要求进行。

D.6.3.2 对零气或接近排放浓度的标准气体中的任何一个，若分析仪校准误差检查所显示的值与采样系统偏差检查所显示的值之差超过所选量程的±5%，则采样系统偏差检查应视为无效。若存在无效采样系统偏差检查，采取修正措施，并重复采样系统偏差检查直至达到可接受的性能。若需要调节分析仪，首先重复分析仪的校准误差检查，然后重复采样系统偏差检查。

D.7 排放浓度测定程序

D.7.1 采样断面和采样点位选择

按 GB/T 16157—2001 中要求选取采样断面和采样点位。

D.7.2 样品采集

按采样系统偏差检查中所用的相同流量开始采样，在整个运行期间维持恒流采样（±10%），单次测量值采样时间应大于测定系统 2 倍响应时间。

D.7.3 零点漂移和量程漂移

在每次采样前和采样后进行，在漂移检查完成前，不能对测定系统进行任何调节。在表 D.2 中记录分析仪的响应值。

若零点漂移和量程漂移超过漂移限值，则该次运行被认为无效。在进行重复运行前，重复分析仪校准误差检查程序和采样系统偏差检查程序。

D.8 排放质量浓度计算

按式（D.1）计算排放气体质量浓度。

$$\rho_{gas} = (\overline{\rho} - \rho_0)\frac{\rho_{ma}}{\rho_m - \rho_0} \qquad (D.1)$$

式中：ρ_{gas}——排放气体质量浓度，mg/m^3；

$\overline{\rho}$——由气体分析仪所显示的平均气体质量浓度，mg/m^3；

ρ_0——采样前后零气的系统响应平均值，mg/m^3；

ρ_m——采样前后接近排放浓度的标准气体的系统响应平均值，mg/m^3；

ρ_{ma}——接近实际排放浓度的标准气体质量浓度，mg/m^3。

表 D.1 分析仪校准误差

标准气体生产单位：________________ 量程：________________

测试人：________________ 日期：________________

标准气体	标气值	分析仪的响应值	绝对差	误差（量程百分比）
零气				
中浓度				
高浓度				

表 D.2 采样系统偏差及漂移数据

标准气体生产单位：______________________量程：______________________

测试人：______________________日期：______________________

标准气体	分析仪校准误差响应值	采样前		采样后		漂移
		系统响应	系统的偏差	系统响应	系统的偏差	
零气						
接近实际排放浓度标准气体						

系统的偏差=（系统响应－分析仪响应）/量程×100

附录十二

固定污染源监测质量保证与质量控制技术规范（试行）

1 适用范围

本标准规定了固定污染源废水排放、废气排放手工监测和比对监测过程中采样及测定的质量保证和质量控制的技术要求。

本标准适用于固定污染源废水、废气污染物排放的环境监测工作。

2 规范性引用文件

本标准内容引用了下列文件中的条款，凡是不注日期的引用文件，其有效版本适用于本标准。

GB 8978—1996 污水综合排放标准 GB 12998—91 水质采样技术指导（已由 HJ 494—2009 取代）

GB 16297—1996 大气污染物综合排放标准

GB/T 16157—1996 固定污染源排气中颗粒物测定与气态污染物采样方法

HJ/T 75—2007 固定污染源烟气排放连续监测技术规范（试行）

HJ/T 76—2007 固定污染源烟气排放连续监测系统技术要求及检测方法（试行）

HJ/T 91—2002 地表水和污水监测技术规范

HJ/T 92—2002 水污染物排放总量监测技术规范

HJ/T 355—2007 水污染源在线监测系统运行与考核技术规范（试行）

HJ/T 356—2007 水污染源在线监测系统数据有效性判别技术规范（试行）

《环境监测人员持证上岗考核制度》（环发[2006]114 号）

3 术语和定义

下列术语和定义适用于本标准。

3.1 质量保证

是环境监测过程的全面质量管理，包含了保证环境监测数据准确可靠的全部活动和措施。

3.2 质量控制

指用以满足环境监测质量需求所采取的操作技术和活动。

3.3 比对监测

指为了验证水、气在线自动监测仪监测结果的准确性，采用手工监测方法与在线自动监测仪器法同步监测，用手工监测结果作为验证在线自动监测数据的依据。其手工监测方法应采用国家标准方法或其他现行有效方法。

3.4 现场-实验室质控

指按照固定程序，质控样品与实际样品同步采集、同步分析的过程。其质控结果可以用来判断监测结果误差是否产生于现场采样或是实验室分析环节。

4 废水监测质量保证和质量控制技术要求

4.1 监测人员

监测人员应经培训，并按照《环境监测人员持证上岗考核制度》要求持证上岗。

4.2 监测仪器与设备

4.2.1 仪器与设备的检定和校准

属于国家强制检定的仪器与设备，应依法送检，并在检定合格有效期内使用；属于非强制检定的仪器与设备应按照相关校准规程自行校准或核查，或送有资质的计量检定机构进行校准，校准合格并在有效期内使用。每年应对仪器与设备检定及校准情况进行核查，未按规定检定或校准的仪器与设备不得使用。

4.2.2 仪器与设备的运行和维护

制订仪器与设备年度核查计划，并按计划执行，保证在用仪器与设备运行正常。监测仪器与设备应定期维护保养，应制定仪器与设备管理程序和操作规程，使用时做好仪器与设备使用记录，保证仪器与设备处于完好状态。每台仪器与设备均应有责任人负责日常管理，责任人应有监督仪器与设备使用操作规范性的权力与义务。

4.2.3 质控检查

每季度现场抽查仪器与设备使用情况和使用记录。检查仪器与设备运行状况是否正常，仪器与设备使用是否按操作规程要求执行，检查仪器与设备使用记录是否真实规范。抽查仪器与设备年度核查执行情况，确认仪器与设备核查使用的标准样品有效。仪器与设备年度核查方法应符合相关标准或检验规程的要求。

4.3 工况核查

4.3.1 运行状况核查

运行状况核查时，应记录企业生产情况、污染物治理设施运行情况，其中企业生产情况包括一个季度（月）的生产记录，产品产量，原材料使用量等；污染物治理设施运行情况主要包括现场流量计使用、药剂存贮与使用、板框压滤机的使用、污泥存贮情况及处置记录等。

监测现场记录应由两名或两名以上的监测人员签字确认，必要时还须被监测的企业人员一同签字确认。

4.3.2 能耗核查

4.3.2.1 核查用水量和排水量

核查企业总用水量时，应记录企业一个季度（月）内生产报表、实际生产量和当日生产量。对供水有计量装置的企业，应查看水表或水费单，记录用水量；无计量装置的企业，记录新鲜水水泵流量及水泵运行时间，计算用水量，或采用单位产品水耗计算用水量。当企业实际用水量与提供用水量不符时，应现场核实。

排水量可根据企业废水排放流量计进行核查。若无流量计，可将用水量扣除水量损耗，测算其排水量。

4.3.2.2 核查产量及能耗

记录能源（电、煤、油等）、生产原料消耗情况，记录企业单位产品能耗及产量，核查企业在监测时的生产负荷。工况核查记录可参考附录 A。

4.4 样品采集

4.4.1 监测项目

监测项目执行 GB 8978—1996 及有关行业水污染物排放标准。

4.4.2 采样频次

采样频次按国家有关污染源监测技术规范的规定执行。

4.4.3 采样点位

废水采样点位设在排污单位外排口。原则上外排口应设置在厂界外，如设置于厂界内，溢流口及事故口排水必须能够纳入采样点位排水中有毒有害污染物采样点位应设置在车间排放口。

采样口为多个企业共用时，采样点应设在其他企业排放污水未汇集处。若一个企业有多个排放口，应对多个排放口同时采样并测定流量。

对污染物治理设施或处理单元监测，应在各种污染物治理设施入口和出口设置采样点。若企业存在未经处理直接排放的废水，则应对企业废水处理设施和未经处理的废水混合点进行监测。

采样前应检查并确定采样点的设置是否符合要求，并按 HJ/T 91—2002 中 5.1.2 和 5.1.3 的规定执行采样点登记与管理。

采样记录中应详细记录采样点位具体位置，绘制采样点位图，采样记录可参见附录 A 中相关表格。

4.4.4 采样断面及位置

水深大于 1 m 时，应在表层下 1/4 深度处采样；水深小于或等于 1 m 时，应在水深的 1/2 处采样，采样位置应靠近采样断面的中心并符合 HJ/T 92—2002 中 6.3.2 的要求。

4.4.5 采样器具

4.4.5.1 采样器具的要求

采样器具应能够标记采样深度，材质和结构应符合 GB 12998—91 的规定。

4.4.5.2 采样器具的清洗

采样器具的清洗按 HJ/T 91—2002 中 4.2.3.1 的要求执行。

4.4.5.3 采样瓶抽检

采样人员定期抽检采样瓶并记录，质控人员随机核查。每批已清洗的采样瓶抽取 3%，检测其待测项目（不包括溶解氧、生化需氧量、细菌等特殊项目）能否检出。若检出，可根据该项目分析精度要求确定是否合格。一旦发现不合格采样瓶，应立即对采样瓶来源及清洗状况进行调查，找出原因，给予纠正。

4.4.6 样品采集、保存、运输和记录

样品采集、保存、运输和记录应符合 HJ/T 91—2002 中 5.2.2 和 5.2.3 的规定。采样现场质量保证措施应符合 HJ/T 92—2002 中 9.2 的要求。样品采集记录可参考附录 A。

4.5 分析实验室的基础条件

分析实验室的基础条件应符合 HJ/T 91—2002 中 11.5 的规定，同一实验房间内不得安排相互影响的监测项目。

4.6 实验室分析质量控制

4.6.1 分析测试

4.6.1.1 分析方法

分析方法按 GB 8978—1996 和有关行业排放标准的规定执行。若监测项目的分析方法未在上述标准中作出规定，其分析测试方法可参见 HJ/T 91—2002 中 6.2。开展新的分析项目和分析方法时，应对该项目的分析方法进行适用性检验，了解和掌握分析方法的原理和条件。

4.6.1.2 稀释操作

当样品浓度超过检测上限并需要稀释时，宜移取 10.00 ml（包含 10.00 ml）以上样品进行稀释，并尽可能一次完成。对于必须逐级稀释的高浓度样品，应在稀释前制定逐级稀释操作方案。

4.6.2 实验室内质量控制

4.6.2.1 全程序空白

每批次监测样品应做全程序空白样品，以判断分析结果的准确性。可根据分析方法的需要，在分析结果中扣除全程序空白值对监测结果进行修正。全程序空白值的测定方法见 HJ/T 91—2002 中 11.6.1.1 的规定。

4.6.2.2 精密度控制

采用平行样测定结果判定分析的精密度时，每批次监测应采集不少于 10%的平行样，样品数量少于 10 个时，至少做 1 份样品的平行样。若测定平行双样的相对偏差在允许范围内，最终结果以双样测定值的平均值报出；若测试结果超出规定允许偏差的范围，在样品允许保存期内，再加测一次，监测结果取相对偏差符合质控指标的两个监测值的平均值。否则该批次监测数据失控，应予以重测。部分项目控制要求见表 1。

相对偏差按（1）、（2）公式计算：

$$\text{相对偏差（\%）}=\frac{x_i-\overline{x}}{\overline{x}}\times 100\% \tag{1}$$

$$\overline{x}=\sum_{i=1}^{n}x_i/n \tag{2}$$

式中：x_i——第 i 次测量值；

$\overline{x}$——n 次测量平均值；

n——测量次数。

表 1 废水监测部分项目精密度控制指标

项目	样品含量范围/（mg/L）	允许相对偏差/%
化学需氧量	5～50	≤20
	50～100	≤15
	＞100	≤10
氨氮	0.02～0.1	≤20
	0.1～1.0	≤15
	＞1.0	≤10
总氮	0.025～1.0	≤10
	＞1.0	≤5

项目	样品含量范围/（mg/L）	允许相对偏差/%
总氰化物	≤0.05	≤20
	0.05～0.5	≤15
	＞0.5	≤10
六价铬总铬	≤0.01	≤15
	0.01～1.0	≤10
	＞1.0	≤5
总铅 总铜 总锌 总锰	≤0.05	≤30
	0.05～1.0	≤25
	＞1.0	≤15
总镉	≤0.005	≤20
	0.005～0.1	≤15
	＞0.1	≤10
总砷	＜0.05	≤20
	＞0.05	≤10
总汞	≤0.001	≤30
	0.001～0.005	≤20
	＞0.005	≤15
总磷 磷酸盐	≤0.025	≤25
	0.025～0.6	≤10
	＞0.6	≤5
挥发酚	≤0.05	≤25
	0.05～1.0	≤15
	＞1.0	≤10
阴离子表面活性剂	≤0.2	≤25
	0.2～0.5	≤20
	＞0.5	≤20
硝酸盐氮	＜0.5	≤25
	0.5～4	≤20
	＞4	≤15
五日生化需氧量	＜3	≤25
	3～100	≤20
	＞100	≤15
有机磷农药类	—	≤20
苯系物	—	≤20
挥发性卤代烃	—	≤20
氯苯类	—	≤20
硝基苯类	—	≤30
酚类	—	≤50
酞酸酯类	—	≤30
多环芳烃	—	≤30

4.6.2.3 准确度控制

实验室分析准确度可采用分析标准样品、自配标准溶液或实验室内加标回收中的任意一种方法来控制。

在对每批次样品进行分析时，需对一个已知浓度的标准样品或自配标准溶液进行同步测定，若标准样品测试结果超出保证值范围，或自配标准溶液分析结果相对误差超出

±10%，应查找原因，予以纠正。部分项目加标回收率控制要求见表 2。

表 2 废水监测部分项目加标回收率范围控制指标

项目	样品含量范围/（mg/L）	加标回收率/%
氨氮	0.02～0.1	90～110
	0.1～1.0	90～105
	＞1.0	90～105
总氮	0.025～1.0	90～110
	＞1.0	95～105
总氰化物	≤0.05	85～115
	0.05～0.5	90～110
	＞0.5	90～110
六价铬 总铬	≤0.01	85～115
	0.01～1.0	90～110
	＞1.0	90～110
总铅 总铜 总锌 总锰	≤0.05	80～120
	0.05～1.0	85～115
	＞1.0	90～110
总镉	≤0.005	85～115
	0.005～0.1	90～110
	＞0.1	90～110
总砷	＜0.05	85～115
	＞0.05	90～110
总汞	≤0.001	85～115
	0.001～0.005	90～110
	＞0.005	90～110
总磷 磷酸盐	≤0.025	85～115
	0.025～0.6	90～110
	＞0.6	90～110
挥发酚	≤0.05	85～115
	0.05～1.0	90～110
	＞1.0	90～110
阴离子表面活性剂	≤0.2	80～120
	0.2～0.5	85～115
	＞0.5	85～110
硝酸盐氮	＜0.5	85～115
	0.5～4	90～110
	＞4	95～110
有机磷农药类	—	70～130
苯系物（非顶空法）	—	80～120
挥发性卤代烃（非顶空法）	—	80～120
氯苯类（非顶空法）	—	75～130
硝基苯类	—	30～120
酚类（色谱法）	—	10～120
酞酸酯类	—	70～120
多环芳烃	—	30～130

4.6.2.4 现场-实验室质控

4.6.2.4.1 实施条件

仲裁监测或重大项目验收监测，可采取本条（4.6.2.4）规定的控制方法。

4.6.2.4.2 现场工作

每一批次样品采集一个现场-实验室质控样品进行质控核查。在同一采样点上采集平行样，记为 A 样。同时按照样品采集操作程序，将实验室所用纯水采入空的样品容器中，用作现场空白样，记为 B 样。

将 A 样分为 A_1 和 A_2 两份子样，再将 A_1 样分成两份，其中一份加入一定浓度待测物的标准溶液制成 $A_{1\,标现}$，另一份带回实验室做相同处理，制成实验室加标样 $A_{1\,标实}$。保留 A_2 样。

将 B 样分为三份，一份现场加标制成样品 $B_{标现}$，一份实验室加标制成样品 $B_{标实}$，另保留 B 样一份。

4.6.2.4.3 实验室工作

测定实验室空白及标准样品，所得结果应符合实验室内常规质量控制指标要求，证明实验室测试处于受控状态。

测定 B、$B_{标现}$与 $B_{标实}$。如果 $B_{标现}$回收率失控，而 $B_{标实}$回收率合格，则误差产生于样品运交实验室前；若 $B_{标实}$回收率失控，而 $B_{标现}$回收率合格，证明在实验室内制作加标样品 $B_{标实}$时产生误差。

测定 A_2、$A_{1\,标实}$、$A_{1\,标现}$样品。如果 $A_{标现}$回收率失控，而 $A_{标实}$回收率合格，则误差产生于样品运交实验室前；若 $A_{标实}$回收率失控，而 $A_{标现}$回收率合格，证明在实验室内制作加标样品 $A_{标实}$时产生误差。

4.6.2.5 有机分析质控要求

4.6.2.5.1 分析方法

国内无适合的标准分析方法时，可参考采用国外等效方法。采用国外等效分析方法时，须严格执行方法中质控要求。

4.6.2.5.2 分析仪器性能校准

对分析仪器按规定的方法进行校准。仪器校准应在分析当天或按仪器要求执行。质谱仪校准内容包括质量数、离子丰度等。

4.6.2.5.3 标准曲线核查

样品分析当天或仪器每运行 12 h，应用标准溶液对标准曲线进行核查。通常情况下，若标准溶液的分析结果与标准值相对误差不超过 20%，原标准曲线可继续使用；若分析方法中对标准曲线核查有明确要求，则按方法要求执行。发现标准曲线失控，应立即重新绘制曲线。

4.6.3 实验室间质量控制

实验室间质量控制可采取密码样考核、能力验证等方式实施，每年应至少进行一次。质量控制记录可参考附录 A。

4.7 标准样品、化学试剂与试液

监测过程中使用的环境标准样品、化学试剂和试液应是具有研究和生产能力的单位或机构生产，并经国家行政管理部门批准的有效产品。

4.8 总量测量

监测废水总量时，应在采样同时测定废水流量及废水平均浓度，监测方法按 HJ/T 92—

2002 的要求执行。

4.9 监测报告

监测报告应执行三级审核制度。审核范围应包括样品采集、交接、实验室分析原始记录、数据报表等。原始记录中应包括质控措施的记录。质控样品测试结果合格，质控核查结果无误，监测报告方可通过审核。

4.10 废水在线监测系统比对监测质量保证和质量控制技术要求

4.10.1 比对监测条件

在线自动监测仪器应通过获得国家环境保护总局检测资质认可的检测机构适用性检测，其设备运行应满足 HJ/T 355—2007 中的相关要求。

4.10.2 比对监测质控基本要求

4.10.2.1 比对监测数据对

每次监测时，手工监测与在线监测数据对不少于 3 对。

4.10.2.2 采样点位

比对监测与在线连续监测采样时间及采样点位置应保证一致，比对监测过程中应尽可能保证比对样品均匀一致。

4.10.2.3 样品分析

比对监测实验室分析样品应在 HJ/T 91—2002 要求的样品保质期内完成测定，实验室质控要求见本标准 4.6 的规定。

4.10.2.4 数据质量、数据有效性和缺失数据处理

比对监测数据质量、数据有效性和缺失数据处理按 HJ/T 356—2007 中第 4 章、第 6 章和第 7 章的规定执行。

5 废气监测质量保证和质量控制技术要求

5.1 监测人员

按本标准 4.1 的要求执行。

5.2 监测仪器与设备

5.2.1 仪器与设备的检定和校准

除执行本标准 4.2 要求外，还应符合以下要求：

GB/T 16157—1996 中 12.2 规定的仪器与设备，应依据标准至少半年自行校准一次。定电位电解法烟气（SO_2、NO_x、CO）测定仪应在每次使用前校准。采用仪器量程 20%～30%、50%～60%、80%～90%处浓度或与待测物相近浓度的标准气体校准，若仪器示值偏差不高于±5%，测定仪可以使用。

至少每季度对测氧仪校准一次，采用高纯氮校正其零点。用纯净空气调整测氧仪示值，在标准大气压下其示值为 20.9%。

定电位电解法烟气测定仪和测氧仪的电化学传感器寿命一般为 1～2 年，到期后应及时更换。在有效使用期内若发现传感器性能明显下降或已失效，须及时更换传感器，更换后测定仪应重新检定后方可使用。

5.2.2 仪器与设备的运行和维护

采样仪器与设备须有专人管理及维护，每次使用后应对仪器与设备全面检查，清洁

或修理。对于失效的消耗品（如干燥剂）及时更换，清洁仪器，检查电源及接线，发现破损及时修补。每次采样结束后，将采样器接通电源，通干燥清洁空气 15 min，去除采样路径中可能存在的含湿废气。

每台仪器与设备应备有专门的使用维护记录，记录要全面，应包含仪器与设备检定、校准、使用、维护等相关信息。

5.2.3 质量检验

对微压计、皮托管和烟气采样系统进行气密性检验，检查漏气的方法按照 GB/T 16157—1996《固定污染源排气中颗粒物测定与气态污染物采样方法》中 5.2.2.3 的规定执行。当系统漏气时，应再分段检查、堵漏或重新安装采样系统，直到检验合格。

气态污染物采样前，确认采样管材质及滤料不吸收且不与待测污染物起化学反应，不被排气成分腐蚀，并能耐受高温排气。

采样前检查仪器与设备预处理装置（除湿剂、气液分离装置、滤纸或滤膜）是否有效。各连接管不可存在折点或堵塞。

吸收瓶应严密不漏气，多孔筛板吸收瓶发泡要均匀，在流量为 0.5 L/min 时，其阻力应在 5±0.7kPa。

5.3 工况核查

5.3.1 核定风量

核定风量时，应在采样同时记录鼓风机和引风机的风压、风量等信息。初步核算实测风量与风机额定风量的合理性，若存在不合理情况（如实测风量大于风机额定风量），应立即现场核实。

5.3.2 核定二氧化硫排放量监测二氧化硫时，可通过核算燃料含硫量，初步核定二氧化硫排放浓度。应现场向被测单位索要入炉煤质检验数据报告，根据煤质含硫量核算二氧化硫实测浓度与物料平衡测算浓度的符合度；如需自测煤质含硫量，应采集现场入炉混合煤样，检测煤质含硫量，核算二氧化硫实测浓度与物料平衡测算浓度的符合度。若两者相差大于±50%，应立即查找原因，必要时重新监测或增加抽测频次。现场测算时，脱硫效率按设计量和生产工艺取值。

二氧化硫测算可参考公式（3）、（4）

燃煤二氧化硫排放量（t）=1.6×燃煤量（t）×全硫分%×（1－脱硫效率%）　（3）

燃油二氧化硫排放量（t）=2.0×燃油量（t）×全硫分%×（1－脱硫效率%）　（4）

燃气二氧化硫排放量：燃烧 100 万 m^3 燃气约产生 630 kg 二氧化硫

5.3.3 核定烟尘排放量

核定烟尘排放量时，应在现场调查企业燃料类型、除尘器设计除尘效率等参数，测算排放的烟尘量。若实测烟尘量与测算烟尘量相差大于±50%，应立即查找原因，必要时重新监测或增加抽测频次。烟尘排放量可参照公式（5）计算。

烟尘排放量（kg）=煤（油）消耗量（t）×烟尘排放系数（kg/t）×（1－除尘效率%）　（5）

普通工业锅炉的烟尘排放参考系数见表 3。

表 3 普通工业锅炉的烟尘排放参考系数

燃料种类	参考系数	煤型	参考系数	煤型	参考系数
抚顺煤	73.29	阜新煤	69.43	本溪煤	66.86
烟台煤	79.71	辽源煤	81.50	通化煤	91.29
铁法煤	73.93	南票煤	90.00	沈北煤	87.43
舒兰煤	101.6	蛟河煤	11.19	延边煤	10.6
鸡西煤	75.86	双鸭山煤	63.00	开滦煤	93.86
包头西山煤	61.71	大同煤	25.71	阳泉煤	74.57
原油	0.56	重油	1.60	—	—

5.3.4 核定工业粉尘排放量

核算粉尘排放量时，有净化处理装置的计算去除量，否则全部为排放量。若实测粉尘量与测算烟粉量相差大于±50%，应立即查找原因，必要时重新监测或增加抽测频次。工业粉尘排放量可参考公式（6）、（7）计算。

工业粉尘去除量（kg）=工业产品年产量（t）×系数（kg/t）×去除效率%　（6）

工业粉尘排放量（kg）=工业产品年产量（t）×系数（kg/t）×（1－去除效率%）　（7）

计算粉尘排放量时，可参考表 4 系数：

表 4 工业粉尘排放参考系数

工艺类型	参考系数	工艺类型	参考系数	工艺类型	参考系数
焦炭	1.4～5.0	铁精矿烧结	4～20	旋转窑	100
高炉生铁	50～100	铅鼓风炉熔炼	33～35	水泥	50～100
竖窑	10	冲天炉生铁铸造	8.9～10	石棉	40～80

注：水泥行业因生产窑和除尘器不同，烟尘排放系数差异较大：竖窑与布袋除尘法参考系数取上限值；横窑和静电除尘法参考系数取下限值；竖窑与静电除尘法或横窑与布袋除尘法参考系数取中值。

5.3.5 核定氮氧化物排放量

核定氮氧化物排放量时，可现场测算氮氧化物排放量，与实测氮氧化物浓度对比，若两者相差大于±50%，应立即现场复核，查找原因。燃料燃烧过程中氮氧化物排放量可参考公式（8）计算。

氮氧化物排放量（kg）=燃料消耗量（t）×排放系数（kg/t）　（8）

计算燃烧过程中氮氧化物排放量时，可参考表 5 系数。

表 5 燃烧过程中氮氧化物排放参考系数

燃料种类	参考系数	燃料种类	参考系数	燃料种类	参考系数
煤	10.1	焦炭	9.0	原油	5.0
汽油	16.7	煤油	7.46	柴油	9.62
燃料油	5.84	天然气（kg/万 m^3）	20.85	煤气（kg/万 m^3）	9.5

生产工艺过程产生的氮氧化物排放量可按公式（9）计算。

生产工艺过程中氮氧化物排放量（kg）=工业产品年产量（t）×排放系数（kg/t）　（9）

计算工艺过程中氮氧化物排放量时，可参考表 6 中参考系数。

表6　生产工艺过程中氮氧化物排放参考系数

工艺类型	参考系数	工艺类型	参考系数	工艺类型	参考系数
铁合金	0.05	轧钢	0.04	制浆与造纸	1.5
炭黑	0.4	生铁出渣	0.076	—	—

5.3.6 燃煤量测算

测算燃煤量消耗时，应现场向被测单位索要入炉煤质检验数据报告，根据煤质热值及锅炉蒸发量（吨位），测算单位小时燃煤量；如需自测煤质热值，应采集现场入炉混合煤样，检测煤质热值。若实际燃煤量与测算量相差超过±25%，应再次核实现场工况，必要时重新监测或增加抽测频次。煤质热值测试结果确定的工况可作为工况系数的参考依据。测算方法可参考附录 B。

5.3.7 热工仪表核查

记录锅炉热工仪表输入及输出量，通过热水量及热水升高温度计算热耗量，测算实际生产负荷。与测试要求负荷比较，若存在较大差异（超过±25%），不能达到测试工况要求时，应立即现场核查，予以纠正。热工仪表核查确定的工况可作为工况系数的参考依据。测算方法可参考附录 B。

5.3.8 非燃烧工艺工况核查

非燃烧工艺工业生产可通过实际生产原材料的消耗、产品产量与相关的设计指标进行比较，计算其生产负荷。

工况核查记录可参考附录 A。

5.4 样品采集

5.4.1 监测项目

监测项目执行 GB 16297—1996 及有关行业大气污染物排放标准。

5.4.2 采样点位

采样位置和采样点的设置按 GB/T 16157—1996 中 4.2 的规定执行。

5.4.3 采样频次和采样时间

采样频次和采样时间按国家有关污染源监测技术规范的规定执行。

5.4.4 采样方法

采样方法按 GB/T 16157—1996 的规定执行。

5.4.5 采样质量控制

5.4.5.1 排气参数的测定过程

排气参数测定和样品采集之前，应对采样系统的密封性进行检测。采样系统密封性的技术参数应符合仪器说明书中的要求。

温度测量时，监测点尽量位于烟道中心。温度计最小刻度应至少为 1℃，实测温度应在全量程 10%～90%的范围内。

用奥氏气体分析仪测定烟气成分时，应按 CO_2、O_2、CO 的顺序进行测定，不得反向操作，并及时记录操作程序。

排气压力测定时，应先调节零点，进行气密性复查，S 型皮托管的全压孔要正对气流方向，偏差不得超过 10°。

5.4.5.2 颗粒物的采样

颗粒物的采样原则上采用等速采样方法。现场监测的流量、断面、压力等数据应与生产设备的实际情况进行核实。当监测断面不规范时，可根据断面实际情况按照布点要求适当增加监测点位数量。采样过程跟踪率要求达到 1.0±0.1，否则应重新采样。

采用固定流量采样时，应随时检查流量，发现偏离应及时调整。采样后应重复测定废气流速，当采样前后流速变化大于±20%时，应重新采样。

5.4.5.3 气态污染物的采样

除执行 5.4.5.2 要求外，还应达到以下要求。气态污染物采样时，应根据被测成分的状态及特性选择冷却、加热、保温措施，并按照分析方法中规定的最低检出浓度选择合适的采样体积。使用吸收瓶或吸附管系统采样时，吸收或吸附装置应尽可能靠近采样管出口，并采用多级吸收或吸附。当末级吸收或吸附检测结果大于吸收或吸附总量 10%时，应重新设定采样参数进行监测。

当采样管道为负压时，不可用带有转子流量计的采样器采样。测定去除效率时，处理设施前后应同时采样。不能同时采样时，各运行参数及工况控制误差均不得大于±5%。现场直接定量测试的仪器应注意零点变化，测试前后应测量零点，当零点发生漂移大于仪器规定指标时，需重新测定。

5.4.5.4 吸收瓶抽检

使用吸收液采集气态污染物时，应定期对吸收瓶抽检。每批已清洗的吸收瓶抽取 5%检测其待测物质，若检出，可根据该项目分析精度要求确定吸收瓶是否合格。一旦发现不合格吸收瓶，应立即对吸收瓶来源及清洗状况进行调查，找出原因，给予纠正。质控记录可参考附录 A。

5.4.6 采样记录

采样记录应全面、详细，可参考附录 A。

5.5 实验室分析质量控制

实验室分析用的各种试剂和纯水的质量应符合分析方法的要求。监测样品应及时分析，否则必须按监测项目的要求保存，并在规定的期限内分析完毕。每批样品应至少做一个全程空白样，实验室内应进行质控样品的测定。

5.6 标准样品、化学试剂与试液

按本标准 4.7 的规定执行。

5.7 监测报告

按本标准 4.9 的规定执行。

5.8 烟气在线监测系统比对监测质量保证和质量控制技术要求

5.8.1 比对监测条件

在线自动监测仪器设备运行应满足 HJ/T 75－2007 和 HJ/T 76－2007 的相关要求。

5.8.2 比对监测质控基本要求

5.8.2.1 比对监测数据对

每次手工监测和在线监测比对监测数据：气态污染物对不少于 6 对，颗粒物、流速、烟温等样品不少于 3 对。

5.8.2.2 采样点位

比对监测采样点位应尽可能与自动在线监测设备保证一致，手工采样位置应满足 HJ/T 75—2007 中第 6 章规定。

5.8.2.3 样品分析

样品分析应满足分析方法的质量保证与质量控制的要求。

5.8.2.4 数据质量要求

气态污染物比对监测结果判定时，应用至少 6 个数据的手工测试平均值与同时段烟气自动在线监测仪器的分钟平均值进行准确度计算，计算方法参见 HJ/T 75—2007 附录 A 中公式（21）～公式（26）。颗粒物、流速、烟温等样品比对数量至少 3 对（指代表整个烟道断面的平均值），比对监测结果应满足 HJ/T 75—2007 中 7.4 的要求。

附录 A（资料性附录）

固定污染源监测质量保证与质量控制记录

________________企业废水采样记录

样品编号	采样口名称	采样项目	断面面积/m^2	流速/（m/s）	采样点水深	采样断面类型（或形状）	采样时间	样品气味	样品颜色	固定剂	原水样 pH 值	加固定剂后 pH 值

采样点位置：（文字描述）	采样点位置图：

注：采样断面类型包括排水井、排水明渠、暗渠、集水区等；采样断面形状指圆形、矩形、梯形等。

采样人：　　　　企业接待人员：　　　　校核人：

________企业________排口废水监测现场工况

项目	现场情况	情况说明
企业类型	企业排放废水类型	
排污管线	排污口位置图	
	采样点是否在渠道较直，水量稳定，上游无污水汇入处	
	若不符合上述要求，请说明布点位置及理由	
	采样口是否为多企业共用一个排口或一个企业多个排口中之一	
	若存在上述情况，说明实际采样点位置及设置理由	
采样频次设定	采样频次测定是否符合企业废水排放规律	
	企业排放规律	
流量测量	企业废水排放流量-时间属于哪种类型	波动较小　波动有规律　波动无规律
	采用测量方法	
治理设施运行	治理设施是否运行	
	运行记录是否全面	
	运行状况是否良好	
生产负荷	调查企业生产报表及生产记录，测算生产负荷	
	监测时实际生产负荷	
	是否相符，若不相符，说明现场核实结果	
	企业用水量与排水量是否相符	
	若不相符，说明现场核实结果	

记录人：　　　　　　　　校核人：　　　　　　　　日期：

____________企业____________排口水质监测质控记录

项目	质控内容	质控结果	确认人
采样瓶	抽检时间		
	抽检数量		
	是否存在检出		
	若存在检出，处理办法及结果		
平行样	平行样数量		
	是否达到 10%		
	平行结果合格率		
	出现问题的纠正措施		
全程序空白样品	全程序空白样品数量		
	全程序空白样品检测结果是否异常		
	若存在异常，说明解决办法		
样品运送及保存	采样瓶材质		
	样品是否加固定剂		
	样品是否冷藏保存		
	样品采集至分析的保存时间		
	采样瓶抽检结果		

监测人员：　　　　检查人员：　　　　日期：

________企业废气化学法采样记录

监测的仪器设备名称及编号：

样品编号	项目名称	采样时间	采样点位	流量/（L/min）	气温/℃	废气温度/℃	气压/kPa	风向	吸收液体积/ml
原材料消耗					生产负荷				

采样点位置：（文字描述）

采样点位置图：

采样人：　　　　企业接待人：　　　　校核人：

________企业________排放烟气监测现场工况

项目	现场情况	情况说明
企业类型	企业产生及排放废气设施类型	
采样点位置	采样点位置图（可附）	
	采样点设置是否符合要求	
	若采样环境不符合要求，实际采样点位设置及理由	
	采样口大小	
采样频次	采样频次	
	采样频次是否与废气排放规律相符合	
	若不符合请说明理由	
	样品采集时间及平行测定次数	
流量测量	测量点数量	
	测量点位置	
	布点是否符合技术规范要求	
	若不符合请说明布点理由	
生产负荷	企业生产负荷是否与正常生产相同（工业炉窑生产负荷是否在最大热负荷状态）	
	若监测时生产负荷与正常生产负荷不同,说明实施措施	
脱硫效率	湿法脱硫时，洗涤剂的 pH 值是否为碱性	
测算	风机风量数值与实测风量是否一致，若不一致说明核查结果	
	二氧化硫及氮氧化物预算量与实测量是否一致，若不一致说明核查结果	
	耗煤量测算与实际是否一致，若不一致说明核查结果	
	热能（热工仪表）测算与实际是否一致，若不一致说明核查结果	

记录人：　　　　校核人：　　　　日期：

烟气监测质控记录

项目	质控要求	结果	确认人
采样装置	采用哪种采样装置		
	是否有除湿除酸装置		
	采集高温高压气体时采样管外是配置加温保暖装置		
	导管是否选用优质硅胶管		
	测量排气水分时，采样管前是否装有颗粒物过滤装置		
采样口	采样前是否清理采样口		
	检测采样孔是否漏气		
	不监测时采样口是否封闭		
采样	用烟尘测试仪测试时，采样管口是否避开涡流区		
	化学法采样时是否倒吸		
	化学法采样期间校核流量次数		
	采集平行样数量		
监测仪器	仪器使用前是否用流量校准仪进行校准		
	使用烟尘测试仪测试,是否按要求对传感器进行校准		
	使用烟尘测试仪后是否对仪器进行保养及维护		
	保养方法		

监测人员： 检查人员： 日期：

附录 B（资料性附录）

锅炉运行负荷核查方法

B.1 蒸汽锅炉

B.1.1 蒸汽锅炉负荷

蒸汽锅炉的负荷，是指锅炉的蒸发量，即锅炉在单位时间内能产生多少重量的蒸汽，单位为 t/h。

B.1.2 蒸汽流量表法

在吨位较大的锅炉上，一般都配有蒸汽流量表，通过流量表便可以直接计算出锅炉每小时产汽量。测试前应校准流量表。

B.1.3 量水箱法

对于吨位小的锅炉常用量水箱法计算锅炉运行负荷。该法是利用测量水箱中的水位变化计算出锅炉的给水量，折算出锅炉的蒸发量。

给水量按公式 B（1）计算

$$给水量（t）=水位差（m）\times 水箱面积（m^2）\times 水密度（t/m^3） \qquad B（1）$$

一般应用两只水箱，一只为量水箱，一只为耗水箱。量水箱应位于耗水箱的上面，其容积应不小于 0.5m³，耗水箱容积应比量水箱稍大一些。水箱装好后应校准量水箱，校准方法可用重量法。量水箱的进水管和出水管口径不能太小，以保证放满和排空所需的时间比耗水箱所需要的时间小。用此法记录水量时供水管路和水泵不能漏水，如发现漏水，必须及时检修，修好后方可使用。

B.1.4 水表法

锅炉给水量的测定亦可用水表法，常用自来水水表。由于锅炉给水往往是间断的，加之水表本身也有较大的误差，这些会影响测量结果的精度。为了准确地测量出给水量，可连续几小时记录水表读数，然后算出平均每小时给水量，最后确定出锅炉的蒸发量。在用水表法测定锅炉蒸发量时，锅炉绝对不允许排污，连续排污也要停止。

B.2 热水锅炉

热水锅炉的负荷指锅炉单位时间内产生多少热量，单位为 MJ/h。

旧制单位为 kcal/h，1 kcal=4.186kJ。旧制 60×10^4 kcal/h 相当于 1 t/h 的蒸汽，换算成法定计量单位 MW（兆瓦），相当于 0.7 MW。计算方法见下式：

$$60\times10^4\ \text{kcal/h}\times4.186\ \text{kJ/kcal}=2\ 512\ \text{MJ/h}$$

$$\frac{2\ 512\ \text{MJ}}{3\ 600\ \text{s}}=0.697\ 8\ \text{MJ/s}\approx0.7\ \text{MW}$$

热水锅炉负荷按公式 B（2）计算：

$$Q=\frac{G(i_c-i_j)\times 10^{-3}}{3\,600} \qquad B（2）$$

式中：Q——热水锅炉的运行负荷，MW；

G——循环水量，kg/h；

i_c——出水热焓，kJ/kg，需查阅饱和水和饱和蒸汽热焓值；

i_j——回水热焓，kJ/kg，需查阅饱和水和饱和蒸汽热焓值。

根据水的热力学性质，在常用温度范围内，（i_c-i_j）值与[4.186×（t_c-t_j）]值的误差在 0.1% 范围内，因此在查找饱和水和饱和蒸汽热焓值有困难时，热水锅炉的运行负荷，亦可按公式 B（3）计算：

$$Q=\frac{4.186\times G\times(t_c-t_i)}{3\,600} \qquad B（3）$$

式中：t_c——锅炉出水温度，℃；

t_i——锅炉回水温度，℃。

可见只要掌握 G、t_c、t_i 三项参数，即可计算出热水锅炉的发热量，三项参数的测量方法如下：

a）循环水量

在回水管上安一块热水流量表，较大吨位的锅炉有的本身就带有流量表。如条件允许，亦可用超声波流量计计量循环水量。

b）出水和回水温度

在出水管和回水管上分别装上较精密的带套管的温度计，定期记录出水和回水温度，算出平均温度。

B.3 运行负荷的间接控制法

前两章介绍的均为直接控制法。若条件不具备时，亦可用间接控制法即燃煤量控制法。首先确定出额定负荷下锅炉燃煤量 B_0，再根据锅炉的实际燃煤量 B，便可估算出锅炉负荷率，可按公式 B（4）计算：

$$E=\frac{B}{B_0}\times 100\% \qquad B（4）$$

式中：E——锅炉负荷率，%；

B——锅炉实际燃煤量，kg/h；

B_0——额定负荷下锅炉燃煤量，kg/h。

额定负荷下燃煤量可用下述两种方法计算：

a. 通过蒸汽和水在不同温度、压力下的热焓计算额定负荷下的燃煤量。

于蒸汽锅炉按公式 B（5）计算：

$$B_0=\frac{D(i''-i'-\frac{rW}{100})}{Q_L\times\eta_z}或B_0=\frac{D(i''-i')}{Q_L-\eta_z} \qquad B（5）$$

对于热水锅炉按公式 B（6）计算：

$$B_0 = \frac{G(i_c - i_j)}{Q_L - \eta_w} \qquad \text{B（6）}$$

式中：D——锅炉额定蒸发量，kg/h；

i''——蒸汽锅炉在某绝对工作压力下的饱和蒸汽热焓，kJ/kg，需查阅饱和水和饱和蒸汽焓；

i'——给水热焓，kJ/kg，需查阅饱和水和饱和蒸汽焓；

Q_L——燃料低位发热值，kJ/kg；

η_z——蒸汽锅炉热效率，%，取 60%～70%；

η_w——热水锅炉热效率，%，取 60%～70%；

r——汽化潜热，kJ/kg，需查阅汽化潜热值；

W——蒸汽湿度，%。

b. 根据额定负荷下的有效利用热，求额定负荷下的燃煤量，按公式 B（7）计算：

$$B_0 = \frac{Q_0}{Q_L \times \eta} \qquad \text{B（7）}$$

式中：Q_0——额定负荷下的有效利用热，kJ/h。

（1）对于蒸汽锅炉 Q_0 按每 kg 蒸汽需要 2 512 kJ 的热量计算，如计算 2 t/h 锅炉的 Q_0：

$$Q_0=2\ 512\times 2\ 000=5\ 024\times 10^3\ \text{kJ/h}$$

（2）对于热水锅炉 Q_0 按每 MW 需要 36×10^5 kJ/h 热量，如计算 0.7 MW 的锅炉在额定负荷下的发热量 Q_0：

$$Q_0=36\times 10^5\times 0.7=25.2\times 10^5\ \text{kJ/h}$$

附录十三

污染源在线自动监控（监测）系统数据传输标准

HJ/T 212—2005

1 适用范围

本标准适用于污染源在线自动监控（监测）系统自动监控设备和监控中心之间的数据交换传输。本标准规定了数据传输的过程及系统对参数命令、交互命令、数据命令和控制命令的数据格式和代码定义，本标准不限制系统扩展其他的信息内容，在扩展内容时不得与本标准中所使用或保留的控制命令相冲突。

根据通信技术的发展，本标准将适时修订。

2 规范性引用文件

以下标准和规范所含条文，在本标准中被引用即构成本标准的条文，与本标准同效。

GB/T16706—1996	环境污染源类别代码
YD/T 1093—2000	900/1800MHz TDMA 数字蜂窝移动通信网通用分组无线业务（GPRS）隧道协议技术规范
YD/T 1323—2004	接入网技术要求——非对称数字用户环路（ADSL）
YD/T 1334—2004	800MHz CDMA 数字蜂窝移动通信网无线智能网（WIN）阶段 2：智能外设（IP）设备技术要求
EIA RS—232C	数据终端设备与使用串行二进制数据进行交换的数据通信设备之间的接口

3 术语

3.1 污染源在线自动监控（监测）系统

由对污染源主要污染物排放实施在线自动监控（监测）的自动监控监测仪器设备和监控中心组成，本标准中简称系统。

3.2 监控中心

安装在各级环保部门，有权限通过传输线路与自动监控设备连接，对其发出查询和控制等本标准规定指令的数据接收和数据处理系统，包括计算机信息终端设备及计算机软件等。本标准中简称上位机。

3.3 自动监控设备

安装在污染源排放口现场，用于监控、监测污染源排污状况及完成与上位机的数据通信传输的单台或多台设备及设施，包括污染物排放监控（监测）仪器、流量（速）计、污染治理设施运行记录仪和数据采集传输仪等，是污染防治设施的组成部分。本标准中简称现场机。

3.4 数据采集传输仪

采集各种类型监控仪器仪表的数据、完成数据存储及与上位机数据通信传输功能的单片机、工控机、嵌入式计算机、嵌入式可编程自动控制器（PAC）或可编程控制器等。

4 系统结构

污染源自动监控系统从底层逐级向上可分为现场机、传输网络和上位机三个层次。上位机通过传输网络与现场机交换数据、发起和应答指令。

自动监控设备有两种构成方式：

（1）一台（套）现场机集自动监控（监测）、存储和通信传输功能为一体，可直接通过传输网络与上位机相互作用。

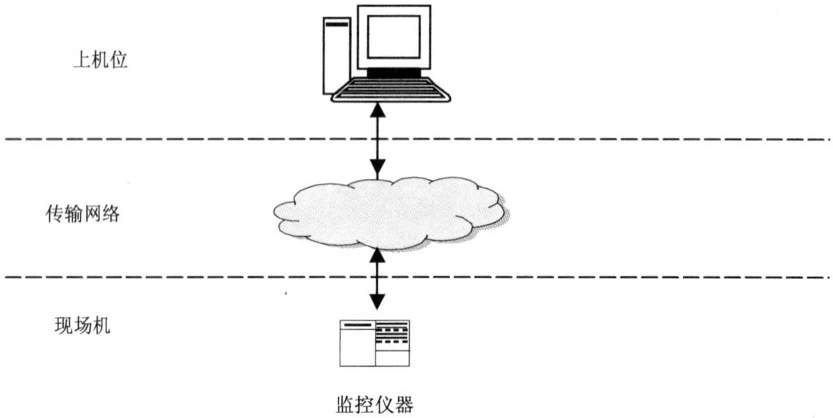

（2）现场有一套或多套监控仪器、仪表，监控仪器、仪表具有模拟或数字输出接口，连接到独立的数据采集传输仪，上位机通过数据采集传输仪实现数据交换和收发指令。

本标准不规定数据采集传输仪与监控仪器仪表的通信方式，推荐采用 modbus（现场总线协议的一种，使用 RS-232C 兼容串行接口，它定义了连接口的针脚、电缆、信号位、传输波特率、奇偶校验等）标准。

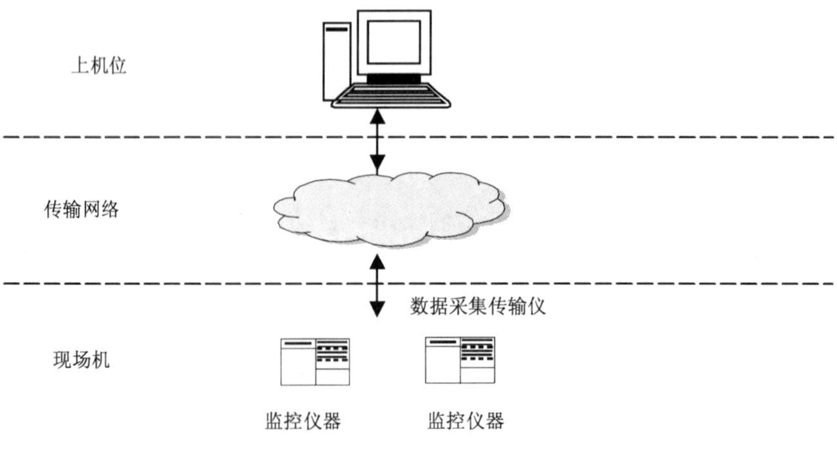

5 协议层次

现场机与上位机通信接口应满足选定的传输网络的要求，本标准不作限制。

本标准规定的数据传输通信协议对应于 ISO/OSI 定义的 7 层协议的应用层，在基于不同传输网络的现场机与上位机之间提供交互通信。

协议结构如下图所示：

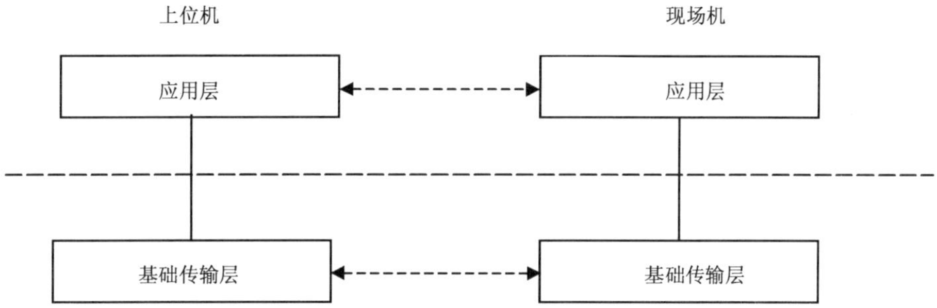

基础传输层依据不同的传输网络可有两类实现方式：

（1）基于 TCP/IP 协议的，此方式的使用建立在 TCP/IP 基础之上。常用如：

- 通用无线分组业务（General Packet Radio Service 缩写 GPRS）。
- 非对称数字用户环路（Asymmetrical Digital Subscriber Loop 缩写 ADSL）。
- 码分多址（Code Division Multiple Access 缩写 CDMA）等。

（2）基于非 TCP/IP 协议的，此类方式的使用建立在相关通信链路上。常用如：

- 公共电话交换网（Public Switched Telephone Network 缩写 PSTN）。
- 短消息数据通信等。

应用层依赖于所选用的传输网络，在选定的传输网络上进行应用层的数据通信，在基础传输层已经建立的基础上，整个应用层的协议和具体的传输网络无关。本标准体现通信介质无关性。

6 通信协议

6.1 应答模式

完整的命令由请求方发起，响应方应答组成，具体步骤如下：

（1）请求方发送请求命令给响应方。

（2）响应方接到请求命令后应答，请求方收到应答后认为连接建立。

（3）响应方执行请求的操作。

（4）响应方通知请求方请求执行完毕，没有应答按超时处理。

（5）命令完成。

6.2 超时重发机制

6.2.1 请求回应的超时

- 一个请求命令发出后在规定的时间内未收到回应，认为超时。
- 超时后重发，重发规定次数后仍未收到回应认为通信不可用，通信结束。

- 超时时间根据具体的通信方式和任务性质可自定义。
- 超时重发次数根据具体的通信方式和任务性质可自定义。

6.2.2 执行超时

请求方在收到请求回应（或一个分包）后规定时间内未收到返回数据或命令执行结果，认为超时，命令执行失败，结束。

缺省超时定义表（可扩充）：

通信类型	缺省超时定义/s	重发次数
GPRS	10	3
PSTN	5	3
CDMA	10	3
ADSL	5	3
短信	30	3

6.3 通信协议数据结构

所有的通信包都是由 ACSII 码字符组成（CRC 校验码除外）。

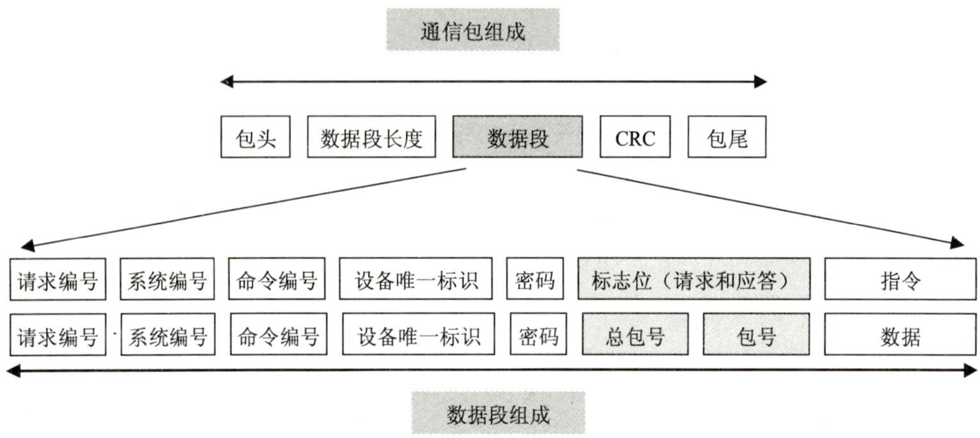

6.3.1 通信包结构组成

名称	类型	长度	描述
包头	字符	2	固定为##
数据段长度	十进制整数	4	数据段的 ASCII 字符数 例如：长 255，则写为“0255”
数据段 （见 6.3.3）	字符	$0 \leqslant n \leqslant 1\ 024$	变长的数据（短信为 140）
CRC 校验	十六进制整数	4	数据段的校验结果，如 CRC 错，即执行超时
包尾	字符	2	固定为〈CR〉〈LF〉（回车、换行）

6.3.2 数据段结构组成

<table>
<tr><th>名称</th><th>类型</th><th>长度</th><th>描述</th></tr>
<tr><td>请求编号 QN</td><td>字符</td><td>20</td><td>精确到毫秒的时间戳：
QN=YYYYMMDDHHMMSSZZZ，用来唯一标识一个命令请求，用于请求命令或通知命令</td></tr>
<tr><td>总包号 PNUM</td><td>字符</td><td>4</td><td>PNUM 指示本次通信总共包含的包数</td></tr>
<tr><td>包号 PNO</td><td>字符</td><td>4</td><td>PNO 指示当前数据包的包号</td></tr>
<tr><td>系统编号 ST</td><td>字符</td><td>5</td><td>ST=系统编号，系统编号见 6.5 中系统编码表</td></tr>
<tr><td>命令编号 CN</td><td>字符</td><td>7</td><td>CN=命令编号，命令编号见 6.5 中命令列表</td></tr>
<tr><td>访问密码</td><td>字符</td><td>6</td><td>PW=访问密码</td></tr>
<tr><td>设备唯一标识 MN</td><td>字符</td><td>14</td><td>MN=监测点编号，这个编号下端设备需固化到相应存储器中，用作身份识别。编码规则：前 7 位是设备制造商组织机构代码的后 7 位，后 7 位是设备制造商自行确定的此类设备的唯一编码）</td></tr>
<tr><td>是否拆分包及应答标志 Flag</td><td>整数
（0～255）</td><td>3</td><td>目前只用两个 Bit；<table><tr><td>0</td><td>0</td><td>0</td><td>0</td><td>0</td><td>0</td><td>D</td><td>A</td></tr></table>A：数据是否应答；Bit：1—应答，0—不应答
D：是否有数据序号；Bit：1—数据包中包含包序号和总包号两部分，0—数据包中不包含包序号和总包号两部分
如：Flag=3 表示拆分包并且需要应答</td></tr>
<tr><td>指令参数 CP</td><td>字符</td><td>0≤n≤960</td><td>CP=&&数据区&&，数据区定义见 6.3.3</td></tr>
</table>

6.3.3 数据区

6.3.3.1 结构定义

字段与其值用“=”连接；在数据区中，同一项目的不同分类值间用“，”来分隔，不同项目之间用“；”来分隔。

6.3.3.2 字段定义

6.3.3.2.1 字段名

字段名要区分大小写，单词的首个字符为大写，其他部分为小写。

6.3.3.2.2 数据类型

C4：表示最多 4 位的字符型字串，不足 4 位按实际位数。

N5：表示最多 5 位的数字型字串，不足 5 位按实际位数。

N14.2：用可变长字符串形式表达的数字型，表示 14 位整数和 2 位小数，带小数点，带符号，最大长度为 18。

YYYY：日期年，如 2005 表示 2005 年

MM：日期月，如 09 表示 9 月

DD：日期日，如 23 表示 23 日

HH：时间小时

MM：时间分钟

SS：时间秒

ZZZ：时间毫秒

6.3.3.2.3 字段对照表

其中：xxx：代表某个污染物编号，见附录 B。SB1：设备编号

字段名	描述	字符集	宽度	取值及描述
SystemTime	系统时间	0-9	N14	YYYYMMDDHHMMSS
QN	请求编号，见 6.3.2			
QnRtn	请求回应代码，见 6.5	0-9	N3	
ExeRtn	执行结果回应代码，见 6.5	0-9	N3	
RtdInterval	实时采样数据上报间隔	0-9	N4	以秒为单位
xxx-Rtd	污染物实时采样数据	0-9	N14.2	10.11，“xxx”是污染物代码
xxx-Min	污染物指定时间内最小值	0-9	N14.2	10.11
xxx-Avg	污染物指定时间内平均值	0-9	N14.2	10.11
xxx-Max	污染物指定时间内最大值	0-9	N14.2	10.11
xxx-ZsRtd	污染物实时采样折算数据	0-9	N14.2	10.11，“xxx”是污染物代码
xxx-ZsMin	污染物指定时间内最小折算值	0-9	N14.2	10.11
xxx-ZsAvg	污染物指定时间内平均折算值	0-9	N14.2	10.11
xxx-ZsMax	污染物指定时间内最大折算值	0-9	N14.2	10.11
xxx -Flag	监测污染物实时数据标记	A-Z	C1	对于污染源（P：电源故障；F：排放源停运；C：校验；M：维护；T：超测上限；D：故障；S：设定值；N：正常）对于空气检测站（0：校准数据；1：气象参数；2：异常数据；3：正常数据）
xxx-Cou	污染物指定时间内累计值	0-9	N14.2	10.11
xxx-RS	设备运行状态的实时采样值	0-9	N1	0：设备关；1：设备开（可扩充）
xxx-RT	设备指定时间内的运行时间	0-9	N14.2	10.11 且 $0=n<=24$
xxx-Ala	污染物报警期间内采样值	0-9	N14.2	10.11
xxx-UpValue	污染物报警上限值	0-9	N14.2	10.11
xxx-LowValue	污染物报警下限值	0-9	N14.2	10.11
xxx-Data	噪声监测日历史数据	0-9	N14.2	10.11
xxx-DayData	噪声昼间历史数据	0-9	N14.2	10.11
xxx-NightData	噪声夜间历史数据	0-9	N14.2	10.11
AlarmTime	超标开始时间	0-9	N14	YYYYMMDDHHMMSS
AlarmType	报警事件类型	0-9	N1	1：超标；0：恢复正常
ReportTarget	上位机地址标识	0-9	N20	通信地址标识
PolId	污染物的编号	0-9	C3	见附录 B
BeginTime	开始时间	0-9	N14	YYYYMMDDHHMMSS
EndTime	截止时间	0-9	N14	YYYYMMDDHHMMSS
DataTime	数据时间信息	0-9	N14	YYYYMMDDHHMMSS
ReportTime	数据上报时间信息	0-9	N4	0100
DayStdValue	噪声白天报警上限值	0-9	N14	
NightStdValue	噪声夜晚报警上限值	0-9	N14	

字段名	描述	字符集	宽度	取值及描述
Flag	通信标志	0-9	N3	目前只用两个 Bit； 0 0 0 0 0 0 D A A：数据是否应答；Bit：1—应答；0—不应答 D：是否有数据序号；Bit：1—数据包中包含包序号和总包号两部分；0—数据包中不包含包序号和总包号两部分
PNO	包序号	0-9	N4	取值范围为 0001～9999
PNUM	总包号	0-9	N4	取值范围为 0001～9999
PW	访问密码	0-9， a-z， A-Z	C6	
OverTime	超时时间（单位：秒）	0-9	N5	取值范围达到 24 h
ReCount	重发次数	0-9	N2	取值范围为 0～99
WarnTime	超限报警时间（单位：秒）	0-9	N5	取值范围达到 24 h
CTime	设备采样时间周期	0-9	N2	取值范围达到 24 h

6.4 通信流程

6.4.1 请求命令（四步或者三步）

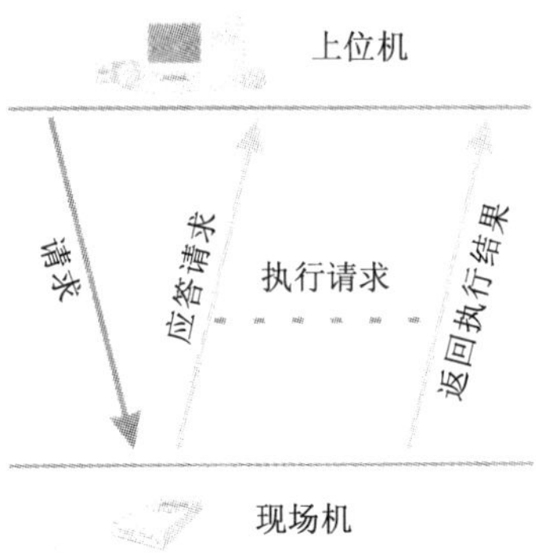

6.4.2 上传命令（一步）

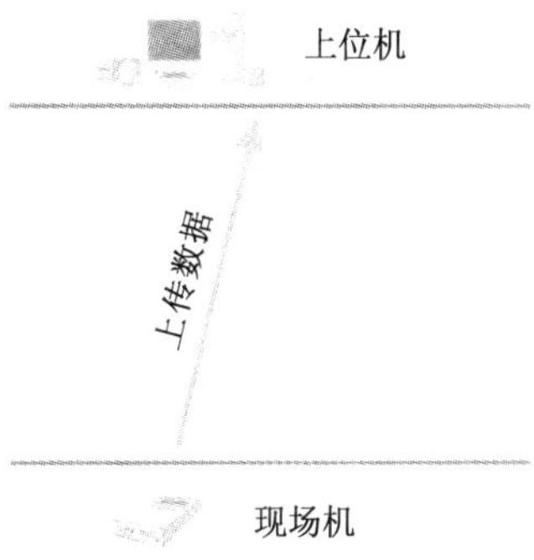

6.4.3 通知命令（两步）

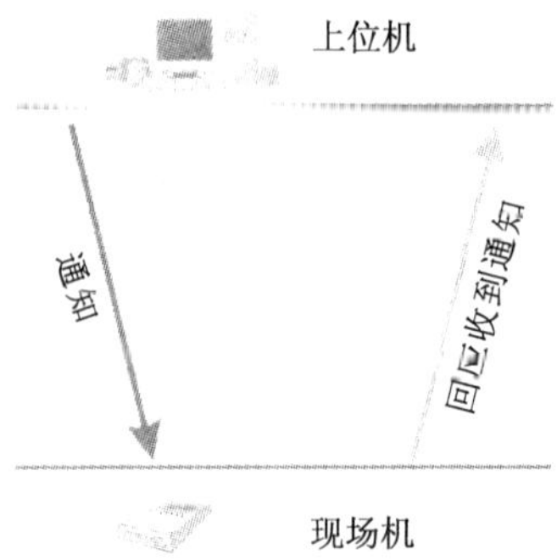

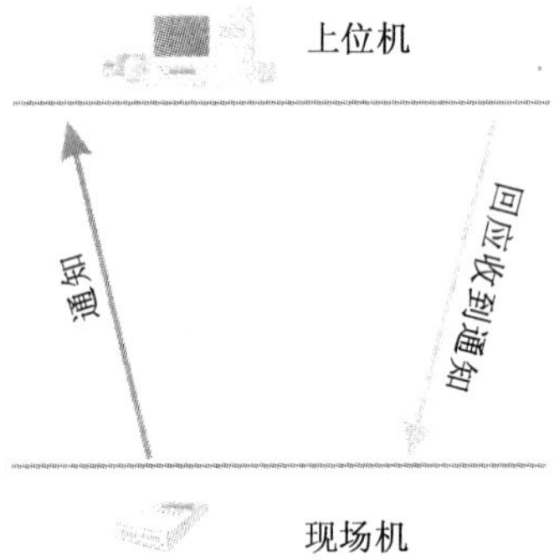

6.5 代码定义

系统编码表（可扩充）（GB/T16706—1996）见《环境信息标准化手册》第一卷第236页。

系统名称	系统编号	描述
地表水监测	21	
空气质量监测	22	
区域环境噪声监测	23	
大气环境污染源	31	
地表水体环境污染源	32	
地下水体环境污染源	33	
海洋环境污染源	34	
土壤环境污染源	35	
声环境污染源	36	
振动环境污染源	37	
放射性环境污染源	38	
电磁环境污染源	41	
系统交互	91	用于现场机和上位机的交互

执行结果定义表（可扩充）

编号	描述	备注
1	执行成功	
2	执行失败，但不知道原因	
100	没有数据	

请求返回表（可扩充）

编号	描述	备注
1	准备执行请求	
2	请求被拒绝	
3	密码错误	

命令列表（可扩充）

命令名称	命令编号		命令类型	描述
	上位向现场	现场向上位		
初始化命令				
设置超时时间与重发次数	1000		请求命令	
设置超限报警时间	1001		请求命令	
预留初始化命令				预留命令范围 1002-1010
参数命令				
提取现场机时间	1011		请求命令	用于同步上位机和现场机的系统时间
上传现场机时间		1011	上传命令	
设置现场机时间	1012		请求命令	用于同步上位机和现场机的系统时间
提取污染物报警门限值	1021		请求命令	用于污染物超标报警
上传污染物报警门限值		1021	上传命令	
设置污染物报警门限值	1022		请求命令	
提取上位机地址	1031		请求命令	提取上位机地址
上传上位机地址		1031	上传命令	上传上位机地址
设置上位机地址	1032		请求命令	指定上位机地址
提取数据上报时间	1041		请求命令	提取数据上报时间
上传数据上报时间		1041	上传命令	上传数据上报时间
设置数据上报时间	1042		请求命令	指定数据上报时间
提取实时数据间隔	1061		请求命令	提取实时数据间隔
上传实时数据间隔		1061	上传命令	上传实时数据间隔
设置实时数据间隔	1062		请求命令	指定实时数据间隔
设置访问密码	1072		请求命令	
交互命令				
请求应答		9011		用于现场机回应上位机的请求。例如是否执行请求
操作执行结果		9012		用于现场机回应上位机的请求的执行结果

命令名称	命令编号		命令类型	描述
	上位向现场	现场向上位		
通知应答	9013	9013		回应通知命令
数据应答	9014	9014		数据应答命令
数据命令				
实时数据				
取污染物实时数据	2011		请求命令	
上传污染物实时数据		2011	上传命令	
停止察看实时数据	2012		通知命令	告诉现场机停止发送实时数据
设备状态				
取设备运行状态数据	2021		请求命令	
上传设备运行状态数据		2021	上传命令	
停止察看设备运行状态	2022		通知命令	告诉现场机停止发送设备运行状态数据
历史数据				
取污染物日历史数据	2031		请求命令	
上传污染物日历史数据		2031	上传命令	
取设备运行时间日历史数据	2041		请求命令	
上传设备运行时间日历史数据		2041	上传命令	
分钟数据（10 分钟数据）				
取污染物分钟数据	2051		请求命令	
上传污染物分钟数据		2051	上传命令	
小时数据				
取污染物小时数据	2061		请求命令	
上传污染物小时数据		2061	上传命令	
报警数据				
取污染物报警记录	2071		请求命令	
上传污染物报警记录		2071	上传命令	
上传报警事件		2072	通知命令	用于现场机采样值超过报警门限时向上位机报警
控制命令				
校零校满	3011		请求命令	
即时采样命令	3012		请求命令	
设备操作命令	3013		请求命令	
设置设备采样时间周期	3014		请求命令	
预留控制命令				预留命令范围 3015-3099

循环冗余校验（CRC）算法

CRC 校验（Cyclic Redundancy Check）是一种数据传输错误检查方法，CRC 码两个字节，包含一 16 位的二进制值。它由传输设备计算后加入到数据包中。接收设备重新计算收到消息的 CRC，并与接收到的 CRC 域中的值比较，如果两值不同，则有误。

具体算法如下：

CRC 是先调入一值是全“1”的 16 位寄存器，然后调用一过程将消息中连续的 8 位字节各当前寄存器中的值进行处理。仅每个字符中的 8 Bit 数据对 CRC 有效，起始位和停止位以及奇偶校验位均无效。

CRC 校验字节的生成步骤如下：

① 装一个 16 位寄存器，所有数位均为 1。

② 取被校验串的一个字节与 16 位寄存器的高位字节进行“异或”运算。运算结果放入这个 16 位寄存器。

③ 把这个 16 位寄存器向右移一位。

④ 若向右（标记位）移出的数位是 1，则生成多项式 1010 0000 0000 0001 和这个寄存器进行“异或”运算；若向右移出的数位是 0，则返回③。

⑤ 重复③和④，直至移出 8 位。

⑥ 取被校验串的下一个字节

⑦ 重复③～⑥，直至被校验串的所有字节均与 16 位寄存器进行“异或”运算，并移位 8 次。

⑧ 这个 16 位寄存器的内容即 2 字节 CRC 错误校验码。

校验码按照先高字节后低字节的顺序存放。

附录 B（资料性附录）

常用部分污染物相关参数编码表

（引自《环境信息标准化手册》第三卷）

编码	名称	应用范围	计量单位	数据类型
B03	噪声	噪声	dB	N3.1
L_{10}	累计百分声级 L_{10}	噪声	dB	N3.1
L_5	累计百分声级 L_5	噪声	dB	N3.1
L_{50}	累计百分声级 L_{50}	噪声	dB	N3.1
L_{90}	累计百分声计 L_{90}	噪声	dB	N3.1
L_{95}	累计百分声级 L_{95}	噪声	dB	N3.1
L_d	夜间等效声级 L_d	噪声	dB	N3.1
L_{dn}	昼夜等效声级 L_{dn}	噪声	dB	N3.1
L_{eq}	30 秒等效声级 L_{eq}	噪声	dB	N3.1
L_{Mn}	最小的瞬时声级	噪声	dB	N3.1
L_{Mx}	最大的瞬时声级	噪声	dB	N3.1
L_n	昼间等效声级 L_n	噪声	dB	N3.1
S01	O_2 含量	废气	%	N3.1
S02	烟气流速	废气	m^3/h	N5.2
S03	烟气温度	废气	℃	N3.1
S04	烟气动压	废气	MPa	N4.2
S05	烟气湿度	废气	%	N3.1
S06	制冷温度	废气	℃	N3.1
S07	烟道截面积	废气	m^2	N4.2
S08	烟气压力	废气	MPa	N4.2
B02	废气			
01	烟尘	废气	mg/m^3	N5.2
02	二氧化硫	废气	mg/m^3	N5.2
03	氮氧化物	废气	mg/m^3	N5.3
04	一氧化碳	废气	mg/m^3	N2.3
05	硫化氢	废气	mg/m^3	N3.2
06	氟化物	废气	mg/m^3	N2.3
07	氰化物（含氰化氢）	废气	mg/m^3	N3.3
08	氯化氢	废气	mg/m^3	N4.3
09	沥青烟	废气	mg/m^3	N4.3
10	氨	废气	mg/m^3	N4.3
11	氯气	废气	mg/m^3	N4.3
12	二硫化碳	废气	mg/m^3	N4.3
13	硫醇	废气	mg/m^3	N4.3
14	硫酸雾	废气	mg/m^3	N4.3

编码	名称	应用范围	计量单位	数据类型
15	铬酸雾	废气	mg/m^3	N2.4
16	苯系物	废气	mg/m^3	N4.2
17	甲苯	废气	mg/m^3	N4.2
18	二甲苯	废气	mg/m^3	N4.2
19	甲醛	废气	mg/m^3	N3.3
20	苯并[*a*]芘	废气	mg/m^3	N3.6
21	苯胺类	废气	mg/m^3	N4.3
22	硝基苯类	废气	mg/m^3	N3.4
23	氯苯类	废气	mg/m^3	N4.3
24	光气	废气	mg/m^3	N3.3
25	碳氢化合物（含非甲烷总烃）	废气	mg/m^3	N5.2
26	乙醛	废气	mg/m^3	N3.4
27	酚类	废气	mg/m^3	N3.3
28	甲醇	废气	mg/m^3	N5.2
29	氯乙烯	废气	mg/m^3	N4.3
30	二氧化碳	废气	mg/m^3	N4.3
31	汞及其化合物	废气	mg/m^3	N4.4
32	铅及其化合物	废气	mg/m^3	N2.4
33	镉及其化合物	废气	mg/m^3	N3.4
34	锡及其化合物	废气	mg/m^3	N4.3
35	镍及其化合物	废气	mg/m^3	N3.3
36	铍及其化合物	废气	mg/m^3	N4.4
37	林格曼黑度	废气		N1
99	其他气污染物	废气		
B01	污水	污水		
001	pH 值	污水		N2.1
002	色度	污水	色度单位	N5.1
003	悬浮物	污水	mg/L	N5.1
010	生化需氧量（BOD_5）	污水	mg/L	N5.1
011	化学需氧量（COD_{Cr}）	污水	mg/L	N6.1
015	总有机碳	污水	mg/L	N3.2
020	总汞	污水	mg/L	N2.3
021	烷基汞	污水	mg/L	N2.1
022	总镉	污水	mg/L	N2.2
023	总铬	污水	mg/L	N3.2
024	六价铬	污水	mg/L	N2.2
025	三价铬	污水	mg/L	N3.2
026	总砷	污水	mg/L	N2.2
027	总铅	污水	mg/L	N3.2
028	总镍	污水	mg/L	N3.2
029	总铜	污水	mg/L	N3.2
030	总锌	污水	mg/L	N3.2
031	总锰	污水	mg/L	N3.2

编码	名称	应用范围	计量单位	数据类型
032	总铁	污水	mg/L	N3.2
033	总银	污水	mg/L	N2.2
034	总铍	污水	mg/L	N2.3
035	总硒	污水	mg/L	N2.2
036	锡	污水	mg/L	N3.6
037	硼	污水	mg/L	N3.6
038	钼	污水	mg/L	N3.6
039	钡	污水	mg/L	N3.6
040	钴	污水	mg/L	N3.6
041	铊	污水	mg/L	N3.6
060	氨氮	污水	mg/L	N2.3
061	有机氮	污水	mg/L	N3.2
065	总氮	污水	mg/L	N3.2
080	石油类	污水	mg/L	N3.2
101	总磷	污水	mg/L	N3.2

其他计量单位说明：

名　称	计量单位	数据类型
污水流量	L/s	N14.2
水污染物排放量	g	N14.6
污水排放量	t	N14.2
废气流速	m^3/s	N14.2
气污染物排放量	kg	N14.2
废气排放量	m^3	N14.2
设备运行时间	h	N4.2

附录 C（资料性附录）

各条指令通信过程示例

以下的命令示例都是无需数据应答和拆分包的实例（其中 6 实例中，对拆分包和应答进行了具体描述）。对于上传数据 QN，PNO，PNUM 为可选项。

举例数据说明：以下例子 QN 是在 2004 年 5 月 16 日 1 点 1 分 1 秒 1 毫秒时建立连接，即 20040516010101001，ST 是 32 表示地表水污染源，设备唯一标识号是 88888880000001，表示设备制造商组织机构代码的后 7 位是 8888888，设备的序号是 0000001，验证密码是 123456。

1. 设置现场机访问密码

类别	项目		示例/说明
使用命令	上位机	设置现场机访问密码	QN=20040516010101001；ST=32；CN=1072；PW=123456；MN=88888880000001；Flag=3；CP=&&PW=654321&&
	现场机	请求应答	ST=91；CN=9011；PW=123456；MN=88888880000001；Flag=0；CP=&&QN=20040516010101001；QnRtn=1&&
	现场机	返回操作执行结果	ST=91；CN=9012；PW=123456；MN=88888880000001；CP=&&QN=20040516010101001；ExeRtn=1&&
使用字段	QN		请求编号
	QnRtn		请求返回结果
	PW		上位机要设置的现场机访问密码
	ExeRtn		请求执行结果
执行过程	上位机发送设置现场机访问密码命令后等待现场机应答，上位机收到应答后通过判断应答代码中 QnRtn 值决定是否等待执行结果，现场机执行设置时钟请求，返回执行结束命令，请求执行完毕。命令执行正确后，以后将使用新的密码进行通信，否则仍使用原来的密码		

2. 提取现场机系统时间

类别	项目		示例/说明
使用命令	上位机	提取现场机时间	QN=20040516010101001；ST=32；CN=1011；PW=123456；MN=88888880000001；Flag=3；CP=&&&&
	现场机	请求应答	ST=91；CN=9011；PW=123456；MN=88888880000001；Flag=0；CP=&&QN=20040516010101001；QnRtn=1&&
	现场机	上传现场机时间	ST=32；CN=1011；PW=123456；MN=88888880000001；CP=&&QN=20040516010101001；SystemTime=20040516010102&&
	现场机	返回操作执行结果	ST=91；CN=9012；PW=123456；MN=88888880000001；CP=&&QN=20040516010101001；ExeRtn=1&&
使用字段	QN		请求编号
	QnRtn		请求返回结果
	SystemTime		现场机上传的系统时间
	ExeRtn		执行结果

类别	项目	示例/说明
执行过程说明	上位机发送提取现场机时间命令后等待现场机应答，收到应答后通过判断应答代码中 QnRtn 值决定是否等待接收现场机时间，现场机执行请求，返回执行结束命令，请求执行完毕。例子中返回现场机系统时间 2004 年 5 月 16 日 1 点 1 分 2 秒	

3. 设置现场机系统时间

类别	项目		示例/说明
使用命令	上位机	设置现场机时间	QN=20040516010101001；ST=32；CN=1012；PW=123456；MN=88888880000001；Flag=3；CP=&&SystemTime=20040516010101&&
	现场机	请求应答	ST=91；CN=9011；PW=123456；MN=88888880000001；Flag=0；CP=&&QN=20040516010101001；QnRtn=1&&
	现场机	返回操作执行结果	ST=91；CN=9012；PW=123456；MN=88888880000001；CP=&&QN=20040516010101001；ExeRtn=1&&
使用字段	QN		请求编号
	QnRtn		请求返回结果
	SystemTime		上位机要设置的系统时间
	ExeRtn		请求执行结果
执行过程	上位机发送设置现场机时间命令后等待现场机应答，上位机收到应答后通过判断应答代码中 QnRtn 值决定是否等待执行结果，现场机执行设置时钟请求，返回执行结束命令，请求执行完毕		

4. 实时数据采集

类别	项目		示例/说明
使用命令	上位机	取污染物实时数据	QN=20040516010101001；ST=32；CN=2011；PW=123456；MN=88888880000001；Flag=3；CP=&&&&
	现场机	请求应答	ST=91；CN=9011；PW=123456；MN=88888880000001；Flag=0；CP=&&QN=20040516010101001；QnRtn=1&&
	现场机	上传污染物实时数据	ST=32；CN=2011；PW=123456；MN=88888880000001；CP=&&DataTime=20040516020111；B01-Rtd=100；101-Rtd=1.1，101-Flag=N；102-Rtd=2.2，102-Flag=N...&&
	上位机	停止察看实时数据	QN=20040516010101001；ST=32；CN=2012；PW=123456；MN=88888880000001；CP=&&&&
	现场机	通知应答	ST=91；CN=9013；PW=123456；MN=88888880000001；CP=&&QN=20040516010101001&&
使用字段	QN		停止察看实时数据中的 QN 等于取污染物实时数据中的 QN
	101-Rtd		污染物 101 的实时采样数据
	101-Flag		污染物 101 的数据标记（可以没有此项，根据实际情况确定）
	DataTime		数据时间，精确到秒
	QnRtn		请求返回结果
执行过程	上位机发送取污染物实时数据命令后等待现场机应答，收到应答后通过判断应答代码决定是否接收实时数据，接收需要的实时数据后发送停止察看实时数据通知命令，收到现场机的应答后，结束实时数据采集		

5. 污染治理设施运行状态

类别	项目		示例/说明
使用命令	上位机	取设施运行状态数据	QN=20040516010101001；ST=32；CN=2021；PW=123456；MN=88888880000001；Flag=3；CP=&&&&
	现场机	请求应答	ST=91；CN=9011；PW=123456；MN=88888880000001；Flag=0；CP=&&QN=20040516010101001；QnRtn=1&&
	现场机	上传设施运行状态数据	ST=32；CN=2021；PW=123456；MN=88888880000001；CP=&&DataTime=20040516020111；SB1-RS=1；SB2-RS=0…&&
	上位机	停止察看设施运行状态	QN=20040516010101001；ST=32；CN=2022；PW=123456；MN=88888880000001；CP=&&&&
	现场机	通知应答	ST=91；CN=9013；PW=123456；MN=88888880000001；CP=&&QN=20040516010101001&&
使用字段	QN		停止察看设施运行状态中的 QN 等于取设施运行状态中的 QN
	SB1-RS		设施 SB1 的状态
	DataTime		数据时间，精确到秒
	QnRtn		请求返回结果
执行过程	上位机发送取设施运行状态数据命令后等待现场机应答，收到应答后通过判断应答代码决定是否接收设施运行状态数据，接收需要的设施运行状态数据后发送停止察看设施运行状态数据通知命令，收到现场机的应答后，结束设施运行状态数据采集		

6. 污染物分钟数据（小时数据命令格式类似）

- 污染物分钟数据（无应答和拆分包）

类别	项目		示例/说明
使用命令	上位机	取污染物分钟数据	QN=20040516010101001；ST=32；CN=2051；PW=123456；MN=88888880000001；Flag=3；CP=&&BeginTime=20040506111000，EndTime=20040506151000&&
	现场机	请求应答	ST=91；CN=9011；PW=123456；MN=88888880000001；Flag=0；CP=&&QN=20040516010101001；QnRtn=1&&
	现场机	上传污染物分钟数据	ST=32；CN=2051；PW=123456；MN=88888880000001；CP=&&DataTime=20040516021000；B01-Cou=200；101-Cou=2.5，101-Min=1.1，101-Avg=1.1，101-Max=1.1；102-Cou=2.5，102-Min=2.1，102- Avg=2.1，102-Max=2.1…&&
	现场机	返回操作执行结果	ST=91；CN=9012；PW=123456；MN=88888880000001；CP=&&QN=20040516010101001；ExeRtn=1&&
使用字段	QN		请求编号
	QnRtn		请求返回结果
	BeginTime		采集数据的起始时间，精确到分钟信息
	EndTime		采集数据的结束时间，精确到分钟信息
	DataTime		数据时间，时间精确到分钟，且以整分钟为单位
	101-Cou		污染物 101 分钟内的排放量
	101-Min		污染物 101 分钟内的最小值
	101-Avg		污染物 101 分钟内的平均值
	101-Max		污染物 101 分钟内的最大值
	ExeRtn		请求执行结果
执行过程	上位机发送取污染物分钟数据命令后等待现场机应答，收到应答后通过判断应答代码决定是否接收污染物分钟数据，现场机把所有污染物每间隔分钟数据作为一个数据包，直至发送完符合时间段内的所有包，发送完指定的数据后，现场机返回执行结束命令，此时此次请求执行完毕		

- 污染物分钟数据（有应答、无拆分包）

类别	项目		示例/说明
使用命令	上位机	取污染物分钟数据	QN=20040516010101001；ST=32；CN=2051；PW=123456；MN=88888880000001；Flag=3；CP=&&BeginTime=20040506111000，EndTime=20040506151000&&
	现场机	请求应答	ST=91；CN=9011；PW=123456；MN=88888880000001；Flag=1；CP=&&QN=20040516010101001；QnRtn=1&&
	现场机	上传污染物分钟数据	ST=32；CN=2051；QN=20040516010101001；PW=123456；MN=88888880000001；CP=&&DataTime=20040516021000；B01-Cou=200；101-Cou=2.5，101-Min=1.1，101-Avg=1.1，101-Max=1.1；102-Cou=2.5，102-Min=2.1，102-Avg=2.1，102-Max=2.1…&&
	上位机	数据应答	ST=91；CN=9014；CP=&&QN=20040516010101001；CN=2051&&
	现场机	返回操作执行结果	ST=91；CN=9012；PW=123456；MN=88888880000001；CP=&&QN=20040516010101001；ExeRtn=1&&
	上位机	结果应答	ST=91；CN=9014；CP=&&QN=20040516010101001；CN=9012&&
使用字段	QN		请求编号
	QnRtn		请求返回结果
	BeginTime		采集数据的起始时间，精确到分钟信息
	EndTime		采集数据的结束时间，精确到分钟信息
	DataTime		数据时间，时间精确到分钟，且以整分钟为单位
	101-Cou		污染物 101 分钟内的排放量
	101-Min		污染物 101 分钟内的最小值
	101-Avg		污染物 101 分钟内的平均值
	101-Max		污染物 101 分钟内的最大值
	ExeRtn		请求执行结果
执行过程	上位机发送取污染物分钟数据命令后等待现场机应答，收到应答后通过判断应答代码决定是否接收污染物分钟数据，现场机把所有污染物每分钟间隔数据作为一个数据包，直至发送完符合时间段内的所有包，发送完指定的数据后，现场机返回执行结束命令，此时此次请求执行完毕		

- 污染物分钟数据（带数据应答的拆分包）

类别	项目		示例/说明
使用命令	上位机	取污染物分钟数据	QN=20040516010101001；ST=32；CN=2051；PW=123456；MN=88888880000001；Flag=3；CP=&&BeginTime=20040506111000，EndTime=20040506151000&&
	现场机	请求应答	ST=91；CN=9011；PW=123456；MN=88888880000001；Flag=3；CP=&&QN=20040516010101001；QnRtn=1&&
	现场机	上传污染物分钟数据	ST=32；CN=2051；QN=20040516010101001；PW=123456；MN=88888880000001；PNO=1；PNUM=1；CP=&&DataTime=20040516021000；B01-Cou=200；101-Cou=2.5，101-Min=1.1，101-Avg=1.1，101-Max=1.1；102-Cou=2.5，102-Min=2.1，102-Avg=2.1，102-Max=2.1…&&

类别	项目		示例/说明
使用命令	上位机	数据应答	ST=91；CN=9014；CP=&&QN=20040516010101001；CN=2051；PNO=1；PNUM=1；&&
	现场机	返回操作执行结果	ST=91 ； CN=9012 ； PW=123456 ； MN=88888880000001 ；CP=&&QN=20040516010101001；ExeRtn=1&&
	上位机	结果应答	ST=91；CN=9014；CP=&&QN=20040516010101001；CN=9012&&
使用字段	QN		请求编号
	QnRtn		请求返回结果
	BeginTime		采集数据的起始时间，精确到分钟信息
	EndTime		采集数据的结束时间，精确到分钟信息
	DataTime		数据时间，时间精确到分钟，且以整分钟为单位
	101-Cou		污染物 101 分钟内的排放量
	101-Min		污染物 101 分钟内的最小值
	101-Avg		污染物 101 分钟内的平均值
	101-Max		污染物 101 分钟内的最大值
	ExeRtn		请求执行结果
执行过程	上位机发送取污染物分钟数据命令后等待现场机应答，收到应答后通过判断应答代码决定是否接收污染物分钟数据，现场机把所有污染物每分钟间隔数据作为一个数据包，直至发送完符合时间段内的所有包，发送完指定的数据后，现场机返回执行结束命令，此时此次请求执行完毕		

7. 污染物日数据

类别	项目		示例/说明
使用命令	上位机	取污染物日数据	QN=20040516010101001；ST=32；CN=2031；PW=123456；MN=88888880000001；Flag=3；CP=&&BeginTime=20040506000000，EndTime=20040510000000&&
	现场机	请求应答	ST=91；CN=9011；PW=123456；MN=88888880000001；Flag=0；CP=&&QN=20040516010101001；QnRtn=1&&
	现场机	上传污染物日数据	ST=32 ； CN=2031 ； PW=123456 ； MN=88888880000001 ； CP=&&DataTime=20040506000000；B01-Cou=200；101-Cou=2.5，101-Min=1.1，101-Avg=1.1，101-Max=1.1；102-Cou=2.5，102-Min=2.1，102- Avg=2.1，102-Max=2.1…&&
	现场机	返回操作执行结果	ST=91；CN=9012；PW=123456；MN=88888880000001；CP=&&QN=20040516010101001；ExeRtn=1&&
使用字段	QN		请求编号
	QnRtn		请求返回结果
	BeginTime		采集数据的起始时间，精确到日信息
	EndTime		采集数据的结束时间，精确到日信息
	DataTime		数据时间，时间精确到日，且以整日为单位
	101-Cou		污染物 101 一日内的排放量
	101-Min		污染物 101 一日内的最小值
	101-Avg		污染物 101 一日内的平均值
	101-Max		污染物 101 一日内的最大值
	ExeRtn		请求执行结果
执行过程	上位机发送取污染物日数据命令后等待现场机应答，收到应答后通过判断应答代码决定是否接收污染物日数据，现场机把所有污染物每日数据作为一个数据包，直至发送完符合时间段内的所有包，发送完指定的数据后，现场机返回执行结束命令，此时此次请求执行完毕		

8. 污染治理设施运行时间日数据

类别	项目		示例/说明
使用命令	上位机	取污染治理设施运行时间日数据	QN=20040516010101001；ST=32；CN=2041；PW=123456；MN=88888880000001；Flag=3；CP=&&BeginTime=20040506000000，EndTime=20040510000000&&
	现场机	请求应答	ST=91；CN=9011；PW=123456；MN=88888880000001；Flag=0；CP=&&QN=20040516010101001；QnRtn=1&&
	现场机	上传污染治理设施运行时间日数据	ST=32；CN=2041；PW=123456；MN=88888880000001；CP=&&DataTime=20040506000000；SB1-RT=1.1；SB2-RT=2.1…&&
	现场机	返回操作执行结果	ST=91；CN=9012；PW=123456；MN=88888880000001；CP=&&QN=20040516010101001；ExeRtn=1&&
使用字段	QN		请求编号
	QnRtn		请求返回结果
	BeginTime		采集数据的起始时间，精确到日信息
	EndTime		采集数据的结束时间，精确到日信息
	DataTime		数据时间，时间精确到日，且以整日为单位
	SB1-RT		污染治理设施 SB1 一日内运行时间的累计值
	ExeRtn		请求执行结果
执行过程	上位机发送取污染治理设施运行时间日数据命令后等待现场机应答，收到应答后通过判断应答代码决定是否接收污染治理设施运行时间日数据，现场机把所有污染治理设施每日运行时间数据作为一个数据包，直至发送完符合时间段内的所有包，发送完指定的数据后，现场机返回执行结束命令，此时此次请求执行完毕		

9. 取污染物报警记录

类别	项目		示例/说明
使用命令	上位机	取污染物报警记录	QN=20040516010101001；ST=32；CN=2071；PW=123456；MN=88888880000001；Flag=3；CP=&&BeginTime=20040506010001，EndTime=20040506150030&&
	现场机	请求应答	ST=91；CN=9011；PW=123456；MN=88888880000001；Flag=0；CP=&&QN=20040516010101001；QnRtn=1&&
	现场机	上传污染物报警记录	ST=32；CN=2071；PW=123456；MN=88888880000001；CP=&&DataTime=20040506010101；101-Ala=1.1&&
	现场机	返回操作执行结果	ST=91；CN=9012；PW=123456；MN=88888880000001；CP=&&QN=20040516010101001；ExeRtn=1&&
使用字段	QN		请求编号
	QnRtn		请求返回结果
	BeginTime		采集数据的起始时间，精确到秒信息
	EndTime		采集数据的结束时间，精确到秒信息
	DataTime		报警时间，时间精确到秒
	101-Ala		污染物 101 报警时的瞬时值
	ExeRtn		请求执行结果
执行过程	上位机发送取污染物报警记录数据命令后等待现场机应答，收到应答后通过判断应答代码决定是否接收污染物报警记录数据，接收污染物报警记录数据（每条报警记录发送一个数据包），现场机接收发送完指定的数据后，返回执行结束命令，请求执行完毕		

10. 超标报警

类别	项目		示例/说明
使用命令	现场机	上传报警事件通知命令	QN=20040516010101001；ST=32；CN=2072；PW=123456；MN=88888880000001；Flag=0；CP=&&AlarmTime=20040506010101；101-Ala =1.1，AlarmType =1&&
	上位机	通知应答	ST=91；CN=9013；PW=123456；MN=88888880000001；Flag=0；CP=&&QN=20040516010101001&&
使用字段	QN		请求编号
	AlarmTime		超标开始时间，精确到秒
	101-Ala		污染物 101 报警瞬时数据
	AlarmType		报警事件类型
执行过程	当现场机监测到某一污染物超标后，向上位机发送报警事件通知，上位机收到后返回通知应答，告诉现场及已收到通知，交互结束		

11. 设置污染物报警门限值

类别	项目		示例/说明
使用命令	上位机	设置污染物报警门限值	QN=20040516010101001；ST=32；CN=1022；PW=123456；MN=88888880000001；Flag=3；CP=&&101-LowValue=1.1，101-UpValue=9.9；102-LowValue=1.1，102-UpValue=9.9…&&
	现场机	请求应答	ST=91；CN=9011；PW=123456；MN=88888880000001；Flag=0；CP=&&QN=20040516010101001；QnRtn=1&&
	现场机	返回操作执行结果	ST=91；CN=9012；PW=123456；MN=88888880000001；CP=&&QN=20040516010101001；ExeRtn=1&&
使用字段	QN		请求编号
	QnRtn		请求返回结果
	PolId		要设置的污染物编号
	101-LowValue		污染物 101 报警门限下限
	101-UpValue		污染物 101 报警门限上限
	ExeRtn		请求执行结果
执行过程	上位机发送设置污染物报警门限值命令后等待现场机应答，收到应答后通过判断应答代码决定是否等待执行结果，现场机执行设置请求，返回执行结束命令，请求执行完毕		

12. 提取污染物报警门限值

类别	项目		示例/说明
使用命令	上位机	提取污染物报警门限值	QN=20040516010101001；ST=32；CN=1021；PW=123456；MN=88888880000001；Flag=3；CP=&&PolId=101；PolId=102…&&
	现场机	请求应答	ST=91；CN=9011；PW=123456；MN=88888880000001；Flag=0；CP=&&QN=20040516010101001；QnRtn=1&&
	现场机	上传污染物报警门限值	ST=32；CN=1021；PW=123456；MN=88888880000001；CP=&&QN=20040516010101001；101-LowValue=1.1，101-UpValue=9.9；102-LowValue= 1.1，102-UpValue=9.9…&&
	现场机	返回操作执行结果	ST=91；CN=9012；PW=123456；MN=88888880000001；CP=&&QN=20040516010101001；ExeRtn=1&&

类别	项目	示例/说明
使用字段	QN	请求编号
	QnRtn	请求返回结果
	PolId	污染物编号
	101-LowValue	污染物 101 报警门限下限
	101-UpValue	污染物 101 报警门限上限
	ExeRtn	请求执行结果
执行过程	上位机发送提取污染物报警门限值命令后等待现场机应答，收到应答后通过判断应答代码决定是否接收报警门限设定，现场机执行请求，返回执行结束命令，请求执行完毕	

13. 设置上位机地址

类别	项目		示例/说明
使用命令	上位机	设置上位机地址	QN=20040516010101001；ST=32；CN=1032；PW=123456；MN=88888880000001；Flag=3；CP=&&AlarmTarget=3882566&&
	现场机	请求应答	ST=91；CN=9011；PW=123456；MN=88888880000001；Flag=0；CP=&&QN=20040516010101001；QnRtn=1&&
	现场机	返回操作执行结果	ST=91；CN=9012；PW=123456；MN=88888880000001；CP=&&QN=20040516010101001；ExeRtn=1&&
使用字段	QN		请求编号
	QnRtn		请求返回结果
	AlarmTarget		报警地址标识
	ExeRtn		请求执行结果
执行过程	上位机发送设置上位机地址命令后等待现场机应答，收到应答后通过判断应答代码决定是否等待执行结果，现场机执行设置请求，返回执行结束命令，请求执行完毕		

14. 提取上位机地址

类别	项目		示例/说明
使用命令	上位机	提取上位机地址	QN=20040516010101001；ST=32；CN=1031；PW=123456；MN=88888880000001；Flag=3；CP=&&&&
	现场机	请求应答	ST=91；CN=9011；PW=123456；MN=88888880000001；Flag=0；CP=&&QN=20040516010101001；QnRtn=1&&
	现场机	上传上位机地址	ST=32；CN=1031；PW=123456；MN=88888880000001；CP=&&QN=20040516010101001；AlarmTarget=3882566&&
	现场机	返回操作执行结果	ST=91；CN=9012；PW=123456；MN=88888880000001；CP=&&QN=20040516010101001；ExeRtn=1&&
使用字段	QN		请求编号
	QnRtn		请求返回结果
	AlarmTarget		报警地址标识
	ExeRtn		请求执行结果
执行过程	上位机发送提取上位机地址命令后等待现场机应答，收到应答后通过判断应答代码决定是否接上位机地址，现场机执行请求，返回执行结束命令，请求执行完毕		

15. 设置数据上报时间

类别	项目		示例/说明
使用命令	上位机	设置数据上报时间	QN=20040516010101001；ST=32；CN=1042；PW=123456；MN=88888880000001；Flag=3；CP=&&ReportTime=0101&&
	现场机	请求应答	ST=91；CN=9011；PW=123456；MN=88888880000001；Flag=0；CP=&&QN=20040516010101001；QnRtn=1&&
	现场机	返回操作执行结果	ST=91；CN=9012；PW=123456；MN=88888880000001；CP=&&QN=20040516010101001；ExeRtn=1&&
使用字段	QN		请求编号
	QnRtn		请求返回结果
	ReportTime		数据上报时间，前两位标识小时，后两位标识分钟
	ExeRtn		请求执行结果
执行过程	上位机发送设置数据上报时间命令后等待现场机应答，收到应答后通过判断应答代码决定是否等待执行结果，现场机执行设置请求，返回执行结束命令，请求执行完毕		

16. 提取数据上报时间

类别	项目		示例/说明
使用命令	上位机	提取数据上报时间	QN=20040516010101001；ST=32；CN=1041；PW=123456；MN=88888880000001；Flag=3；CP=&&&&
	现场机	请求应答	ST=91；CN=9011；PW=123456；MN=88888880000001；Flag=0；CP=&&QN=20040516010101001；QnRtn=1&&
	现场机	上传数据上报时间	ST=32；CN=1041；PW=123456；MN=88888880000001；CP=&&QN=20040516010101001；ReportTime=0101&&
	现场机	返回操作执行结果	ST=91；CN=9012；PW=123456；MN=88888880000001；CP=&&QN=20040516010101001；ExeRtn=1&&
使用字段	QN		请求编号
	QnRtn		请求返回结果
	ReportTime		数据上报时间，前两位标识小时，后两位标识分钟
	ExeRtn		请求执行结果
执行过程	上位机发送提取数据上报时间命令后等待现场机应答，收到应答后通过判断应答代码决定是否接上位机地址，现场机执行请求，返回执行结束命令，请求执行完毕		

17. 下端监测设备校零校满

类别	项目		示例/说明
使用命令	上位机	校零校满	QN=20040516010101001；ST=32；CN=3011；PW=123456；MN=88888880000001；Flag=3；CP=&&PolID=101&&
	现场机	请求应答	ST=91；CN=9011；PW=123456；MN=88888880000001；Flag=0；CP=&&QN=20040516010101001；QnRtn=1&&
	现场机	返回操作执行结果	ST=91；CN=9012；PW=123456；MN=88888880000001；CP=&&QN=20040516010101001；ExeRtn=1&&
使用字段	QN		请求编号
	PolID		污染物编号
	QnRtn		请求返回结果
执行过程	上位机发送校零校满命令后等待现场机接收到应答，收到应答后通过判断应答代码决定是否等待现场机的执行结果，现场机执行请求的动作，返回执行结束命令，此次请求执行完毕。每次命令设置一个设备校零校满		

18. 设置实时采样数据上报间隔

类别	项目		示例/说明
使用命令	上位机	设置实时采样数据上报间隔	QN=20040516010101001；ST=32；CN=1062；PW=123456；MN=88888880000001；Flag=3；CP=&&RtdInterval=30&&
	现场机	请求应答	ST=91；CN=9011；PW=123456；MN=88888880000001；Flag=0；CP=&&QN=20040516010101001；QnRtn=1&&
	现场机	返回操作执行结果	ST=91；CN=9012；PW=123456；MN=88888880000001；CP=&&QN=20040516010101001；ExeRtn=1&&
使用字段	QN		请求编号
	QnRtn		请求返回结果
	RtdInterval		实时采样数据上报间隔
	ExeRtn		请求执行结果
执行过程	上位机发送设置实时采样数据上报间隔命令后等待现场机应答，收到应答后通过判断应答代码决定是否等待执行结果，现场机执行设置请求，返回执行结束命令，请求执行完毕		

19. 提取实时采样数据上报间隔

类别	项目		示例/说明
使用命令	上位机	提取实时采样数据上报间隔	QN=20040516010101001；ST=32；CN=1061；PW=123456；MN=88888880000001；Flag=3；CP=&&&&
	现场机	请求应答	ST=91；CN=9011；PW=123456；MN=88888880000001；Flag=0；CP=&&QN=20040516010101001；QnRtn=1&&
	现场机	上传实时采样数据上报间隔	ST=32；CN=1061；PW=123456；MN=88888880000001；CP=&&QN=20040516010101001；RtdInterval=30&&
	现场机	返回操作执行结果	ST=91；CN=9012；PW=123456；MN=88888880000001；CP=&&QN=20040516010101001；ExeRtn=1&&
使用字段	QN		请求编号
	QnRtn		请求返回结果
	RtdInterval		实时采样数据上报间隔
	ExeRtn		请求执行结果
执行过程	上位机发送提取实时采样数据上报间隔命令后等待现场机应答，收到应答后通过判断应答代码决定是否接实时采样数据上报间隔，现场机执行请求，返回执行结束命令，请求执行完毕		

20. 初始化超时时间和重发次数

类别	项目		示例/说明
使用命令	上位机	设置现场机超时时间和重发次数	QN=20040516010101001；ST=32；CN=1000；PW=123456；MN=88888880000001；Flag=3；CP=&&OverTime=5；ReCount=3&&
	现场机	请求应答	ST=91；CN=9011；PW=123456；MN=88888880000001；Flag=0；CP=&&QN=20040516010101001；QnRtn=1&&
	现场机	返回操作执行结果	ST=91；CN=9012；PW=123456；MN=88888880000001；CP=&&QN=20040516010101001；ExeRtn=1&&
使用字段	QN		请求编号
	QnRtn		请求返回结果
	Overtime		超时时间
	ReCount		重发次数
	ExeRtn		请求执行结果

<table>
<tr><th>类别</th><th>项目</th><th>示例/说明</th></tr>
<tr><td>执行过程</td><td colspan="2">上位机发送设置现场机超时时间和重发次数命令后等待现场机应答，上位机收到应答后通过判断应答代码中 QnRtn 值决定是否等待执行结果，现场机执行设置时钟请求，返回执行结束命令，请求执行完毕</td></tr>
</table>

21. 初始化超限报警时间

<table>
<tr><th>类别</th><th colspan="2">项目</th><th>示例/说明</th></tr>
<tr><td rowspan="3">使用命令</td><td>上位机</td><td>设置现场机超限报警时间</td><td>QN=20040516010101001；ST=32；CN=1001；PW=123456；MN=88888880000001；Flag=3；CP=&&WarnTime=5&&</td></tr>
<tr><td>现场机</td><td>请求应答</td><td>ST=91；CN=9011；PW=123456；MN=88888880000001；Flag=0；CP=&&QN=20040516010101001；QnRtn=1&&</td></tr>
<tr><td>现场机</td><td>返回操作执行结果</td><td>ST=91；CN=9012；PW=123456；MN=88888880000001；CP=&&QN=20040516010101001；ExeRtn=1&&</td></tr>
<tr><td rowspan="4">使用字段</td><td colspan="2">QN</td><td>请求编号</td></tr>
<tr><td colspan="2">QnRtn</td><td>请求返回结果</td></tr>
<tr><td colspan="2">WarnTime</td><td>报警时间</td></tr>
<tr><td colspan="2">ExeRtn</td><td>请求执行结果</td></tr>
<tr><td>执行过程</td><td colspan="3">上位机发送设置现场机超限报警时间命令后等待现场机应答，上位机收到应答后通过判断应答代码中 QnRtn 值决定是否等待执行结果，现场机执行设置时钟请求，返回执行结束命令，请求执行完毕</td></tr>
</table>

22. 下端监测设备即时采样

<table>
<tr><th>类别</th><th colspan="2">项目</th><th>示例/说明</th></tr>
<tr><td rowspan="3">使用命令</td><td>上位机</td><td>即时采样</td><td>QN=20040516010101001；ST=32；CN=3012；PW=123456；MN=88888880000001；Flag=3；CP=&&PolID=101&&</td></tr>
<tr><td>现场机</td><td>请求应答</td><td>ST=91；CN=9011；PW=123456；MN=88888880000001；Flag=0；CP=&&QN=20040516010101001；QnRtn=1&&</td></tr>
<tr><td>现场机</td><td>返回操作执行结果</td><td>ST=91；CN=9012；PW=123456；MN=88888880000001；CP=&&QN=20040516010101001；ExeRtn=1&&</td></tr>
<tr><td rowspan="3">使用字段</td><td colspan="2">QN</td><td>请求编号</td></tr>
<tr><td colspan="2">QnRtn</td><td>请求返回结果</td></tr>
<tr><td colspan="2">PolID</td><td>污染物编号</td></tr>
<tr><td>执行过程</td><td colspan="3">上位机发送即时采样命令后等待现场机接收到应答，收到应答后通过判断应答代码决定是否等待现场机的执行结果，现场机执行请求的动作，返回执行结束命令，此次请求执行完毕。每次命令设置一个设备即时采样</td></tr>
</table>

23. 设置设备采样时间周期

类别	项目		示例/说明
使用命令	上位机	设置设备采样时间	QN=20040516010101001，ST=32；CN=3014；PW=123456；MN=88888880000001；Flag=3；CP=&&PolID=101，CTime=04，CTime=10，CTime=14，CTime=16…&&
	现场机	请求应答	ST=91；CN=9011；PW=123456；MN=88888880000001；Flag=0；CP=&&QN=20040516010101001；QnRtn=1&&
	现场机	返回操作执行结果	ST=91；CN=9012；PW=123456；MN=88888880000001；CP=&&QN=20040516010101001；ExeRtn=1&&
使用字段	QN		请求编号
	QnRtn		请求返回结果
	CTime		设备采样时间
执行过程	上位机发送设置采样时间命令后等待下位机接收到应答，收到应答后通过判断应答代码决定是否等待下位机的执行结果，下位机执行请求的动作，返回执行结束命令，此次请求执行完毕。每次命令设置一个设备采样周期。 注：CTime=04 表示 4 点钟开始采样		

附录十四

国控重点污染源自动监控能力建设项目污染源监控现场端建设规范

（环发[2008]25号）

为配合“污染源减排三大体系能力建设”项目的顺利进行，规范国控重点污染源自动监控仪器设备的选型、安装和验收，保证污染源现场监测数据准确可靠，特作以下规定。

一、适用范围

根据《国控重点污染源自动监控能力建设项目建设方案》，对国家环保总局发布的国家重点监控企业名单内的国控重点污染源：

1．COD_{Cr}排放量占全国污染负荷65%以内的，应在主要排放口安装COD/TOC在线自动监测仪、污水流量计、数据采集传输仪。在此基础上可安装pH在线监测仪、氨氮在线自动监测仪、等比例采样器、视频监控设备等。

2．SO_2排放量占全国污染负荷65%以内的，应在主要排放口安装SO_2连续在线监测系统、流速等烟气参数连续自动监测系统、数据采集传输仪。在此基础上可安装烟尘、颗粒物、NO_x等污染物在线自动监测系统、视频监控设备等。

此外，根据本地区地域、行业的特点与需求，可安装总磷、总氮、水中油、重金属等自动在线监测仪。对于其他重点污染源，可参照国控污染源标准执行。

二、仪器要求

所有安装于监控现场端的自动监控仪器设备，必须是通过国家环境保护总局环境监测仪器质量监督检验中心适用性检测合格，并在有效期内的产品。

1．COD/TOC在线自动监测仪

污染源COD在线自动监测仪性能指标应符合《环境保护产品技术要求　化学需氧量（COD_{Cr}）水质在线自动监测仪》（HJ/T 377—2007）相关要求。COD在线自动监测仪应包括采样单元、样品预处理与计量单元、消解单元以及数据处理与传输单元等。

污染源COD在线自动监测仪须选用氧化原理的仪器，主要包括：重铬酸钾氧化-光度测量法、重铬酸钾氧化-库仑滴定法、燃烧氧化-红外测量法、氢氧基氧化-电化学测量法等。

对于非重铬酸钾氧化原理的仪器，应根据现场污水排放状况，在与《GB 11914—89 水质化学需氧量的测定重铬酸盐法》方法比对基础上，做好COD工作曲线，并应根据排污企业的生产工艺、污水组分的变化，及时调整COD工作曲线。

2．污染源烟气排放SO_2连续在线监测系统

污染源烟气排放 SO_2 连续在线监测系统（含流速、含氧量、湿度、温度、压力等烟气参数）应符合《HJ 76—2007 固定污染源烟气排放连续监测系统技术要求及检测方法》相关要求。

污染源烟气排放 SO_2 的在线自动监测系统按取样方式可选择释稀抽取式、直接抽取式和直接测量式；按二氧化硫分析原理可选择紫外荧光、非分散红外、非分散紫外、紫外差分吸收（DOAS）或定电位电解测量技术。

3．污水流量计

流量计应符合《环境保护产品技术要求　超声波明渠污水流量计》（HJ/T 15—2007）、《CJ/T 3017—93 浅水流量计》以及压力传感器流量计等相关要求。

4．数据采集传输仪

数据采集传输仪电气指标应参照《污染治理设施运行记录仪技术条件及检测方法》，数据指标应符合《HJ/T 212 污染源在线自动监控（监测）系统数据传输标准》要求。独立设置的数据采集传输仪应符合《污染源在线监控（监测）数据采集传输仪技术要求及检测方法》的有关要求。

三、现场安装

1．排放口规范化

排放口应按照国家环保总局关于《排放口规范化整治技术要求》（《关于开展排放口规范化整治工作的通知》（环发[1999]24 号）以及地方环保部门有关要求，进行规范化整治。

2．监控站房要求

监控站房与排放口采样点距离应小于 50 m。监控站房和高度应能满足设备操作和维护的需要。原则上面积不应小于 2.5 m×2.5 m；房顶最低处高度不低于 2.2 m。站房应具备防漏、防尘、通风、消防、接地、避雷等基础条件。站房内应安装空调，并保证环境温度：5～40℃，相对湿度≤85%。站房内供电电压应符合 AC 220 V±10%，频率 50 Hz。功率不小于 6 kW；电源引入线应使用照明电源，严禁使用动力电源；电源进线应有浪涌保护器；电源应有明显标志，防止用户以外断电；接地线应牢固，并有明显标志。站房电源开关的设置应设系统总开关，对每台仪器均应设独立控制开关。

3．污水在线自动监测仪器的安装

污水在线自动监测仪器的安装应符合《HJ/T 353—2007 水污染源在线监测系统安装技术规范》相关要求。

污水排放口应按照《JJG 711—90 明渠堰槽流量计》或《环境保护产品技术要求超声波明渠污水流量计》（HJ/T 15—2007）的有关要求安装污水流量计，以便测量污水排放流量。堰槽应避免使用精度不高的玻璃钢材质，流量较小的排放口应避免使用巴氏槽。

（1）污水采样系统安装要求

采样系统应保证采集有代表性的水样，将水样无变质地输送至在线监测仪器取样分析或采样器采样保存。采样系统应尽量设在流路的中央部，采水的前端设在顺水流方向（减少采水部前端的堵塞）。对于漂浮物较多的污水可采用 10～20 目的金属筛网阻隔，避免漂浮物堵塞采样口。测量合流排水时，在合流后充分混合的场所采水。采样系统取水位置应在排放口采样断面的中心。采样点水位不应小于 0.5 m，当一般水深大于 1 m 时，应在表层下 1/4 深度处采样；水深小于 1 m 时，在水深的 1/2 处采样，并应设置成可随水面的涨落而上下移动的形式。并应同时设置人工采样口和供自动采样器采样的采样口，以便做比对试验，保证数据的正确性和可比性。

采样系统的构造应保障在 0℃以下可以工作并不至被损坏，应采取必要的防冻保温和防腐设施。采样取水管材料应对所监测项目没有干扰，并且耐腐蚀。取水管应能保证监测仪所需的流量，采样管路应采用优质的硬质 PVC 或 PPR 管材。采样头应做适当固定，防止随意挪动。

（2）COD 在线监测仪安装

仪器安装位置应避开腐蚀性气体、较强的电磁干扰和振动。现场在线监测仪应落地安装，或壁挂式安装，并有必要的防震措施，保证设备安装牢固稳定。在仪器周围应留有足够的空间，以方便仪器的维护。现场监测仪工作所必需的高压气体钢瓶，必须稳固固定在监测用房的墙上，防止钢瓶跌倒。

（3）废液回收

对于重铬酸钾氧化原理的 COD 在线自动监测仪器所产生的废液应以专用容器予以回收，并按照《固体废物污染环境防治法》及《危险废物贮存控制标准》（GB 18597—2001）的有关规定，交由有危险废物处理资质的单位处理，不得随意排放或回流入污水排放口。

4．烟气排放连续监测系统（CEMS）的安装

烟气排放连续监测系统（CEMS）的安装应符合《HJ/T 75—2007 固定污染源烟气排放连续监测技术规范》相关要求。

（1）维护和取样平台

为便于 CEMS 的维护、运行和标准分析方法取样比对，应设置永久、安全、便于采样、测试的操作平台。操作平台应符合《GB/T 16157—1996 固定污染源排气中颗粒物测定与气态污染物采样方法》中 4.2.3 的要求。操作平台宽度（平台外侧至烟囱/烟道的距离）与长度应能保证标准分析方法采样枪正常方便操作。操作平台与地面之间应易安全通行，当设置之字形楼梯、分段爬梯时，爬梯宽度应不小于 0.9 m。

（2）标准分析方法取样孔

为便于 CEMS 的定期比对和校验，CEMS 取样点位处应具有标准分析方法取样孔，标准分析方法取样孔的位置应满足《GB/T 16157—1996 固定污染源排气中颗粒物测定与气态污染物采样方法》中 4.2.1 和 4.2.2 的要求。

5．数据采集传输仪

本条指独立设置的数据采集传输仪设备，对集成的数据采集传输设备可参照执行。

（1）数据采集传输仪主机的安装

数据采集传输仪主机应安装于监控站房内，一般应采用壁挂式安装，应安装牢固，不得倾斜。安装在轻质墙上时，应采取加固措施。

（2）引入数采仪的电缆或导线要求

数采仪电源引入线应避免与一次仪表共电，各配线应整齐，避免交叉，并应固定牢靠；每个接线端接线不得超过 2 根。电缆芯和导线应留有不小于 5 cm 的余量。屏蔽线应遵守单端接地的原则。线全部接完后，数采仪过线孔的防护帽必须旋紧，以起到防护效

果。采用无线传输方式的仪器，通电前必须装好 GPRS/CDMA 的天线。

（3）数采仪与一次仪表的连接

数采仪与监测仪表信号线的连接，模拟接口：采用 2 芯屏蔽线连接，数采仪的模拟接口负载电阻为 250 Ω，对应标准电流信号的 4～20 mA（兼容 0～20 mA/1～5V/0～5V），接口线长度要看测量仪表的负载能力而定，一般连线长度≤500 m。数采仪与监测仪表信号线的连接，数字接口（RS232）：采用 3 芯屏蔽线连接，一般连线长度≤10 m。数采仪与监测仪表信号线的连接，数字接口（RS485）：采用 2 芯屏蔽线连接，一般连线长度≤1 000 m。

四、整体调试

1．安装准备

现场仪表均进行单独上电测试正常后，要按照符合各自仪表的安装规范要求安装固定。现场监控系统要求的上、下水，压缩空气（或空压机）均应准备就绪。

仪表间连线完毕，且检查无误。电源线、信号线（模拟和数字的）、电话线、网线等电气连线的布线，应符合《电气装置工程施工及验收规范》等布线规范。信号线应采用屏蔽抗干扰措施，屏蔽层应单端接地，信号传输距离应尽可能缩短，以减少信号损失。通信线路（电话线、网线）、SIM 卡（GPRS、CDMA）完好，并测试使用正常。整理电线、电缆，清理现场环境。

2．设置与测试

设置各类仪器的工作参数。对于模拟输出的测量仪表，调整模拟输出对应的量程。检测数据采集传输仪的显示结果与测量仪表的一致性：要求模拟输出接口对比误差≤0.2%；要求数字输出接口的仪表数值完全对应，滞后时间≤30 s（监测仪器自身的滞后不算在内）。

设置通信参数，采用测试软件检验数据采集传输仪与监控中心通信畅通。

3．启动试运行